はじめに

　我が国においては、科学技術創造立国の理念の下、産業競争力の強化を図るべく「知的創造サイクル」の活性化を基本としたプロパテント政策が推進されております。

　「知的創造サイクル」を活性化させるためには、技術開発や技術移転において特許情報を有効に活用することが必要であることから、平成9年度より特許庁の特許流通促進事業において「技術分野別特許マップ」が作成されてまいりました。

　平成13年度からは、独立行政法人工業所有権総合情報館が特許流通促進事業を実施することとなり、特許情報をより一層戦略的かつ効果的にご活用いただくという観点から、「企業が新規事業創出時の技術導入・技術移転を図る上で指標となりえる国内特許の動向を分析」した「特許流通支援チャート」を作成することとなりました。

　具体的には、技術テーマ毎に、特許公報やインターネット等による公開情報をもとに以下のような分析を加えたものとなっております。
- **・体系化された技術説明**
- **・主要出願人の出願動向**
- **・出願人数と出願件数の関係からみた出願活動状況**
- **・関連製品情報**
- **・課題と解決手段の対応関係**
- **・発明者情報に基づく研究開発拠点や研究者数情報　など**

　この「特許流通支援チャート」は、特に、異業種分野へ進出・事業展開を考えておられる中小・ベンチャー企業の皆様にとって、当該分野の技術シーズやその保有企業を探す際の有効な指標となるだけでなく、その後の研究開発の方向性を決めたり特許化を図る上でも参考となるものと考えております。

　最後に、「特許流通支援チャート」の作成にあたり、たくさんの企業をはじめ大学や公的研究機関の方々にご協力をいただき大変有り難うございました。

　今後とも、内容のより一層の充実に努めてまいりたいと考えておりますので、何とぞご指導、ご鞭撻のほど、宜しくお願いいたします。

独立行政法人工業所有権総合情報館

理事長　藤原　譲

セラミックスの接合　　　　エグゼクティブサマリー

セラミックスの利用拡大とともに歩む接合技術

■ セラミックスの利用拡大とともに歩む接合技術

　セラミックスは、機械的性質、熱的特性および電気的・電子的特性に優れている。しかし、セラミックスは脆性材料である上に難加工性材料であるためにセラミックスを多くの分野で利用するためには解決しなければならない多くの障害がある。セラミックス同士や他の材料との接合によりセラミックスの弱点を補うことが求められ、それがセラミックスの接合技術を発展させる原動力になっている。ファインセラミックスの出現によりセラミックスの利用分野は急速にひろがっているが、同時にそれに対応する接合技術も進歩してきた。

■ セラミックスの接合体は機械用部材から電気・電子用部材へ

　1979年のオイルショックを契機に、自動車のエンジン効率を上げるためにセラミックス・ターボチャージャーの採用などが試みられた。これを契機として、セラミックスが摺動面を有するエンジン部品や断熱用部品など機械用部材として盛んに用いられるようになった。また、近年、セラミックスは、電気・電子的特性を活かして基板材として利用されている。半導体装置の高出力化、半導体素子の高集積化が急速に進行し、基板に繰り返して作用する熱応力や熱負荷も増加している。このような要求に対応するため、最近では各種電子機器の構成部品として、熱伝導率の高い窒化珪素や窒化アルミニウムの基板が使用されるようになり、これに銅などの金属回路板を接合してセラミックス回路基板とするものが出始めている。

■ 出願件数の多い接合は、ろう付けおよび焼結

　セラミックスの接合技術の主なものは、ろう付け、拡散・圧着、焼結、機械的接合および接着であるが、これらの中で、セラミックスとセラミックスの接合では焼結、セラミックスと金属の接合ではろう付けが最も出願件数が多い。難加工材であるセラミックス同士を接合して複雑形状あるいは大型の部材を作製するためには焼結法が適しており、セラミックスと金属の接合では、ろう付けが最も適した接合方法である。

セラミックスの接合　　エグゼクティブサマリー

セラミックスの利用拡大とともに歩む接合技術

■ 接合部の品質および信頼性向上が鍵となる

セラミックスの接合では、ろう付け、拡散・圧着、焼結などが主な接合方法であるが、セラミックスは脆性材料であるために、熱を加えると接合部に割れや剥離などの欠陥が発生したり、濡れ性が悪く接合が完全に行われないなどの問題があり、接合部の品質および信頼性が最も問われている。これらの課題に対する解決策として、接合材の特性や形状を工夫するという手段が最も注目されている。

■ 開発を担うのは、電気機器メーカー、窯業メーカーおよび素材メーカー

セラミックスの接合技術は、素材から応用まで幅の広い要素から構成されている。そのため、多くの業種の企業が開発に携わっている。その中心的な役割を担っているのは電気機器メーカー、窯業メーカーおよび素材メーカーである。出願件数上位20社には、東芝などの電気機器メーカーが5社、日本特殊陶業などの窯業メーカーが5社、三菱マテリアルなどの素材メーカー4社が入っている。

■ 東京近傍、京阪神、愛知県が技術開発の三大拠点

出願上位20社の開発拠点を発明者の住所・居所でみると、東京都、神奈川県、埼玉県および千葉県などの東京周辺に17拠点、愛知県に6拠点、京都府、大阪府および兵庫県に11拠点と大都市近辺に多くの拠点がある。このほか、全国14拠点でも開発が行われている。

■ 技術開発の課題

エネルギー問題や環境問題の重要性が増すにつれて、電気機器部品や機械部材の適用条件がより厳しくなり、電気機器部品や機械部材として、セラミックスと金属の両方の長所を兼ねそえたセラミックスと金属の接合体の重要性は今後ますます高くなる。そのため、接合部の強度が高く欠陥のない信頼性の高い接合体の開発が求められる一方で、新しいセラミックスや金属素材に適した接合技術の開発が重要となる。

また、用途の面でも、従来の機械部材や電気・電子部品のより高機能化と合わせて、次世代超音速機や宇宙往還機の材料、高温超電導セラミックス、安価な人工歯根や歯冠など新しい分野に適したセラミックス接合体の開発が求められる。

セラミックスの接合

技術要素と用途

セラミックスの接合の特許分布

セラミックスの接合の特許は、「セラミックスの接合技術」と「溶接技術」、「積層体技術」、「接着技術」の一部からなる。1991～2001年10月までに公開の権利存続中または係属中の特許は、1,438件である。セラミックスと金属の接合においては、ろう付け法、セラミックス同士の接合においては焼結法が最も多い接合方法である。またセラミックス接合体の用途は、電気・電子用部材と機械部材とが二大用途である。

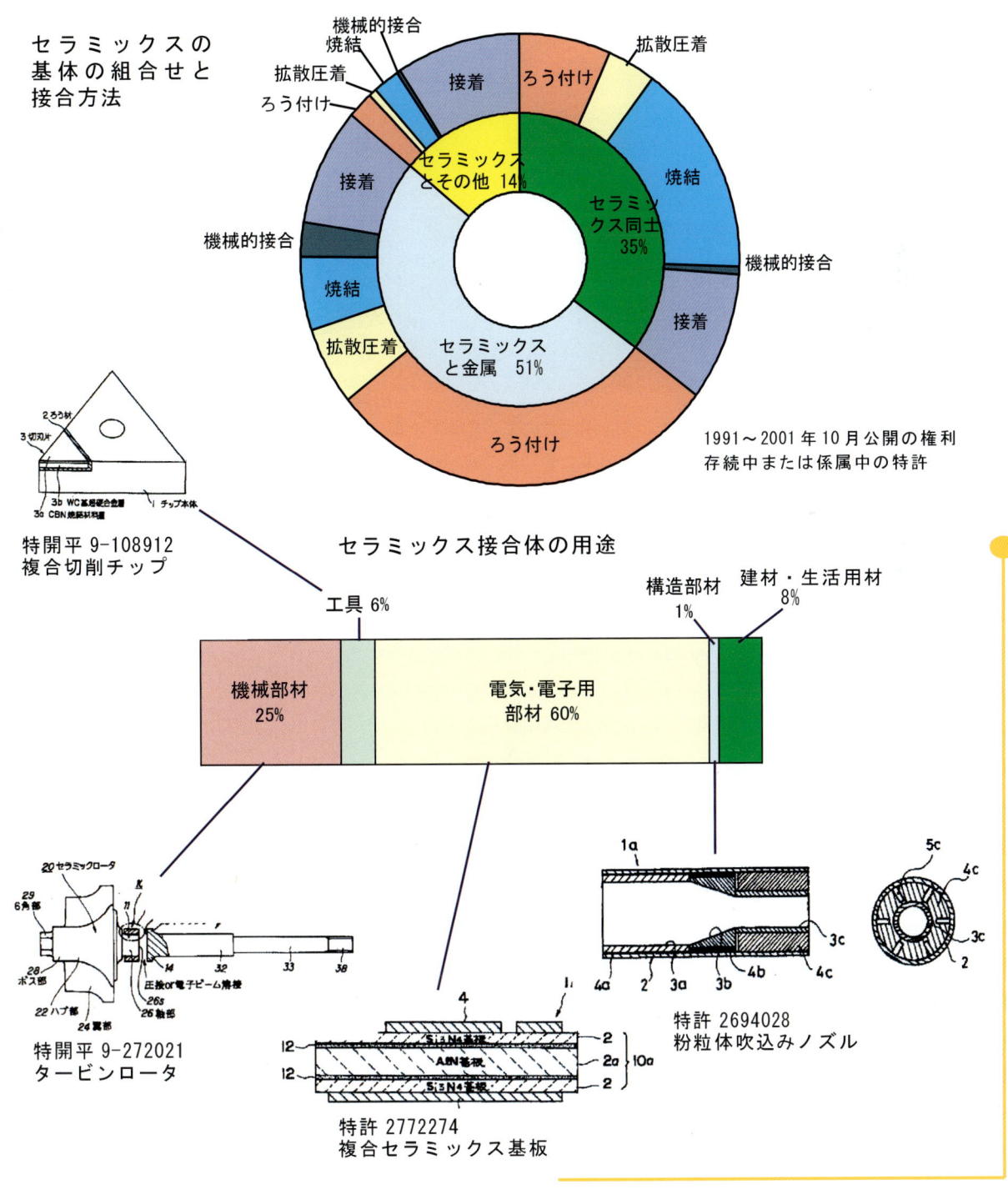

| セラミックスの接合 | 技術の動向 |

セラミックスの接合はろう付けが多い

セラミックスの接合に関する特許の出願は、90年代半ばまで出願人数、出願件数とも増加したが、その後減少傾向にある。

用途別についてみれば、出願件数の多い電気・電子用部材に関しては、ろう付け、焼結、拡散・圧着による接合の出願が多く、機械部材に関しては、ろう付け、焼結による接合の出願が多い。

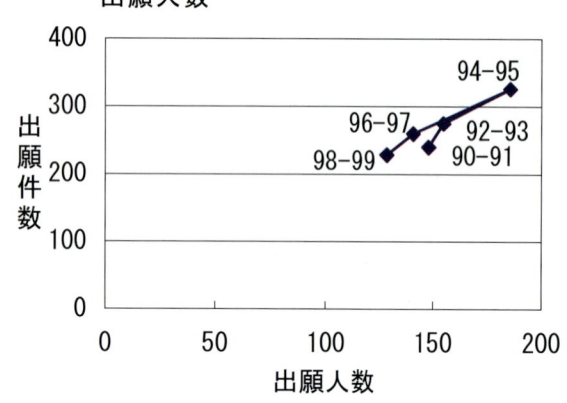

セラミックスの接合の出願件数と出願人数

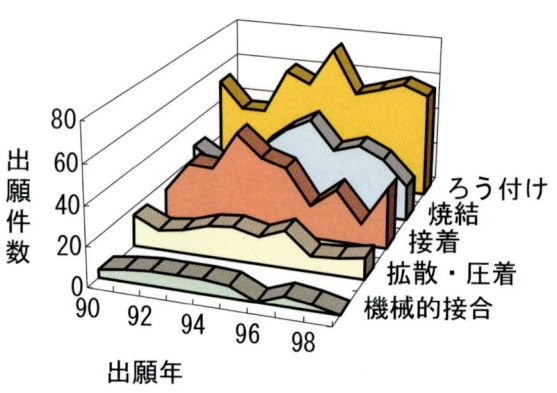

セラミックスの接合方法別年次推移

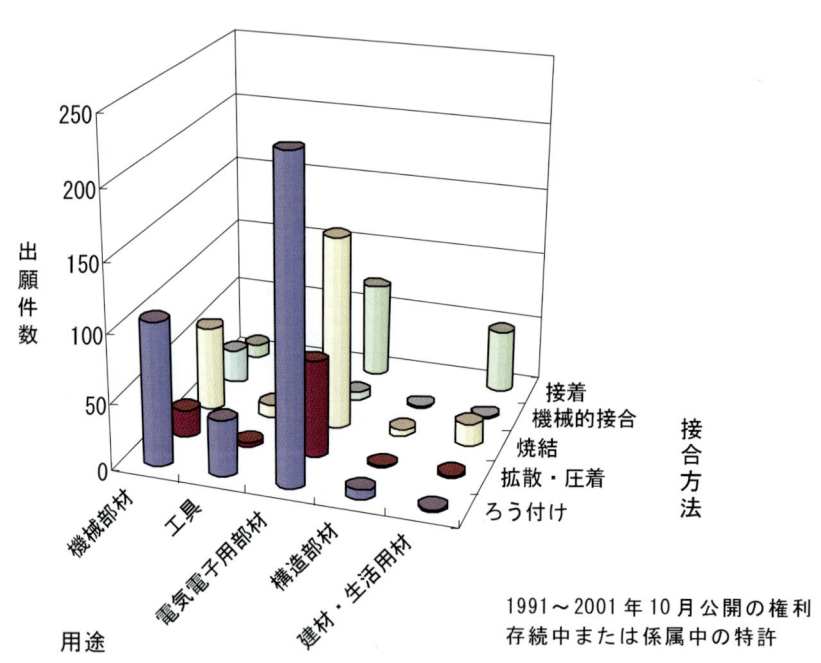

セラミックスの接合の接合方法と用途

1991〜2001年10月公開の権利
存続中または係属中の特許

セラミックスの接合 — 開発課題と解決手段

接合強度向上および欠陥防止が課題

セラミックスの接合技術の技術開発は、「接合強度の向上および欠陥防止」「機械的特性の付与」を課題とするものが多い。これらの課題に対して、それぞれ「基体の特性・選択」「基体の構造・形状」「基体の処理」および「接合材の特性・形状」などの解決手段を用いて対応するものが多い。

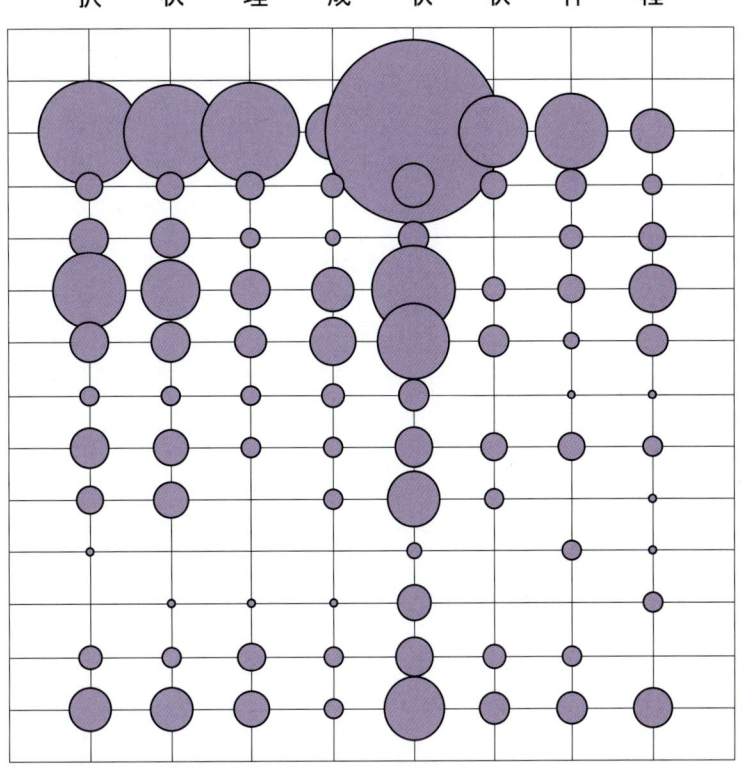

セラミックスの接合の技術開発課題とその解決手段

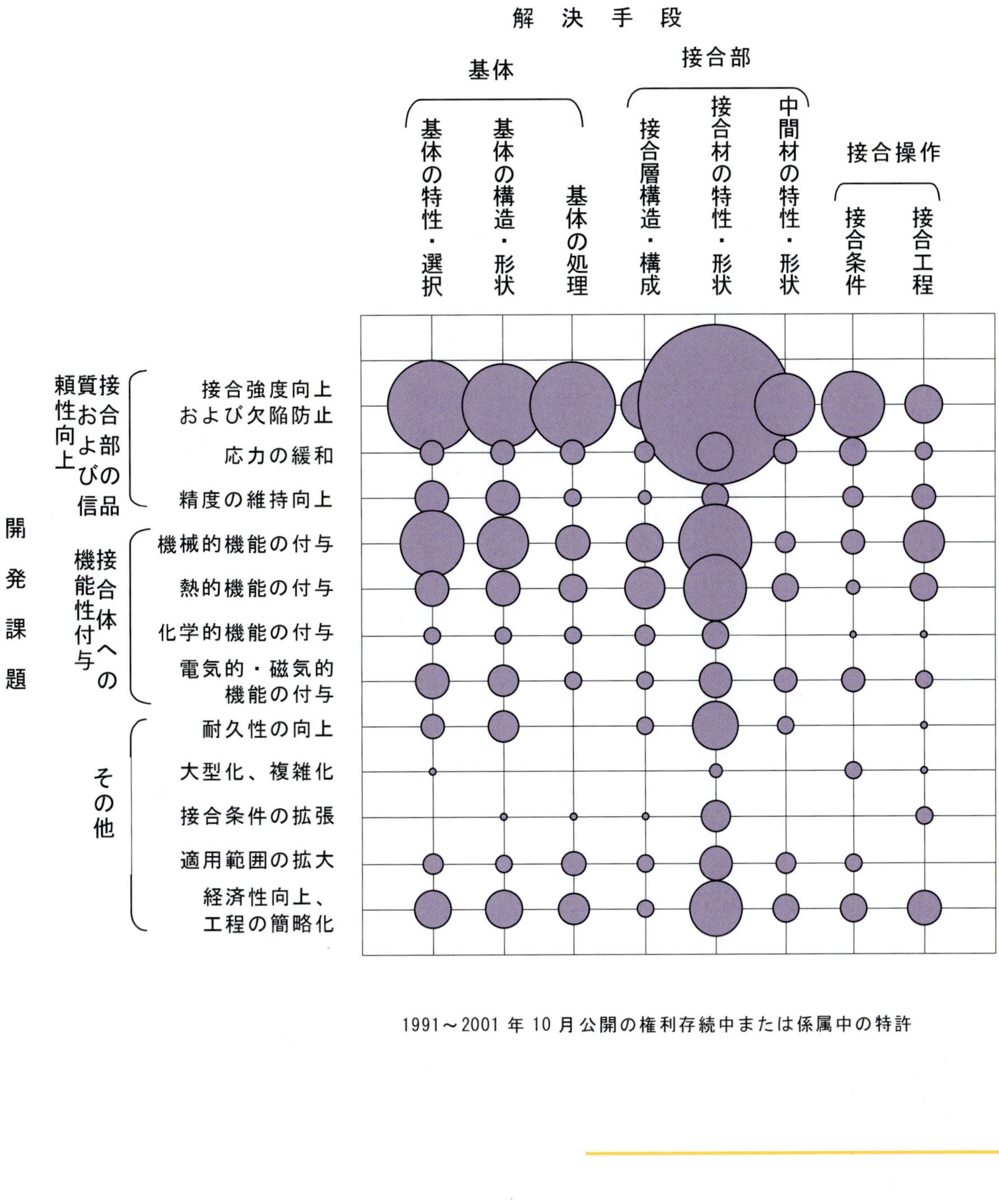

1991～2001年10月公開の権利存続中または係属中の特許

セラミックスの接合　技術開発の拠点の分布

3大都市近辺が主たる技術開発拠点

出願上位20社の開発拠点を発明者の住所・居所でみると、神奈川、東京、千葉などの東京周辺に17拠点、愛知に6拠点、大阪、京都、兵庫に11拠点と大都市近辺に多くの拠点がある。このほか、北海道をはじめとする全国の14拠点でも開発が行われている。

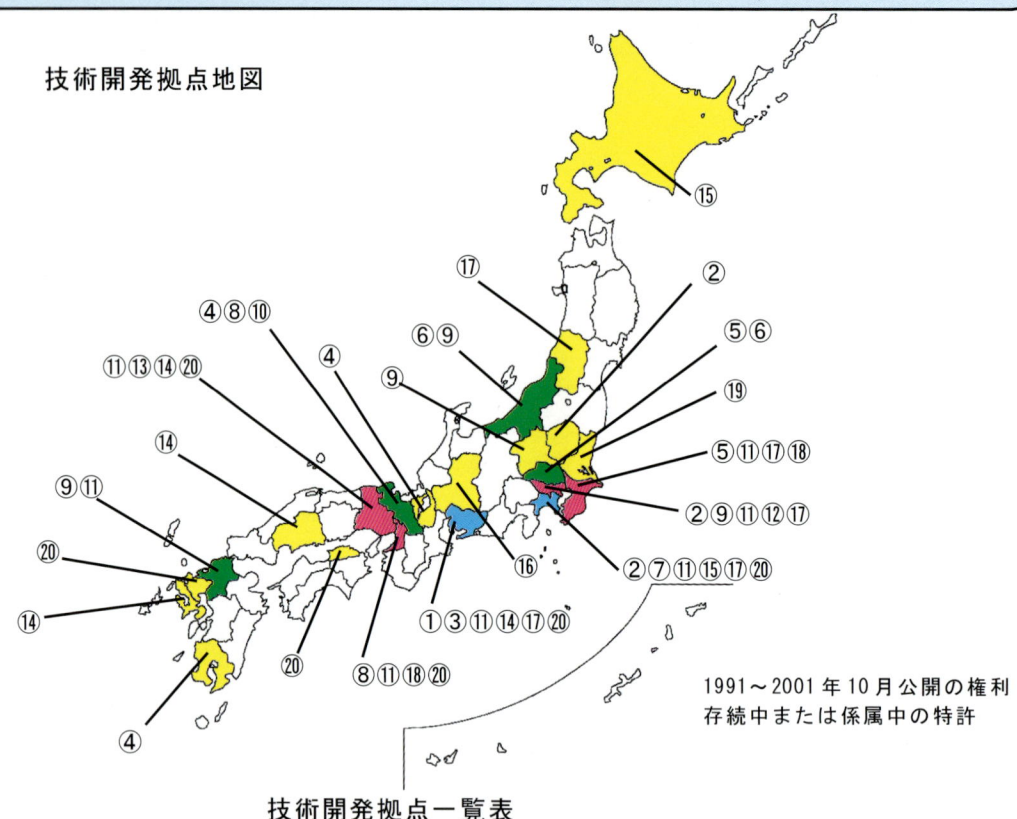

技術開発拠点地図

1991〜2001年10月公開の権利存続中または係属中の特許

技術開発拠点一覧表

NO	企業名	事業所
1	日本特殊陶業	総合研究所（愛知）
2	東芝	研究開発センター（神奈川）、SI技術開発センター（東京）、那須工場（栃木）
3	日本碍子	中央研究所（愛知）
4	京セラ	総合研究所（鹿児島）、滋賀工場、中央研究所（京都）
5	太平洋セメント	中央研究所（千葉）、埼玉工場
6	三菱マテリアル	総合研究所（埼玉）、新潟製作所
7	同和鉱業	中央研究所（神奈川）
8	松下電器産業	半導体先行開発センター（大阪）、中央研究所（京都）
9	電気化学工業	中央研究所（東京）、加工技術研究所（群馬）、青海工場（新潟）、大牟田工場（福岡）
10	村田製作所	長岡事業所（京都）
11	新日本製鉄	技術開発本部（千葉）、相模原技術開発部（神奈川）、名古屋製鉄所（愛知）、堺製鉄所（大阪）、本社（東京）、八幡製鉄所（福岡）、広畑製鉄所（兵庫）
12	住友ベークライト	本社（東京）
13	住友電気工業	播磨研究所など（兵庫）
14	三菱重工業	高砂研究所（兵庫）、長崎研究所（長崎）、名古屋航空宇宙システム製作所（愛知）、広島製作所
15	いすゞ自動車	藤沢工場など（神奈川）、北海道工場
16	イビデン	技術開発本部（岐阜）
17	東芝セラミックス	開発研究所など（神奈川）、刈谷工場（愛知）、本社（東京）、小国工場（山形）、東金工場（千葉）
18	住友大阪セメント	新規技術研究所（千葉）、セメント・コンクリート研究所（大阪）
19	日立化成工業	総合研究所（茨城）
20	工業技術院	名古屋工業技術研究所（愛知）、四国工業技術研究所（香川）、産業技術総合研究所（神奈川）、産業技術総合研究所関西センター（大阪、兵庫）、九州工業技術研究所（佐賀）

セラミックスの接合 — 主要企業の状況

主要企業20社で5割の出願件数

セラミックスの接合に関する特許の出願は、上位企業20社で全出願件数の50%を占めている。特に、上位5社の日本特殊陶業、東芝、日本碍子、太平洋セメント、京セラによる出願が、全体の25%を占めている。

セラミックスの接合の主な出願人の出願件数

出願人	業種	90	91	92	93	94	95	96	97	98	99	合計
日本特殊陶業	窯業	5	5	10	15	12	9	10	9	4	7	86
東芝	電気機器	3	4	8	4	6	17	11	15	7	8	83
日本碍子	窯業	11	10	4	9	6	6	11	6	7	6	76
太平洋セメント	窯業	8	8	12	11	5	3	3	3	2	7	62
京セラ	電気機器	2	7	5	2	4	7	2	9	15	6	59
三菱マテリアル	非鉄	1	1	2	1	8	18	3	6	4		44
同和鉱業	非鉄	4	3	1		4	8	8	4	4	5	41
電気化学工業	化学	2	3		4	2	4	6	4	3	10	38
松下電器産業	電気機器		1		3	2	9	4	6	3	1	29
村田製作所	電気機器	1	4	6	5	3	2			2		23
住友電気工業	非鉄	3			5	2	3	1	2	4	1	21
日立化成工業	化学			3	2	4	4	1	3	1	2	20
新日本製鐵	鉄鋼		3	3	5	2	4	1				19
いすゞ自動車	輸送用機器	5	4	1	5		3					18
三菱重工業	機械	2	3	1	1	6	3	1			1	18
住友ベークライト	化学		8	3	2	1	4					18
東芝セラミックス	窯業	2	2	1	2			2	2	3	4	18
イビデン	電気機器	3	5	6	1	1				1		17
住友大阪セメント	窯業	1	3			1			2	4		11
工業技術院長			4	1		1		1	2	2		11

セラミックスの接合における主要企業の出願割合

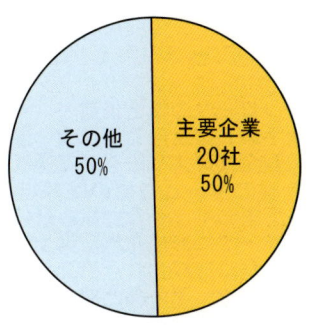

1991〜2001年10月公開の権利
存続中または係属中の特許

セラミックスの接合　　主要企業

日本特殊陶業　株式会社

出願状況	技術要素・解決手段対応特許の概要
日本特殊陶業（株）の保有する出願のうち権利存続中の特許は26件で、係属中の特許が61件ある。 　セラミックスと金属のろう付けに関する特許を多く保有している。	日本特殊陶業の技術要素と解決手段の分布 1991～2001年10月公開の権利存続中または係属中の特許 解決手段：基体の特性・選択／基体の構造・形状／基体の処理／接合層構造・構成／接合材の特性・形状／中間材の特性・形状／接合条件／接合工程 技術要素： 〔セラミックスとセラミックス〕ろう付け／拡散・圧着／焼結 〔セラミックスと金属〕ろう付け／拡散・圧着／焼結／機械的接合／接着

保有特許リスト例

技術要素	課題	特許番号 IPC	発明の名称、解決要旨
セラミックスとセラミックスの焼結	接合強度向上、欠陥防止	特開平9-277219 B28B1/00	中空状セラミック焼結体の製法 【解決手段】接合工程 【要旨】製造しようとするガスタービン用部品を2分割したときの形状に対応した形状のものを Si_3N_4 材料を用いて成形し、両部材の接合面を合わせ、ラテックスでコーティングし、$4t/cm^2$ の圧力でCIPを行う。その後、ラテックスを除去し、焼成して中空状セラミック焼結体であるガスタービン用部品を得る。
セラミックスと金属のろう付け	接合強度向上、欠陥防止	特許2752768 C04B37/02	タービンロータの接合構造 【解決手段】接合部の層構造・層構成 【要旨】金属製スリーブの貫通孔内に、セラミックス製のタービン翼の軸部と金属製の軸部材とを配置して、一体に組み付けるに当り、金属製スリーブに形成された第1の凸部の内径より、軸部材に形成された第2の凸部の外径の方を大きくして、第1の凸部と第2の凸部との内側側面同志を接合する。

セラミックスの接合　主要企業

株式会社　東芝

出願状況	技術要素・解決手段対応特許の概要
（株）東芝の保有する出願のうち権利存続中の特許は24件で、係属中の特許が62件ある。 セラミックスと金属のろう付けに関する特許を多く保有している。	東芝の技術要素と解決手段の分布 解決手段：基体の特性・選択／基体の構造・形状／基体の処理／接合層構造・構成／接合材の特性・形状／中間材の特性・形状／接合条件／接合工程 技術要素：セラミックスとセラミックス（ろう付け／拡散・圧着／焼結）、セラミックスと金属（ろう付け／拡散・圧着／焼結／機械的接合／接着）

保有特許リスト例

技術要素	課題	特許番号 IPC	発明の名称、解決要旨
セラミックスとセラミックスのろう付け	機械的特性の向上	特開平6-32669 C04B37/00	接合体、メタライズ体およびメタライズ体の製造方法 【解決手段】接合部の層構造・層構成 【要旨】セラミックス基材と金属基材、あるいはセラミックス基材同士の接合体において、Ti、ZrおよびHfの少なくとも1種からなる第1の金属元素と、Cu、Ni、Co、FeおよびMnから選ばれた少なくとも1種からなる第2の金属元素と、酸素とを、組成比で70at%以上含有する化合物を含み、かつ厚さが2μm以下の複合層を介して、セラミックス基材と金属基材、あるいはセラミックス基材同士を接合させる。
セラミックスと金属のろう付け	熱的特性の向上	特開平9-36540 H05K3/38	セラミックス回路基板 【解決手段】接合部の層構造・層構成 【要旨】Ti、Zr、Hf、V、NbおよびTaから選択される少なくとも1種の活性金属を含有する銀-銅系ろう材層を介して窒化物系セラミックス基板と金属回路板とを接合したセラミックス回路基板であり、銀-銅系ろう材層と窒化物系セラミックス基板とが反応して生成される反応生成層のビッカース硬度を1100以上とする。

セラミックスの接合　主要企業

日本碍子　株式会社

出願状況	技術要素・解決手段対応特許の概要
日本碍子（株）の保有する出願のうち権利存続中の特許は47件で、係属中の特許が38件ある。 セラミックス同士の焼結に関するものとセラミックスと金属のろう付けに関する特許を多く保有している。	**日本碍子の技術要素と解決手段の分布** 1991〜2001年10月公開の権利存続中または係属中の特許 解決手段：基体の特性・選択／基体の構造・形状／基体の処理／接合層構造・構成／接合材の特性・形状／中間材の特性・形状／接合条件／接合工程 技術要素： セラミックスとセラミックス｛ろう付け、拡散・圧着、焼結｝ セラミックスと金属｛ろう付け、拡散・圧着、焼結、機械的接合、接着｝

保有特許リスト例

技術要素	課題	特許番号 IPC	発明の名称、解決要旨
セラミックスとセラミックスの焼結	機械的特性の向上	特許2802013 C04B37/00	セラミツクスの接合方法 【解決手段】基体の寸法・形状・構造 【要旨】穿設孔を有する第1セラミックス未焼結体と、円筒形状または円柱形状を有する第2セラミックス焼結体とを、第1セラミックス未焼結体の穿設孔に第2セラミックス焼結体を挿入し、第1セラミックス未焼結体の穿設孔径が、第2セラミックス焼結体の外径より0.1〜1.0mm小さくなるように設定し、加熱焼成して一体的に接合する。
セラミックスと金属のろう付け	機械的特性の向上	特開平9-249465 C04B37/02	接合体およびその製造方法 【解決手段】接合工程 【要旨】窒化アルミニウム部材、金属部材およびその接合面との間に介在しているアルミニウム合金ろうのシートを含む積層体を、接合面に対してほぼ垂直方向に向かって積層体を加圧しながら、アルミニウム合金ろうの液相線温度以下、固相線温度以上の温度で加熱することによって、窒化アルミニウム部材と金属部材とを接合する。

x

セラミックスの接合 — 主要企業

京セラ 株式会社

出願状況	技術要素・解決手段対応特許の概要
京セラ（株）の保有する出願のうち権利存続中の特許は、20件で、係属中の特許が43件ある。 セラミックスと金属のろう付けに関する特許を多く保有している。	京セラの技術要素と解決手段の分布 1991〜2001年10月公開の権利存続中または係属中の特許 解決手段：基体の特性・選択／基体の処理／基体の構造・形状／接合層構造・構成／接合材の特性・形状／中間材の特性・形状／接合条件／接合工程 技術要素： 〔セラミックスとセラミックス〕ろう付け／拡散・圧着／焼結 〔セラミックスと金属〕ろう付け／拡散・圧着／焼結／機械的接合／接着

保有特許リスト例

技術要素	課題	特許番号 IPC	発明の名称、解決要旨
セラミックスとセラミックスの焼結	機械的特性の向上	特開平6-144941 C04B37/00	セラミックス接合体の製造方法 【解決手段】接合工程 【要旨】あらかじめ製作した焼結体を金型内に載置し、この金型内に多孔質のセラミックス体となる原料粉末を充填し、加圧成形して一体化した後焼成する。
セラミックスと金属のろう付け	電気的・磁気的特性向上	特開2000-340912 H05K1/09	セラミック回路基板 【解決手段】中間材の特性・形状など 【要旨】セラミック基板の上面に金属層を被着させるとともに、この金属層に金属回路板をろう付けしたセラミック回路基板において、金属回路板の平均結晶粒系を200μm以下とする。

セラミックスの接合　主要企業

太平洋セメント　株式会社

出願状況	技術要素・解決手段対応特許の概要
太平洋セメント（株）の保有する出願のうち権利存続中の特許は21件で、係属中の特許が45件ある。 セラミックスと金属のろう付けに関する特許を多く保有している。	**太平洋セメントの技術要素と解決手段の分布** 1991～2001年10月公開の権利存続中または係属中の特許 解決手段：基体の特性・選択／基体の構造・形状／基体の処理／接合層構造・構成／接合材の特性・形状／中間材の特性・形状／接合条件／接合工程 技術要素： セラミックスとセラミックス｛ろう付け／拡散・圧着／焼結｝ セラミックスと金属｛ろう付け／拡散・圧着／焼結／機械的接合／接着｝

保有特許リスト例

技術要素	課題	特許番号 IPC	発明の名称、解決要旨
セラミックスと金属のろう付け	適用範囲の拡大	特許3005637 C04B37/02	金属－セラミックス接合体 【解決手段】中間材の特性・形状など 【要旨】セラミックス材料と、これに接する金属材料との間にWおよび/またはMoなどの金属材料を含む低膨張率金属層と、CuもしくはNiなどの金属材料を含む軟質金属層とからなる応力緩衝層において、応力緩衝材の各金属層のうち、少なくともWおよび/またはMoを含む金属層の露出面が、SiC、Si_3N_4、Al_2O_3、SiO_2などのセラミックス系材料またはPt、Rhなどの貴金属系材料からなる耐酸化製被膜で被覆する。
セラミックスと金属の拡散・圧着	適用範囲の拡大	特開平6-107472 C04B37/02	窒化珪素系セラミックスと金属との接合方法 【解決手段】中間材の特性・形状など 【要旨】窒化珪素系セラミックスと、溶融温度が1300℃以上であってかつ自由エネルギー変化が負値である金属を少なくとも1種類以上含有する接合金属との間に、中間材を挟み込み、これら3者を10^{-10}Torr以下の真空中において、1300℃以上で、かつ接合金属の溶融温度未満の温度で加熱し、セラミックスと金属とを接合する。

目次

1．技術の概要

1.1 セラミックスの接合技術 3
  1.1.1 セラミックス技術の発展 3
    (1)「やきもの」からファインセラミックスへ 3
    (2) セラミックスの生産額 4
  1.1.2 セラミックスの接合技術 5
    (1) セラミックスの接合技術の発展 5
    (2) セラミックスの接合方法 6
    (3) セラミックスの接合の技術体系 8
1.2 セラミックスの接合技術の特許情報へのアクセス 10
1.3 技術開発活動の状況 13
  1.3.1 セラミックスの接合技術 13
  1.3.2 セラミックスとセラミックスの接合 16
    (1) ろう付け法 16
    (2) 拡散・圧着法 17
    (3) 焼結法 18
  1.3.3 セラミックスと金属の接合 19
    (1) ろう付け法 19
    (2) 拡散・圧着法 20
    (3) 焼結法 21
    (4) 機械的接合法 22
    (5) 接着法 23
1.4 技術開発の課題と解決手段 24
  1.4.1 技術開発の課題と解決手段の概要 24
    (1) 接合強度の向上 26
    (2) 欠陥の防止 26
  1.4.2 セラミックスとセラミックスの接合の
      技術開発課題と解決手段 27
    (1) ろう付け法 27
    (2) 拡散・圧着法 28
    (3) 焼結法 29

目次

   1.4.3 セラミックスと金属の接合の技術開発課題と
      解決手段 31
     (1) ろう付け法 31
     (2) 拡散・圧着法 33
     (3) 焼結法 34
     (4) 機械的接合法 35
     (5) 接着法 36

2．主要企業等の特許活動

2.1 日本特殊陶業 40
  2.1.1 企業の概要 40
  2.1.2 セラミックスの接合技術に関連する製品 41
  2.1.3 技術開発課題対応保有特許の概要 42
  2.1.4 技術開発拠点 48
  2.1.5 研究開発者 48

2.2 東芝 49
  2.2.1 企業の概要 49
  2.2.2 セラミックスの接合技術に関連する製品 49
  2.2.3 技術開発課題対応保有特許の概要 50
  2.2.4 技術開発拠点 57
  2.2.5 研究開発者 57

2.3 日本碍子 58
  2.3.1 企業の概要 58
  2.3.2 セラミックスの接合技術に関連する製品 58
  2.3.3 技術開発課題対応保有特許の概要 59
  2.3.4 技術開発拠点 65
  2.3.5 研究開発者 65

2.4 京セラ 66
  2.4.1 企業の概要 66
  2.4.2 セラミックスの接合技術に関連する製品 66
  2.4.3 技術開発課題対応保有特許の概要 67
  2.4.4 技術開発拠点 72
  2.4.5 研究開発者 72

2.5 太平洋セメント 73
  2.5.1 企業の概要 73
  2.5.2 セラミックスの接合技術に関連する製品 73
  2.5.3 技術開発課題対応保有特許の概要 74

目次

  2.5.4 技術開発拠点 79
  2.5.5 研究開発者 79
 2.6 三菱マテリアル 80
  2.6.1 企業の概要 80
  2.6.2 セラミックスの接合技術に関連する製品 80
  2.6.3 技術開発課題対応保有特許の概要 81
  2.6.4 技術開発拠点 85
  2.6.5 研究開発者 85
 2.7 同和鉱業 86
  2.7.1 企業の概要 86
  2.7.2 セラミックスの接合技術に関連する製品 86
  2.7.3 技術開発課題対応保有特許の概要 87
  2.7.4 技術開発拠点 91
  2.7.5 研究開発者 91
 2.8 松下電器産業 92
  2.8.1 企業の概要 92
  2.8.2 セラミックスの接合技術に関連する製品 92
  2.8.3 技術開発課題対応保有特許の概要 93
  2.8.4 技術開発拠点 96
  2.8.5 研究開発者 96
 2.9 電気化学工業 97
  2.9.1 企業の概要 97
  2.9.2 セラミックスの接合技術に関連する製品 97
  2.9.3 技術開発課題対応保有特許の概要 98
  2.9.4 技術開発拠点 102
  2.9.5 研究開発者 102
 2.10 村田製作所 103
  2.10.1 企業の概要 103
  2.10.2 セラミックスの接合技術に関連する製品 103
  2.10.3 技術開発課題対応保有特許の概要 104
  2.10.4 技術開発拠点 107
  2.10.5 研究開発者 107
 2.11 新日本製鐵 108
  2.11.1 企業の概要 108
  2.11.2 セラミックスの接合技術に関連する製品 108
  2.11.3 技術開発課題対応保有特許の概要 109

目次

    2.11.4 技術開発拠点 112
    2.11.5 研究開発者 112
2.12 住友ベークライト 113
    2.12.1 企業の概要 113
    2.12.2 セラミックスの接合技術に関連する製品 113
    2.12.3 技術開発課題対応保有特許の概要 114
    2.12.4 技術開発拠点 116
    2.12.5 研究開発者 116
2.13 住友電気工業 117
    2.13.1 企業の概要 117
    2.13.2 セラミックスの接合技術に関連する製品 117
    2.13.3 技術開発課題対応保有特許の概要 118
    2.13.4 技術開発拠点 121
    2.13.5 研究開発者 121
2.14 三菱重工業 122
    2.14.1 企業の概要 122
    2.14.2 セラミックスの接合技術に関連する製品 122
    2.14.3 技術開発課題対応保有特許の概要 123
    2.14.4 技術開発拠点 125
    2.14.5 研究開発者 125
2.15 いすゞ自動車 126
    2.15.1 企業の概要 126
    2.15.2 セラミックスの接合技術に関連する製品 126
    2.15.3 技術開発課題対応保有特許の概要 127
    2.15.4 技術開発拠点 130
    2.15.5 研究開発者 130
2.16 イビデン 131
    2.16.1 企業の概要 131
    2.16.2 セラミックスの接合技術に関連する製品 131
    2.16.3 技術開発課題対応保有特許の概要 132
    2.16.4 技術開発拠点 134
    2.16.5 研究開発者 134
2.17 東芝セラミックス 135
    2.17.1 企業の概要 135
    2.17.2 セラミックスの接合技術に関連する製品 135
    2.17.3 技術開発課題対応保有特許の概要 136

目次

    2.17.4 技術開発拠点 139
    2.17.5 研究開発者 139
  2.18 住友大阪セメント 140
    2.18.1 企業の概要 140
    2.18.2 セラミックスの接合技術に関連する製品 140
    2.18.3 技術開発課題対応保有特許の概要 141
    2.18.4 技術開発拠点 143
    2.18.5 研究開発者 143
  2.19 日立化成工業 144
    2.19.1 企業の概要 144
    2.19.2 セラミックスの接合技術に関連する製品 144
    2.19.3 技術開発課題対応保有特許の概要 145
    2.19.4 技術開発拠点 147
    2.19.5 研究開発者 147
  2.20 工業技術院 148
    2.20.1 研究所の概要 148
    2.20.2 セラミックスの接合技術に関連する製品 148
    2.20.3 技術開発課題対応保有特許の概要 149
    2.20.4 技術開発拠点 151
    2.20.5 研究開発者 151
3．主要企業の技術開発拠点
  3.1 セラミックスとセラミックスの接合 156
    (1) ろう付け法 156
    (2) 拡散・圧着法 157
    (3) 焼結法 158
  3.2 セラミックスと金属の接合 159
    (1) ろう付け法 159
    (2) 拡散・圧着法 160
    (3) 焼結法 161
    (4) 機械的接合法 162
    (5) 接着法 163

目次 / Contents

資料

1. 工業所有権総合情報館と特許流通促進事業 167
2. 特許流通アドバイザー一覧 170
3. 特許電子図書館情報検索指導アドバイザー一覧 173
4. 知的所有権センター一覧 175
5. 平成13年度25技術テーマの特許流通の概要 177
6. 特許番号一覧 193

1. 技術の概要

1.1 セラミックスの接合技術
1.2 セラミックスの接合技術の特許情報へのアクセス
1.3 技術開発活動の状況
1.4 技術開発の課題と解決手段

> **特許流通支援チャート**
>
> # 1. 技術の概要
>
> セラミックスは、セラミックス同士あるいは金属と接合することにより新たな機能の発現が期待される。

1.1 セラミックスの接合技術

1.1.1 セラミックス技術の発展
(1) 「やきもの」からファインセラミックスへ

　セラミックスのそもそもの意味は、粘土またはそれに類似した物質を可塑性をもった状態にして成形した後乾燥し、さらに必要な強さを与えるために高温で焼成したもの、いわゆる「やきもの」を指している。古い起源を持つセラミックスは、3つの世代を経て現在に至っている。

　第一世代は、天然粘土を原料として、木材を燃料にして製造した「やきもの」の世代である。次いで、第二世代は、天然原料を精製して、温度や雰囲気を比較的厳密に制御して焼成した「耐火物」「理化学実験器具」「冶金用の陶磁器」「自動車や航空機エンジン部材」などの世代である。そして、現在は、第三世代として、高純度の合成原料粉末を使用し焼結体の組成を厳密に制御して製造される高度の工業製品としてのセラミックスの世代である。

　特に 1940 年代以降、多くの新しいセラミックスが創出されてきた。これらのセラミックスは、ニューセラミックスとかファインセラミックスなどと呼ばれているものである。JIS R 1600 において、ファインセラミックスは、「目的の機能を十分に発現させるために、化学組成、微細組織、形状および製造工程を精密に制御して製造したもので、主として非金属の無機物質から成るセラミックス」と定義されている。例えば、以下のようなものがある。

高純度酸化物セラミックス：

　アルミナ、ジルコニア、マグネシアなどの酸化物セラミックスは、高純度化することによって機械的、熱的性質、電気的、光学的特性が著しく向上し、新しい機能セラミックスとして、さまざまな用途で利用され始めた。

非酸化物セラミックス：

　窒化珪素や窒化アルミなどの窒化物、炭化珪素などの炭化物あるいはほう化物などの非酸化物セラミックスは、機械的、熱的、電気的性質などが酸化物セラミックスとは異なる

優れた特性を持ち、高温材料、硬質材料、電気材料などとして広く利用され始めた。
電気磁気的機能セラミックス：
　圧電体、強誘電体、磁性体、半導体、イオン伝導体、酸化物超電導体など多くの電気的、磁気的な機能材料としてのセラミックスが開発されてきた。
新素材の合成：
　水晶やダイヤモンドなど天然に産する鉱物についても、より純粋で特性が制御されたものが合成されるようになって来た。さらに、1990年代になるとフラーレンやカーボンナノチューブなどの新しい炭素系材料が開発され新たな分野で利用され始めている。

（2）セラミックスの生産額

　図1.1.1-1に、日本ファインセラミックス協会の「ファインセラミックスの産業動向調査」に基づいて公開されたファインセラミックス部材の生産額のデータを示す。セラミックス接合体そのもののデータではないが、セラミックスの生産額データから、市場規模および用途の占める割合を把握することの参考になる。

図1.1.1-1 ファインセラミックスの生産額

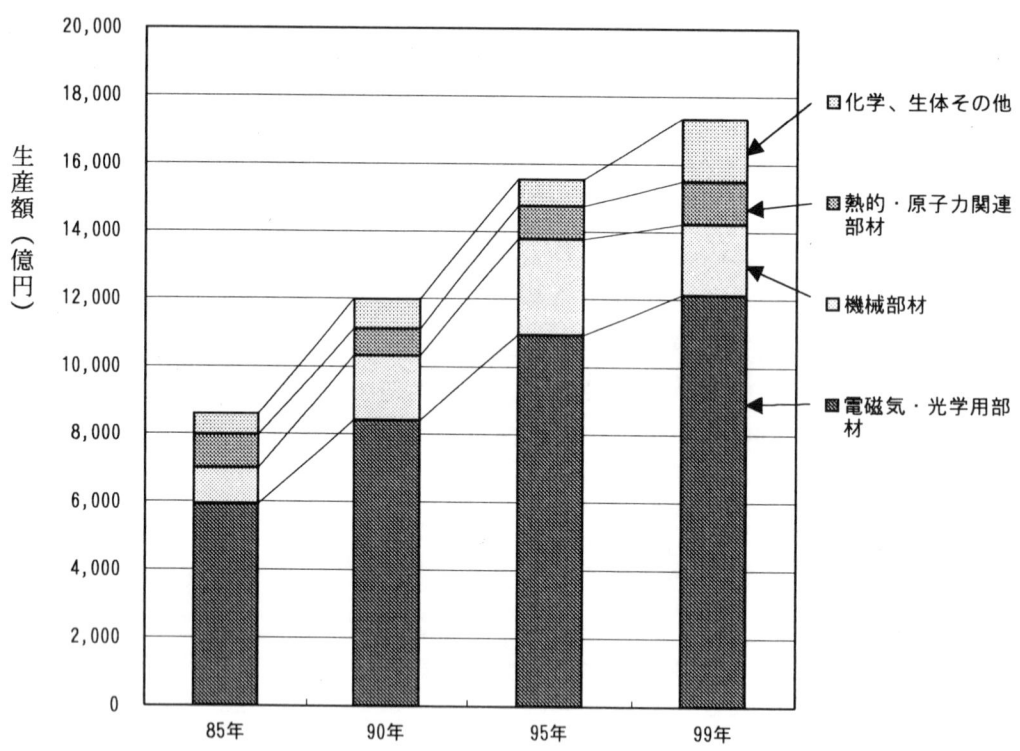

　図からわかるように、この10年間におけるファインセラミックスの生産は、伸び率はやや減少はしているが着実に増加している。その大半は、電磁気・光学用部材の生産によって占められている。さらに、化学、生体分野での増加傾向が注目される一方、機械部材が減少傾向にある。

1.1.2 セラミックスの接合技術
(1) セラミックスの接合技術の発展

　セラミックスは、その成分組成が酸化物、非酸化物にかかわらず、高度の耐熱・断熱性が有り、絶縁性、導電性、磁気的・誘電的性質などの電気的・電子的機能を有し、また耐摩耗性などの機械的性質も優れている。これらの特徴を生かして電気・電子部品用材料、機械用部材、工具あるいは構造用材料など多くの分野で利用されている。しかし、セラミックスは脆性材料であるために繰り返し曲げ応力が加わる部分には適用が難しく、その上、加工性に乏しい。従って、高温に曝される部分のみをセラミックスで構成し、高荷重が作用する部分は高強度で加工性に優れた金属部材で構成するなど、セラミックスと金属とを組合せた複合構造体とすることが注目されるようになり、種々の接合体が提案されている。さらに、セラミックスを機械部品材料や構造材料として使用する場合には、種々の形状の機械部品や構造材料が要求され、また各部品や部材の組合せが求められ、一体成形により製造されるものは別として、セラミックス同士を接合固定することが必要となってくる。

　セラミックスの接合の歴史は古く、粘土製品の接合に関しては、紀元前 3,000 年頃に栄えたクレタ島のクノッソス宮殿の跡から発見された下水道用の土管の接合がある。この土管は、長さが 70cm 強のもので、直径 17cm の太い一端を他の直径 9cm の細い一端と嵌めあわせてモルタル付にしたものであり、この頃には既にセラミックスの接合が行われていたことをうかがわせるものである。

　工業製品への適用に関しては 1879 年にエジソンの白熱電球に使用されたのが最初であろう。その後真空管、ブラウン管等の電子管、および蛍光灯、その他の特殊ランプにおいて気密接合技術が重要視されるようになった。

　第一次世界大戦中にアルミナやジルコニアなどの酸化物をルツボや管材として使用することが必要となり、次いで第二次世界大戦頃には、セラミックス材料の研究開発が著しく進歩して、1.1.1 項において述べたような多くのセラミックスが開発されるとともに、その接合のニーズが高まりその技術も発展した。

　ろう付け法は、紀元前青銅時代の頃から利用されて来た長い蓄積のある技術であり、この技術をベースにセラミックスの接合技術が行われ始めた。現在でも、半導体用セラミックス基板の製造などに用いられている高融点金属法は、1940 年にドイツ国のテレフンケン社によって開発されたことから別名テレフンケン法とも呼ばれ、アルミナセラミックスの接合などに広く使用されてきたものである。

　1979 年のオイルショックを契機に我が国では、省エネルギー化が最重要課題となった。その対応の一環として自動車のエンジン効率を上げるためにセラミックス・ターボチャージャーの採用などが試みられた。窒化珪素製タービン羽根車を用いたターボチャージャーは、適用する個所が厳しい環境ではあるが、そこでは窒化珪素製のタービン羽根車と鋼製の軸とを接合することが試みられた。

　近年では、セラミックス回路基板を使用した半導体装置の高出力化、半導体素子の高集積化が急速に進行し、セラミックス回路基板に繰り返して作用する熱応力や熱負荷も増加する傾向にあり、セラミックス回路基板に対しても熱応力や熱サイクルに対して十分な接合強度と耐久性や放熱性とが要求されている。このような要求に対応するため、最近では

各種電子機器の構成部品として、70W/m·K クラスの高熱伝導率を有する窒化珪素（Si_3N_4）基板や 100．170W/m·K クラスの高熱伝導率を有する窒化アルミニウム（AlN）基板に銅などの金属回路板を一体に接合したセラミックス回路基板が広く使用され始めており、セラミックス基板表面に各種金属や回路層（銅）を一体に形成する方法として直接ろう付け法、高融点金属メタライズ法および活性金属法などの方法が研究開発され適用され始めている。

(2) セラミックスの接合方法

セラミックスの持っている優れた特徴を実用的なものとして生かすためには、セラミックスと金属あるいはセラミックスとセラミックスとが強固に接合された信頼性の高い接合体を製造することが必要である。この必要性を満たすためのセラミックスの接合方法は、図1.1.2-1に示すように区分することができる。

図1.1.2-1 セラミックスの接合方法の区分

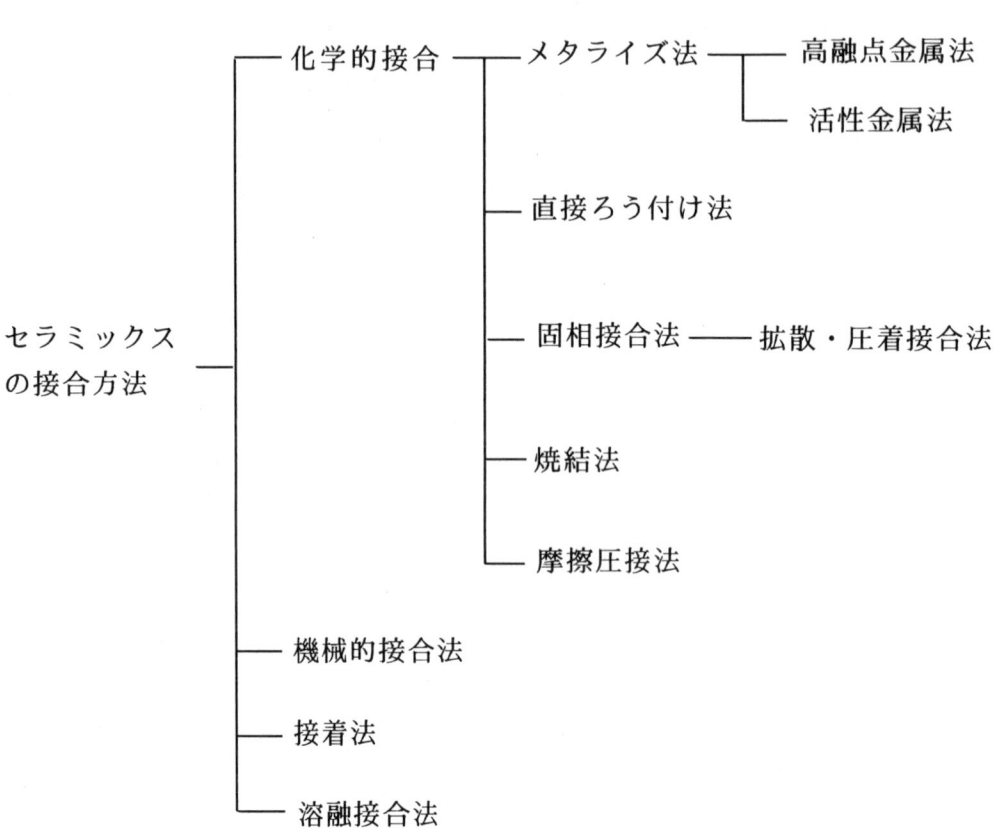

最も単純なプロセスと低コストの接合は、接着剤を用いて接合する接着法である。機械的接合法は、嵌合や焼きばめあるいはネジやボルトなどを用いて機械的に接合する方法である。機械的接合法は材質の組合せに制限がなく、高温強度を保つことができる。

これに対し優れた除熱機能と接合強度を必要とする接合法としてメタライズ法、直接ろう付け法および固相接合法など接合部に何らかの化学変化が起こっている化学的接合方法がある。

メタライズ法は、セラミックス表面に金属の拡散層を形成し、金属とはろう材によって

接合する方法であり、高融点金属法（Mo-Mn法）と活性金属法がその代表的なものである。直接ろう付け法は、ろう材を用いて基体を溶融させないで接合する方法である。固相接合法である拡散・圧着法は、基体を密着させて基材の融点以下の温度で加圧して原子の拡散を利用して接合する方法であり、焼結法は、基体の間に焼結材を介在させてそれを焼結させて接合する方法である。摩擦圧接法は、接合すべき基体を接触させて加圧しながら接触面を摩擦させ、その時の摩擦熱で接合面近傍を加熱して圧接する方法である。

溶融接合法は、レーザビームや電子ビームなどを用いて、接合すべき基体の表面を溶融状態にして基体に圧力を加えないで接合する方法である。

上記の方法のうち、摩擦圧接法や溶融接合法は適用される対象が限られることや、中心的な方法とは言えないことから、ここでは除外して、図1.1.2-1に示す方法を、ろう付け法、拡散・圧着法、焼結法、機械的接合法、接着法に区分して、以後の検討を進めていくことにする。それぞれの方法の概要を、以下の表1.1.2-1に示す。

表1.1.2-1 セラミックスの接合方法

ろう付け法	接合するべきセラミックスとセラミックスあるいは金属との接合界面に、接合するべき基体より融点の低いろう材を挿入し、これを加熱溶融させた後冷却させて接合する方法。 セラミックスの表面に金属層を拡散形成（メタライズ）してろう付けする高融点金属法および活性金属法などのメタライズ法および直接ろう付け法を含む。
拡散・圧着法	接合するべきセラミックスとセラミックスあるいは金属とを直接接触させて、拡散接合や圧着接合によって接合する方法。
焼結法	接合するべきセラミックスとセラミックスあるいは金属との間に中間材（焼結材）を介在させて焼結させて接合する方法。中間材を熱分解あるいは雰囲気との反応により別の組成に変化させることによって接合する方法も含む。
機械的接合法	嵌合や焼きばめなどの機械的な方法によってセラミックス同士あるいはセラミックスと金属とを接着する方法。
接着法	有機系または無機系接着剤でセラミックスとセラミックスあるいはセラミックスと金属とを接着する方法。

(3) セラミックスの接合の技術体系

　図1.1.2-2にセラミックスの接合の技術体系を示す。接合すべき基体の組合せにより、セラミックスとセラミックスの接合、セラミックスと金属の接合およびセラミックスとプラスチックや木材などその他の材料との接合という3つの接合に大別できる。そして、それぞれの接合に対して、ろう付け法、拡散・圧着法、焼結法、機械的接合法および接着法という接合方法がある。

図1.1.2-2 セラミックスの接合の技術体系

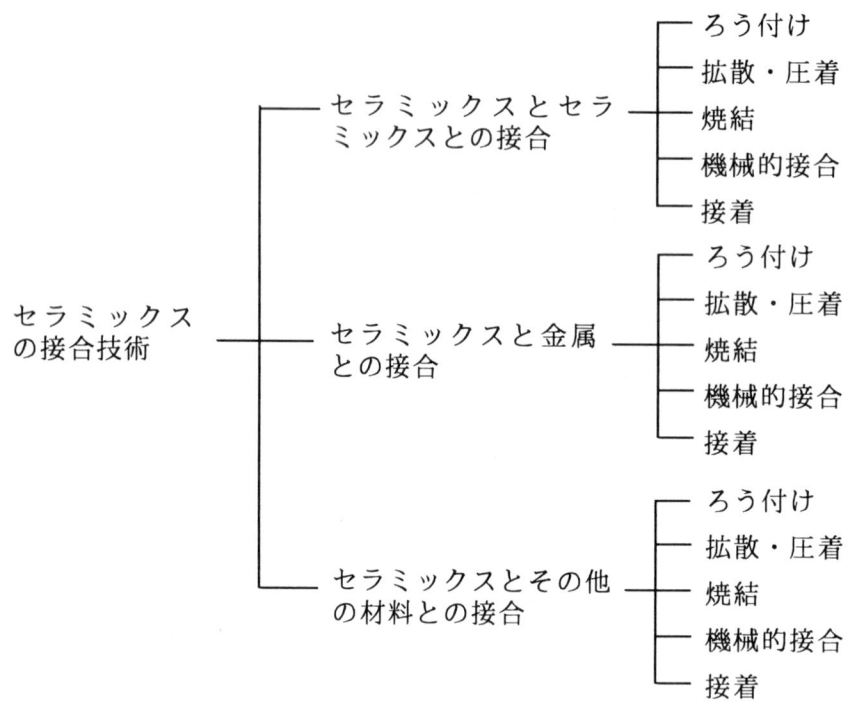

接合基体と接合方法との関係における出願件数の分布を図1.1.2-3に示す。

図1.1.2-3 接合基体と接合方法との関係の出願件数の分布

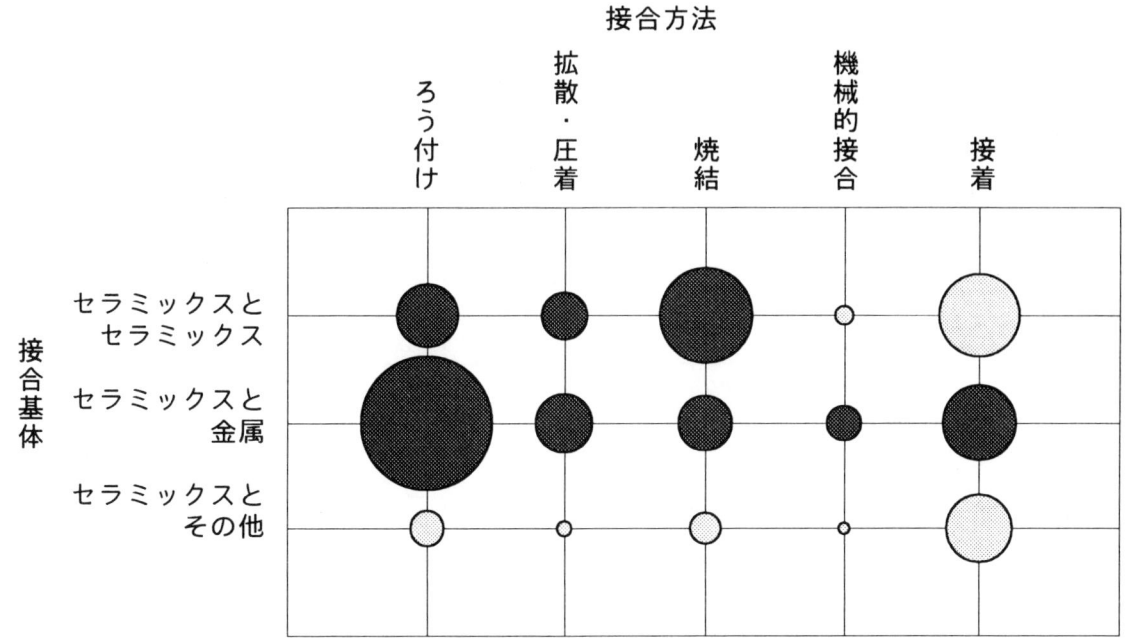

1991～2001年10月公開の権利存続中または係属中の特許

　この図を基に、以後取り上げるべき技術要素を選択する。まず、基体の組合せの観点からセラミックスと金属との組合せは、基体の特質が相違なることを考慮して、5つの接合方法全てを技術要素として取り上げる。一方セラミックスとその他の材料との組合せは、他の2つの組合せに比較して数が少ないことを考慮して除外する。セラミックスとセラミックスとの組合せにおける機械的接合法に関しては出願件数が少ないことを考慮して除外する。接着法に関しては、公報読み込みの結果、出願された特許の多くが接着剤に関するものであること、および基体の3つの組合せそれぞれにおいて相当数が重複していることから、どれか1つの組合せを選択すれば、それがかなりの程度で接着法全体を代表すると考えられる。そこで異種材料の接合という視点でセラミックスと金属の接着法を選択する。この結果、今回の取り上げるべき技術要素としては、以下の8つを選択する。
(1) セラミックスとセラミックスの接合
　　a.ろう付け法
　　b.拡散・圧着法
　　c.焼結法
(2) セラミックスと金属の接合
　　a.ろう付け法
　　b.拡散・圧着法
　　c.焼結法
　　d.機械的接合法
　　e.接着法
第1.3章以降では、この8つを技術要素として検討を進めていくことにする。

1.2 セラミックスの接合技術の特許情報へのアクセス

セラミックスの接合技術について特許調査を行う場合のアクセスツールを紹介する。

表1.2-1にIPC、FIに関するアクセスツールを示す。表1.2-2、表1.2-3にFタームに関するアクセスツールを示す。ただし、絞り込みにあたっては、個々の特許公報の読み込みが必要である。

表1.2-1 セラミックスの接合技術のアクセスツール(1)

技術要素		IPC	FI
セラミックスとセラミックスの接合	セラミックスとセラミックスの接合	C04B37/00	C04B37/00
	接合材の組成に特徴を有するもの	C04B37/00	C04B37/00A
	接合材の組成に金属を含むもの	C04B37/00	C04B37/00B
	直接融着によるもの	C04B37/00	C04B37/00C
	その他のもの	C04B37/00	C04B37/00Z
セラミックスと金属との接合	セラミックスと金属との接合	C04B37/02	C04B37/02
	接合材の組成に特徴を有するもの	C04B37/02	C04B37/02A
	接合材の組成に金属を含むもの	C04B37/02	C04B37/02B
	直接融着によるもの	C04B37/02	C04B37/02C
	その他のもの	C04B37/02	C04B37/02Z
セラミックスとガラスとの接合		C04B37/04	C04B37/04
圧接(拡散溶接、摩擦圧接、熱間圧接)		B23K20/00	B23K20/00
ろう付け		B23K1/19	B23K1/19
レーザー溶接		B23K26/00,310	B23K26/00,310
ろう材	材料の組成に特徴を有するろう材	B23K35/22,310	B23K35/22,310
	適当なろう材の選定	B23K35/24,310	B23K35/24,310
	主成分が400℃以下の融点を有するろう材	B23K35/26,310	B23K35/26,310
	主成分が950℃以下の融点を有するろう材	B23K35/28,310	B23K35/28,310
	主成分が1550℃以下の融点を有するろう材	B23K35/30,310	B23K35/30,310
	主成分が1550℃以上の融点を有するろう材	B23K35/32,310	B23K35/32,310
	ろう付け用のフラックス組成物	B23K35/363	B23K35/363
セラミックスからなる積層体		B32B18/00	B32B18/00
粘土製品		C04B33/00	C04B33/00
組成に特徴を持つ成形セラミックス製品		C04B35/00	C04B35/00

表1.2-2 セラミックスの接合技術のアクセスツール(2)

技術要素			Fターム
セラミックス基体		セラミックス	4G026BA01
		酸化物系セラミックス	4G026BA02
		アルミナ系セラミックス	4G026BA03
		シリカ系セラミックス	4G026BA04
		ジルコニア系セラミックス	4G026BA05
		ムライト系セラミックス	4G026BA06
		コージェライト系セラミックス	4G026BA07
		フェライト系セラミックス	4G026BA08
		非酸化物系セラミックス	4G026BA12
		炭素、炭化物系セラミックス	4G026BA13
		珪素炭化物系セラミックス	4G026BA14
		窒化物系セラミックス	4G026BA15
		アルミ窒化物系セラミックス	4G026BA16
		珪素窒化物系セラミックス	4G026BA17
		硼素窒化物系セラミックス	4G026BA18
		酸窒化物系セラミックス	4G026BA19
		炭窒化物系セラミックス	4G026BA20
		構造に特徴を有するセラミックス	4G026BA21
被接合基体	セラミックス	セラミックス	4G026BB01
		酸化物系セラミックス	4G026BB02
		アルミナ系セラミックス	4G026BB03
		シリカ系セラミックス	4G026BB04
		ジルコニア系セラミックス	4G026BB05
		ムライト系セラミックス	4G026BB06
		コージェライト系セラミックス	4G026BB07
		フェライト系セラミックス	4G026BB08
		非酸化物系系セラミックス	4G026BB12
		炭素、炭化物系セラミックス	4G026BB13
		珪素炭化物系セラミックス	4G026BB14
		窒化物系セラミックス	4G026BB15
		アルミ窒化物系セラミックス	4G026BB16
		珪素窒化物系セラミックス	4G026BB17
		硼素窒化物系セラミックス	4G026BB18
		酸窒化物系セラミックス	4G026BB19
		炭窒化物系セラミックス	4G026BB20
	金属	金属、合金	4G026BB21
		Cu、Cu合金	4G026BB22
		無酸素銅板	4G026BB23
		Fe、Fe基合金	4G026BB24
		Fe-Ni合金	4G026BB25
		ステンレス	4G026BB26
		Al、Al合金	4G026BB27
		Ni、Ni合金	4G026BB28
	その他	サーメット	4G026BB31
		ガラス	4G026BB33
		他の耐熱性物質	4G026BB35
		構造に特徴を有するもの	4G026BB37

表1.2-3 セラミックスの接合技術のアクセスツール(3)

技術要素		Fターム
接合方法	溶着、溶接	4G026BG02
	拡散、圧着接合	4G026BG03
	反応を伴う接合	4G026BG04
	焼結と同時に接合	4G026BG05
	熱間加圧接合	4G026BG06
	焼結収縮を利用する接合	4G026BG07
	圧力ばめ	4G026BG08
	焼きばめ、冷やしばめ	4G026BG09
	溶融鋳造接合	4G026BG10
	熱源に通電を用いる接合	4G026BG12
	熱源にレーザを用いる接合	4G026BG13
	静水圧加圧接合	4G026BG14
セラミックスに適用できる接着剤		4J040MA04

注)先行技術調査を完全に漏れなく行うためには、調査目的に応じて上記以外の分類も調査しなければならないことも有り得るので、注意が必要である。

1.3 技術開発活動の状況

1.3.1 セラミックスの接合技術

本書で取り上げる「セラミックスの接合技術」は、「セラミックスの接合技術」、「溶接技術(ろう付け、ろう材、圧接、レーザー溶接)におけるセラミックスに関連する技術」、「セラミックス積層体技術」、「セラミックスの接着技術」分野を範囲とし、1991〜2001年10月までに公開された、セラミックスの接合に関する出願で権利存続中または係属中の特許1,438件を対象とした。

これを出願年別にみると、図1.3.1-1に示すように、93〜95年に若干の増加はあるもののほぼ110〜130件の範囲で安定している。これを技術要素別にみると、図1.3.1-2に示すようにろう付けが最も多く、次いで焼結が多い。機械的接合は絶対数が少ない。

図1.3.1-1 セラミックスの接合の件数推移

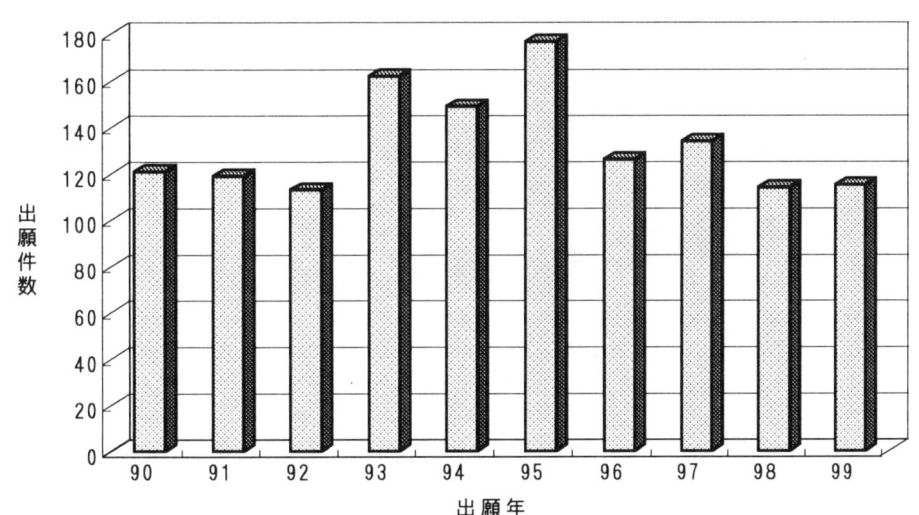

図1.3.1-2 接合方法別年次推移

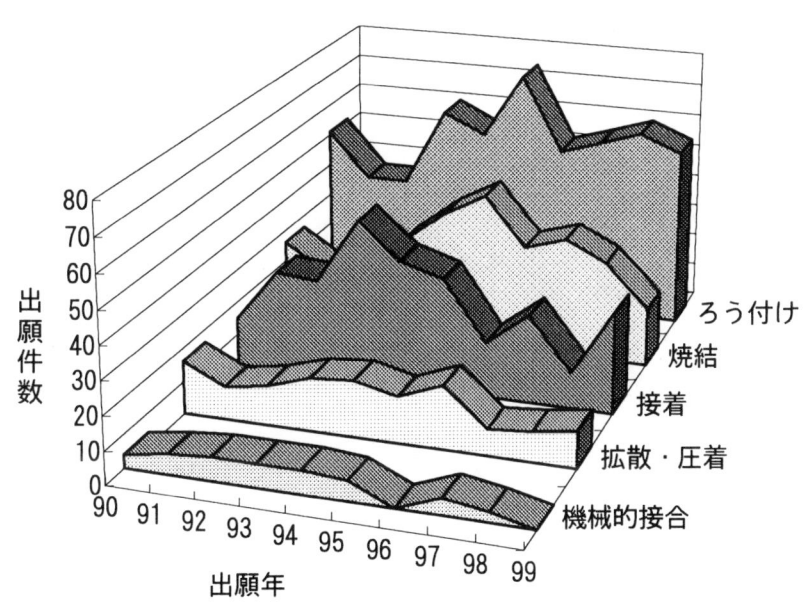

図 1.3.1-3 は、この 1,438 件のうちで用途が特定されているものについて用途別に出願件数を示したものである。

電気・電子用部材に関するものが多く、次いで機械部材に関するものが多い。電気・電子用部材および工具に関しては、95 年に出願のピークが表れているが、他の用途については必ずしも明確ではない。

図 1.3.1-3 用途別出願件数の推移

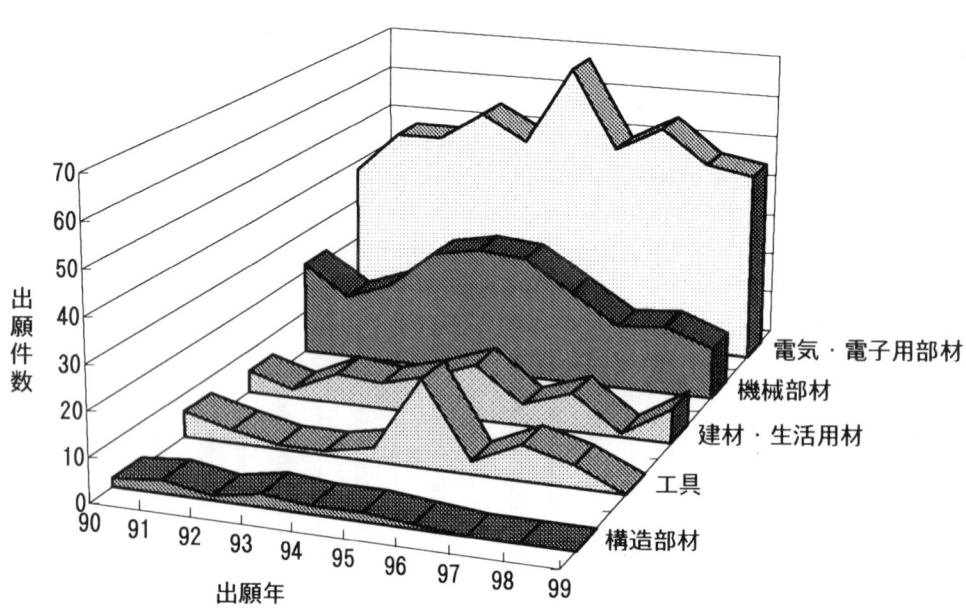

図1.3.1-4にセラミックスの接合技術全体の出願人数と出願件数を2年毎の合計に区切ってその変化を示す。細かく動向をみると、この分野の技術開発は、90年代なかばまで出願人、出願件数とも増加傾向を示したが、96年以降には、まず出願人の大幅な減少が表れ、99年は、出願件数も90年当初の水準を下回っている。しかしながら、全体としてはその変化は少ない。

　表1.3.1-1にセラミックスの接合に関する特許の上位出願人を示す。この中には、日本特殊陶業などの窯業メーカー、電気機器メーカーが各5社、非鉄金属メーカー、化学メーカーが各3社入って、上位を占めている。日本碍子、太平洋セメントなどの出願が90年代前半に多いのに対し、京セラや電気化学工業の出願は比較的90年代後半に集中している。

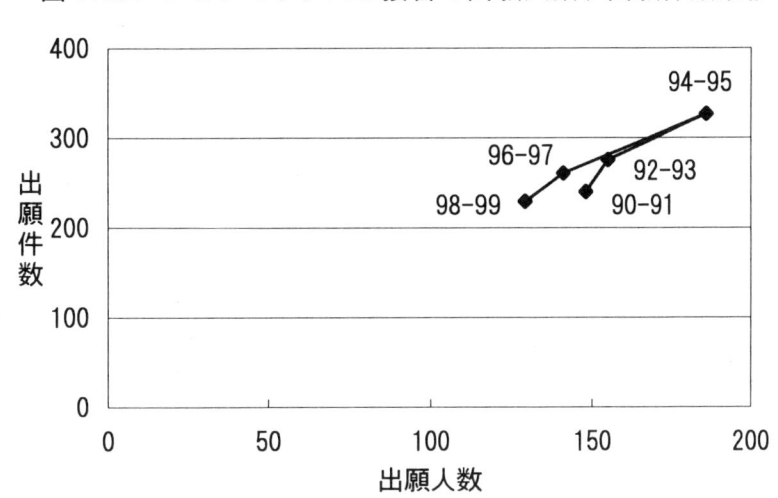

図1.3.1-4 セラミックスの接合の出願人数、出願件数推移

表1.3.1-1 セラミックスの接合の主な出願人

出願人	業種	90	91	92	93	94	95	96	97	98	99	計
日本特殊陶業	窯業	5	5	10	15	12	9	10	9	4	7	86
東芝	電気機器	3	4	8	4	6	17	11	15	7	8	83
日本碍子	窯業	11	10	4	9	6	6	11	6	7	6	76
太平洋セメント	窯業	8	8	12	11	5	3	3	3	2	7	62
京セラ	電気機器	2	7	5	2	4	7	2	9	15	6	59
三菱マテリアル	非鉄	1	1	2	1	8	18	3	6	4		44
同和鉱業	非鉄	4	3	1		4	8	8	4	4	5	41
電気化学工業	化学	2	3		4	2	4	6	4	3	10	38
松下電器産業	電気機器		1		3	2	9	4	6	3		29
村田製作所	電気機器	1	4	6	5	3	2			2		23
住友電気工業	非鉄	3			5	2	3	1	2	4	1	21
日立化成工業	化学			3	2	4	4	1	3	1	2	20
新日本製鐵	鉄鋼		3	3	5	2	4	1	1			19
いすゞ自動車	輸送用機器	5	4	1	5		3					18
三菱重工業	機械	2	3	1	1	6	3	1		1		18
住友ベークライト	化学			8	3	2	1	4				18
東芝セラミックス	窯業	2	2	1	2			2	2	3	4	18
イビデン	電気機器	3	5	6	1	1				1		17
住友大阪セメント	窯業	1	3			1				2	4	11
工業技術院長			4	1		1		1	2	2		11

1.3.2 セラミックスとセラミックスの接合
(1) ろう付け法

　図1.3.2-1にセラミックスとセラミックスのろう付け法に関する出願人数と出願件数の変化を示す。90年代全体を通し出願件数、出願人数の変化は少ない。

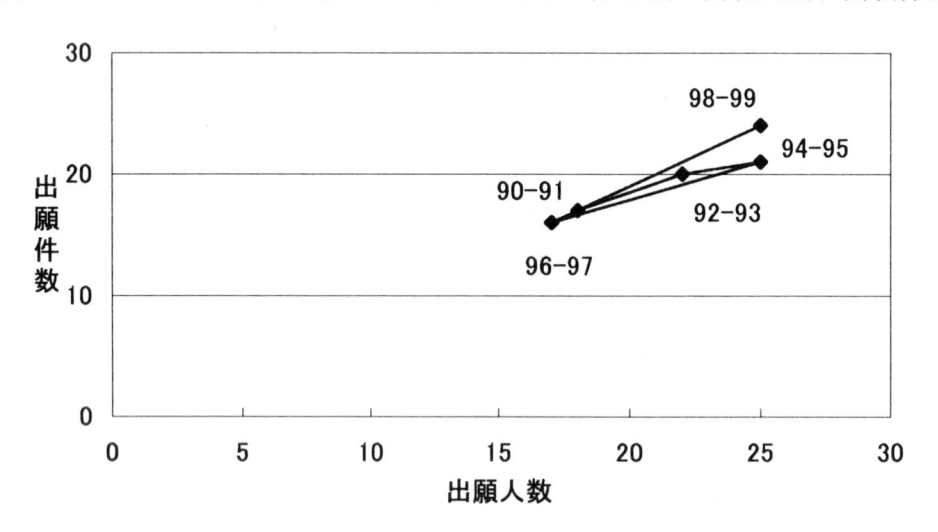

　表1.3.2-1にセラミックスとセラミックスのろう付け法の主な出願人を示す。窯業メーカー、電気機器メーカーなどが上位を占めている。

図1.3.2-1 セラミックスとセラミックスのろう付け法の出願人数、出願件数推移

表1.3.2-1 セラミックスとセラミックスのろう付け法の主な出願人

出願人	業種	90	91	92	93	94	95	96	97	98	99	計
太平洋セメント	窯業	2	1		2			1	1	2		9
京セラ	電気機器	1	1		1					3		6
日本碍子	窯業	2		1				1	1	1		6
東芝	電気機器			1		1		1	1		1	5
三菱マテリアル	非鉄		1				1			2		4
三菱重工業	機械			1	1	1	1					4
日本特殊陶業	窯業		1		1	1				1		4
コミッサリア ア レネルジー アトミーク（フランス）								3				3
中部電力	電力			1		1				1		3
田中貴金属工業	非鉄						3					3
豊田中央研究所	輸送用機			1	1				1			3
ジェネラル エレクトリック（米国）				1			1					2
デグサ ヒュルス（ドイツ）				1	1							2
住友大阪セメント	窯業		1							1		2
松下電器産業	電気機器						1			1		2
新光電気工業	電気機器							1	1			2
神戸製鋼所	鉄鋼						2					2
東芝セラミックス	窯業		1							1		2
同和鉱業	非鉄		1								1	2
日本板硝子	窯業									1	1	2

(2) 拡散・圧着法

　図1.3.2-2にセラミックスとセラミックスの拡散・圧着法に関する出願人数と出願件数の変化を示す。90年代半ばまでの期間は、出願人数、出願件数共に10～15件程度で安定していたが、96年以降出願人、出願件数共大幅に減少した。最近では、出願人、出願件数共2年間で5程度と低い水準にある。

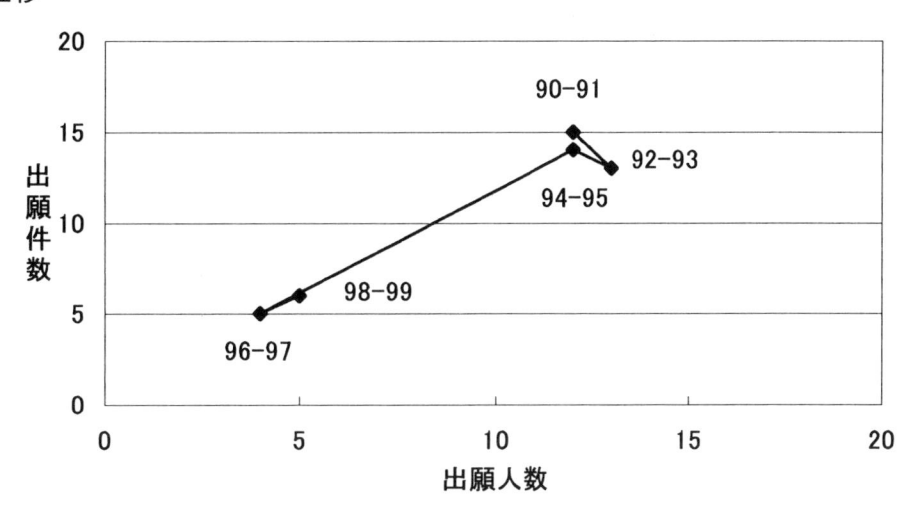

　表1.3.2-2にセラミックスとセラミックスの拡散・圧着法の主な出願人を示す。電気機器メーカーが、上位を占めている。

図1.3.2-2 セラミックスとセラミックスの拡散・圧着法の出願人数、出願件数推移

表1.3.2-2 セラミックスとセラミックスの拡散・圧着法の主な出願人

出願人	業種	90	91	92	93	94	95	96	97	98	99	計
京セラ	電気機器		2	1			1					4
ソニー	電気機器			1	1	1						3
工業技術院長		2						1				3
日機装	機械					3						3
日本碍子	窯業	2				1						3
いすゞ自動車	輸送用機器			2								2
アライド シグナル	（米国）			1		1						2
三井造船	輸送用機器			1		1						2
三菱重工業	機械					2						2
住友大阪セメント	窯業		1								1	2
太陽誘電	電気機器							2				2
東芝	電気機器									2		2
鈴木自動車工業	輸送用機器	1				1						2

(3) 焼結法

図1.3.2-3にセラミックスとセラミックスの焼結法による接合技術の出願人数と出願件数の変化を示す。この分野においても90年代半ばまでは、出願人数、出願件数の増加がみられたが、それ以降減少が続いている。

表1.3.2-3にセラミックスとセラミックスの焼結法の主な出願人を示す。窯業メーカー、電気機器メーカーが、上位を占めている。97年以降に年5件以上の出願をする企業はなく、3件以上出願する企業も松下電器産業、東芝のような電気機器メーカーや、旭硝子、旭光学工業と限られたものとなっている。

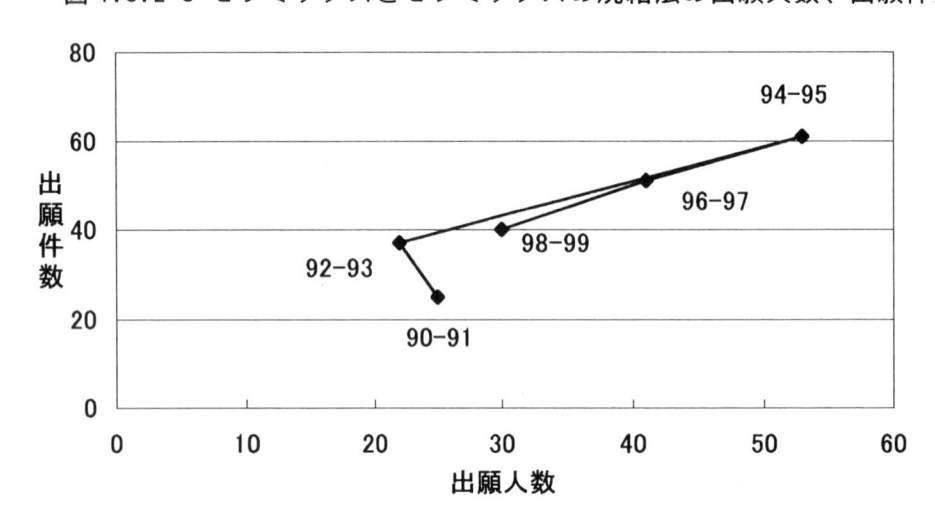

図1.3.2-3 セラミックスとセラミックスの焼結法の出願人数、出願件数

表1.3.2-3 セラミックスとセラミックスの焼結法の主な出願人

出願人	業　種	90	91	92	93	94	95	96	97	98	99	計
日本碍子	窯業	1	1	2	7	3		5	1	2	1	23
松下電器産業	電気機器		1		1		5	1	3	1	1	13
京セラ	電気機器			2	1	2	2	2	1	2		12
村田製作所	電気機器		1	3	3	3				2		12
東芝	電気機器					2	2	3	3			10
日本特殊陶業	窯業				1		1	4	1	1		8
東芝セラミックス	窯業			1				1	1	1	3	7
オリベスト	化学				3	1	2					6
東レ	繊維				3	1	2					6
三井造船	輸送用機器	1			1	2	1					5
住友大阪セメント	窯業					1				2	2	5
太平洋セメント	窯業	1					2		1	1		5
アイジー技術研究所	建設	4										4
旭硝子	窯業				1					3		4
日立製作所	電気機器	1	1			1	1					4
インターナショナル　ビジネス　マシーンズ（米国）			1			1	1					3
ローベルト　ボッシュ（ドイツ）					2	1						3
旭光学工業	精密機器									3		3
工業技術院長			1				1		1			3
三菱マテリアル	非鉄	1		1		1						3
三菱重工業	機械			2							1	3
住友金属工業	機械				2				1			3
石川島播磨重工業	機械		1					1	1			3
徳山曹達	化学					1	1	1				3
日本電装	輸送用機器					1	1				1	3

1.3.3 セラミックスと金属の接合
(1) ろう付け法

図1.3.3-1にセラミックスと金属のろう付け法に関する出願人数と出願件数の変化を示す。90年代を通して出願人は35～55人、出願件数は70～110件と安定しており、大きな変化はない。

表1.3.3-1にセラミックスと金属のろう付け法の主な出願人を示す。窯業メーカー、電気機器メーカー、非鉄金属メーカーが上位を占めている。個人の出願人や科学技術振興事業団が上位に表れているのが注目される。上位の企業のほとんどが、96年以降毎年10件以上の出願をしていないのに対し、京セラが近年多くの出願を行っていることが注目される。出願数8位の日本碍子と9位以下との差が大きいことも特徴の一つである。

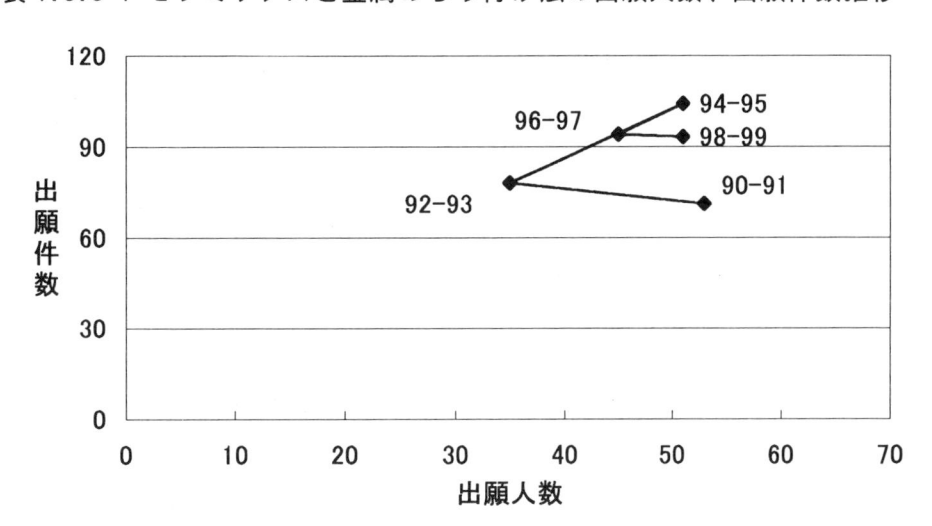

表 1.3.3-1 セラミックスと金属のろう付け法の出願人数、出願件数推移

表 1.3.3-1 セラミックスと金属のろう付け法の主な出願人

出願人	業種	90	91	92	93	94	95	96	97	98	99	計
日本特殊陶業	窯業	4	2	4	11	11	7	6	7	1	7	60
東芝	電気機器	1	3	6	3	3	12	5	8	4	3	48
太平洋セメント	窯業	5	4	11	5	2		3	2	1	5	38
同和鉱業	非鉄	2	2	1		4	7	8	4	2	4	34
三菱マテリアル	非鉄				1	4	16	3	6	2		32
京セラ	電気機器	1	2	1		1	1		5	11	4	26
電気化学工業	化学	2	2		1	1	3	5	4	1	6	25
日本碍子	窯業	2	2		1		4	1	2	3	5	21
いすゞ自動車	輸送用機器	3			5	1						9
住友電気工業	非鉄	3			1	1			1	3		9
三菱重工業	機械	1	1			3	1	1				7
田中貴金属工業	非鉄	2	1	1	1		1			1		7
成田 敏夫		3			1	2						6
日立製作所	電気機器							4		2		6
科学技術振興事業団									2	3		5
村田製作所	電気機器	1	3	1								5
芝府エンジニアリング	電気機器							1	2	1		4
新日本製鐵	鉄鋼			1		1		1	1			4
神戸製鋼所	鉄鋼			1		1	1		1			4

（2）拡散・圧着法

　図1.3.3-2にセラミックスと金属の拡散・圧着法に関する出願人数と出願件数の変化を示す。出願人数は、12人から19人の範囲、出願件数も14件から21件の範囲で安定している。
　表1.3.3-2にセラミックスと金属の拡散・圧着法の主な出願人を示す。電気機器メーカー、窯業メーカー、化学メーカーなどが上位を占めている。

図 1.3.3-2 セラミックスと金属の拡散・圧着法の出願人数、出願件数推移

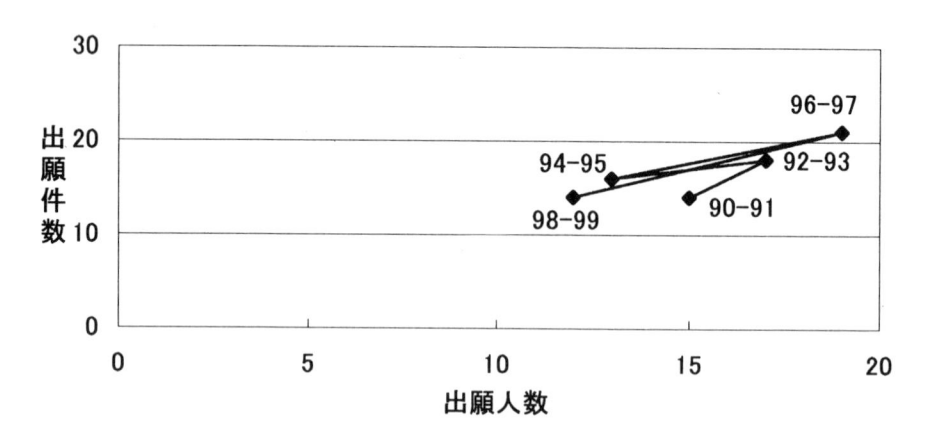

表 1.3.3-2 セラミックスと金属の拡散・圧着法の主な出願人

出願人	業種	90	91	92	93	94	95	96	97	98	99	計
東芝	電気機器	1		1	1		2	1	1	2	1	10
日本碍子	窯業	2			1			3				6
太平洋セメント	窯業	1		1	2							4
電気化学工業	化学					1					3	4
日本特殊陶業	窯業					1	2	1				4
京セラ	電気機器		1	1						1		3
日立化成工業	化学					2		1				3
富士電機	電気機器							2	1			3
いすゞ自動車	輸送用機器		1	1								2
イビデン	電気機器	2										2
プランゼー（オーストリア）							1			1		2
旭光学工業	精密機器								2			2
科学技術庁金属材料技術研究所長				1	1							2
工業技術院長						1		1				2
川崎重工業	輸送用機器						1	1				2
東京電力	電力	1						1				2
日立金属	鉄鋼							2				2
日立製作所	電気機器								1		1	2

(3) 焼結法

図1.3.3-3にセラミックスと金属の焼結法に関する出願人数と出願件数の変化を示す。

92年から94-95年にかけて、この分野の出願人数、出願件数共に増加したが、94-95年をピークにその後いずれも減少している。

表1.3.3-3にセラミックスと金属の焼結法の主な出願人を示す。非鉄金属メーカー、電気機器メーカー、窯業メーカーなどが上位を占めている。輸送用機器メーカー、個人の出願人もある。

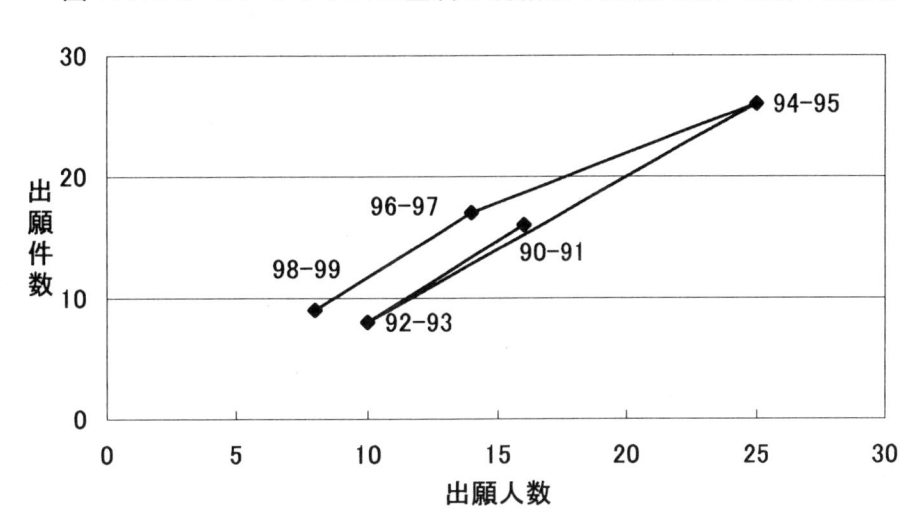

図1.3.3-3 セラミックスと金属の焼結法の出願人数、出願件数推移

表1.3.3-3 セラミックスと金属の焼結法の主な出願人

出願人	業種	90	91	92	93	94	95	96	97	98	99	計
住友電気工業	非鉄				2	1	2	1		1	1	8
松下電器産業	電気機器						2	1	2			5
日本特殊陶業	窯業		1			1	2		1			5
いすゞセラミックス研究所	輸送用機器	2	1				1					4
旭光学工業	精密機器								3	1		4
日立製作所	電気機器						1	1	2			4
日本碍子	窯業	2	1									3
宮本 欽生						1		1				2
京セラ	電気機器	1							1			2
住友大阪セメント	窯業									2		2
村田製作所	電気機器					1	1					2
太平洋セメント	窯業			2								2
電気化学工業	化学							1		1		2
東芝セラミックス	窯業					1					1	2
日本製鋼所	機械				1		1					2
日立化成工業	化学					1	1					2

(4) 機械的接合法

　図1.3.3-4にセラミックスと金属の機械的接合法に関する出願人数と出願件数の変化を示す。この分野の出願人、出願件数は、きわめて少なくその変化も激しいが、90年から95年までは、出願人数が6～7人、出願件数が9～12件の範囲で推移しているが、全体としてはいずれも減少傾向にある。96-97年、98-99年は、出願人、出願件数はいずれも2に過ぎない。

　表1.3.3-4にセラミックスと金属の機械的接合法の主な出願人を示す。窯業メーカーの出願件数が多く、次いで鉄鋼メーカー、電気機器メーカーなどの出願が上位を占めている。ただし、ここに表れた上位企業に99年の出願はない。

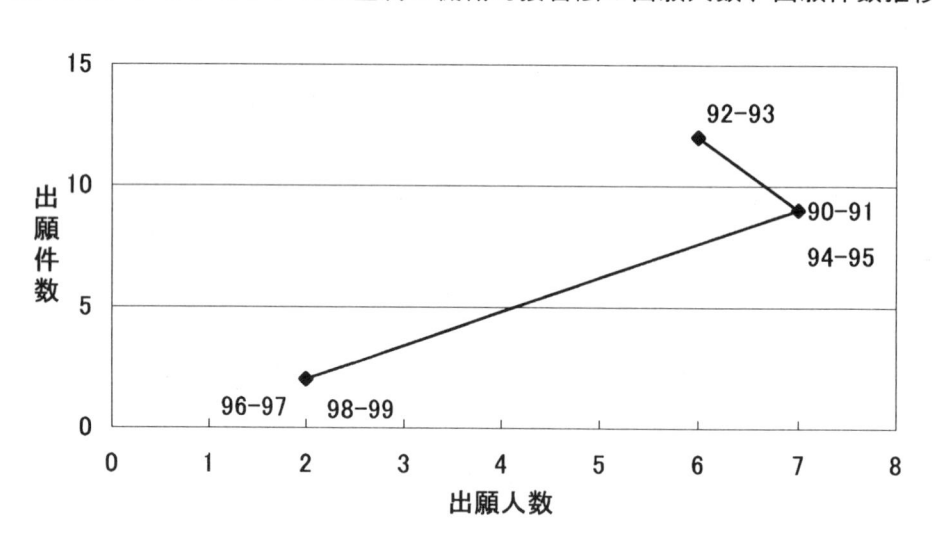

図1.3.3-4 セラミックスと金属の機械的接合法の出願人数、出願件数推移

表1.3.3-4 セラミックスと金属の機械的接合法の主な出願人

出願人	業種	90	91	92	93	94	95	96	97	98	99	計
日本特殊陶業	窯業	1	1	5	2	1			1			11
日本碍子	窯業	3		1	1	1						6
新日本製鐵	鉄鋼			1	2		2					5
京セラ	電気機器		1				2					3
いすゞセラミックス研究所	輸送用機器			1								1
いすゞ自動車	輸送用機器			1								1
キヤノン	電気機器								1			1
スリーデイコンポリサーチ	機械					1						1
ティーデイーケイ	化学		1									1
リケン	機械								1			1
三菱重工業	機械					1						1
三菱電機	電気機器									1		1
日立金属	鉄鋼					1						1

(5) 接着法

図1.3.3-5にセラミックスと金属の接着法に関する出願人数と出願件数の変化を示す。

90年代前半に出願人数、出願件数共に増加したが、その後、まず出願件数が減少し、次いで出願人数も減少し、現在は出願件数、出願人共20を割っている。

表1.3.3-5にセラミックスと金属の接着法の主な出願人を示す。化学メーカーの出願が上位を占めている。

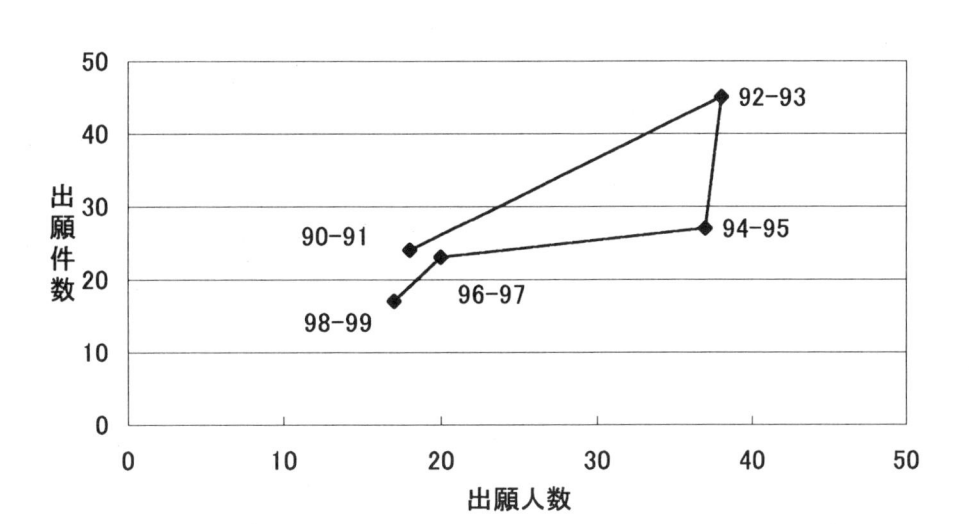

図1.3.3-5 セラミックスと金属の接着法の出願人数、出願件数推移

表1.3.3-5 セラミックスと金属の接着法の主な出願人

出願人	業種	90	91	92	93	94	95	96	97	98	99	計
住友ベークライト	化学		5	3	2							10
日立化成工業	化学			2	1	1			3	1	2	10
イビデン	電気機器		4	2	1							7
東亜合成化学工業	化学	2		3			1	1				7
電気化学工業	化学				3	1					1	5
日東電工	化学		1	1	1						1	4
品川白煉瓦	窯業		2	1		1						4
住友金属エレクトロデバイス	電気機器							2		1		3
日清紡績	繊維			2	1							3

1.4 技術開発の課題と解決手段

1.4.1 技術開発の課題と解決手段の概要

「セラミックスの接合」に関する特許公報の読み込みにより、主な技術開発の課題およびその解決手段は、表1.4.1-1および表1.4.1-2のように整理できる。技術開発課題に関しては、接合強度の向上や欠陥の防止など接合部の品質および信頼性の向上に関する課題、形成された接合体へ機械的機能や熱的機能を付与するなど接合体へ機能性を付与するという課題および耐久性の向上などその他の課題に大別することができる。

表1.4.1-1 セラミックスの接合技術の技術開発課題

課題の大分類	課題の小分類
接合部の品質および信頼性の向上	接合強度の向上および欠陥の防止
	応力の緩和
	精度の維持向上
接合体への機能性の付与	機械的機能の付与
	熱的機能の付与
	化学的機能の付与
	電気的・磁気的機能の付与
その他の課題	耐久性の向上
	大型化、複雑化
	接合条件の拡張
	適用範囲の拡大
	経済性の向上、工程の簡略化

解決手段に関しては、基体の特性(成分)・選択など接合基体に関するもの、接合材の特性・形状など接合部に関するものおよび接合条件など接合操作に関するものに大別できる。

表1.4.1-2 セラミックスの接合技術の解決手段

解決手段の大分類	解決手段の小分類
基体に関する解決手段	基体の特性・選択によるもの
	基体の構造・形状によるもの
	基体の処理によるもの
接合部に関する手段	接合層の構造・構成によるもの
	接合材の特性・形状によるもの
	中間材の特性・形状によるもの
接合操作に関する手段	接合条件によるもの
	接合工程によるもの

セラミックスの接合における主な技術開発課題と解決手段に関連した出願の分布をまとめると図1.4.1-1のようになる。

図1.4.1-1 主な技術開発課題と解決手段

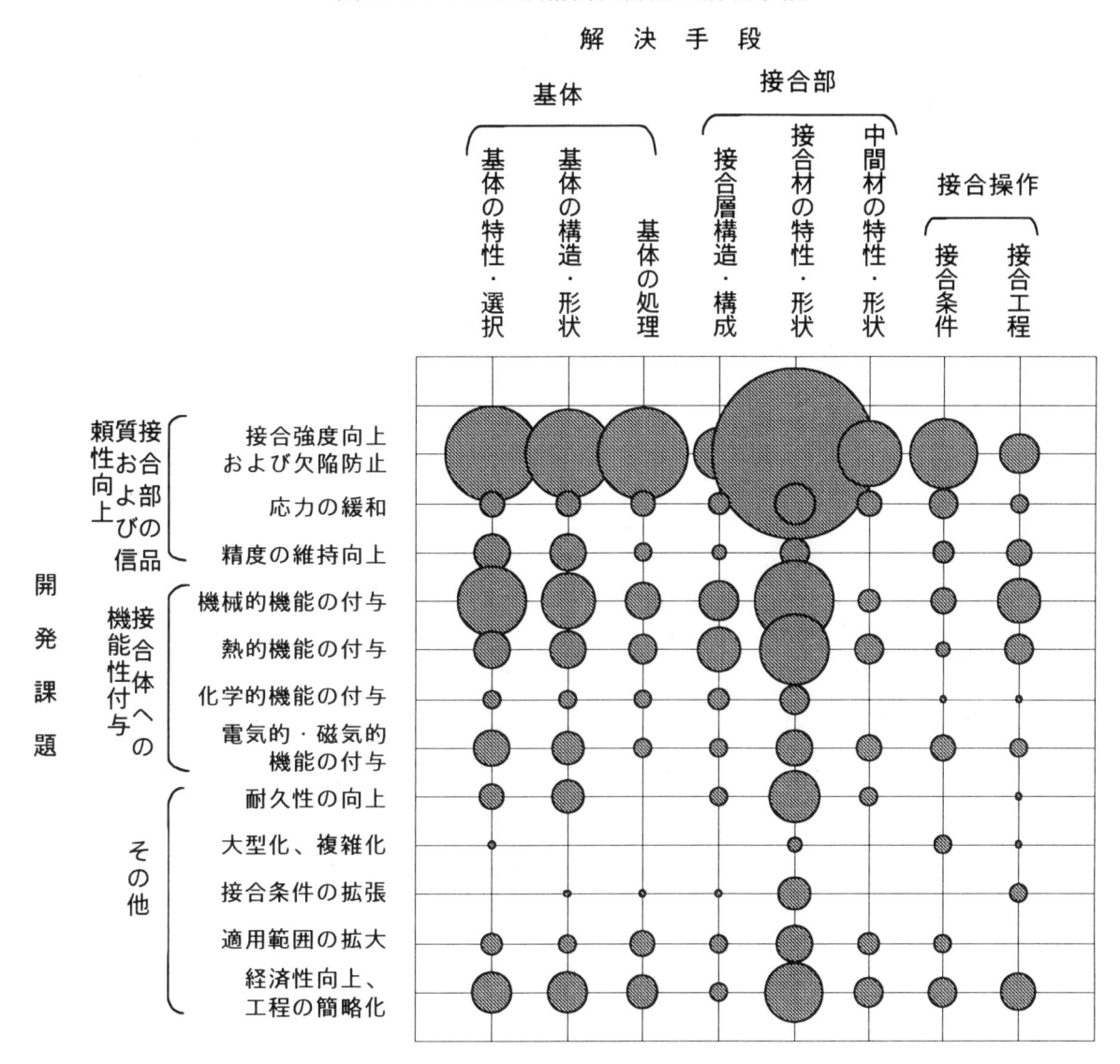

取り上げられた課題に関しては、圧倒的に「接合強度の向上および欠陥の防止」が多く、次いで「機械的機能の付与」が多く、さらに「経済性の向上および工程の簡略化」が挙げられる。すなわち、セラミックスの接合の課題は、機械的特性に優れかつ強固に接合されたものを経済的に作るということに尽きるともいえる。

一方、解決手段としては、ろう材などの接合材の特性、形状などに関する工夫が最も多い手段となっている。また、「接合強度の向上および欠陥の防止」および「機械的機能の付与」に対しては、基体の特性や構造・形状に工夫を凝らして解決手段としたものが多い。

「機械的機能の付与」という課題に対しても「接合強度の向上」および「欠陥の防止」は不可欠なものであり、副次的な課題として多くの場合に取り上げられている。したがって、「接合強度の向上」および「欠陥の防止」は、セラミックスの接合においては、たとえ主たる目的が他の課題ではあっても重要な課題であるといえる。

「接合強度の向上」および「欠陥の防止」に関して公報読み込みにより得られた知見をまとめると以下のようになる。

（1）接合強度の向上

接合部の強度を高めるためには、基体表面の濡れ性の向上、基材表面の清浄化、阻害化合物あるいは脆弱化合物を形成する元素の拡散防止などが重要である。これをまとめたものが、表1.4.1-3である。

表1.4.1-3 接合層強度の向上のための具体的な課題と解決手段

具体的課題	具体的解決手段	
接合物質間の濡れ性向上	・基材表面の清浄化、平滑化	基体の処理
	・活性物質の添加など接合材の選択、組合せ	接合材の特性・形状
接合層生成物の強度の確保	・拡散防止材料の挿入	中間材の特性・形状
	・反応生成物の制御および脆弱層の形成防止	層の構造・構成

（2）欠陥の防止

セラミックスの接合における割れや剥離などの欠陥を防止するためには、熱応力および残留応力を低減することが重要である。そのための方法として接合部の形状・構造の改善による応力の緩和、接合すべき基体の熱膨張係数の調整などによる熱膨張の緩和、中間材・緩衝材の挿入など接合材の改善による応力の緩和、低温接合、接合後の機械加工により応力を緩和する方法などがある。これをまとめると表1.4.1-4のようになる。

表1.4.1-4 応力の緩和・発生の防止のための具体的課題と解決手段

具体的課題	具体的な手段	
接合部の形状・構造の改善	・素子の小型化による発生応力の低減	基体の特性・形状
	・薄板化による変形量の低減	
	・接合基材の切り欠き、溝などの形成	
熱膨張の緩和	・接合後機械加工による応力の緩和	基体の処理
	・高融点金属の適用	接合材の特性・形状
	・低膨張率材料の選択	中間材の特性・形状
	・段階的または傾斜型の熱膨張材/層構成	
	・軟金属の適用	
接合材の改善	・ろう付け層ボイドの除去	層の構造・構成
	・低温で接合可能なろう材の開発	接合材の特性・形状
接合条件の改善	・接合温度の低温化	接合条件
	・内部応力の発生を低減する昇降温プロセスの開発	接合工程

1.4.2 セラミックスとセラミックスの接合の技術開発課題と解決手段
(1) ろう付け法

セラミックスとセラミックスのろう付け法の技術開発の課題とそのための解決手段とに対応した特許出願の保有状況を表1.4.2-1に示す。

表 1.4.2-1 セラミックスとセラミックスのろう付け法の課題と解決手段

課題	解決手段	接合基体: 基体の特性/基体の選択	接合基体: 基体の処理	接合部: 層構造・層構成	接合部: 接合材の特性・形状・寸法	接合操作: 接合条件・制御	接合操作: 接合工程
接合部の品質、信頼性の向上	接合強度の向上および欠陥防止	1 三菱マテリアル1	2 京セラ1 日本特殊陶業1	1 日本碍子1	6 日本特殊陶業1 (*1) 太平洋セメント1 東芝1 日本碍子2 (*2) 三菱マテリアル1		
	応力の緩和				1 東芝1		
接合体への機能性付与	機械的特性		2 太平洋セメント2	2 東芝2	4 日本碍子1 三菱マテリアル3	1 中部電力1 (*3)	1 豊田中央研究所1
	熱的特性	1 日本碍子1		1 豊田中央研究所1 (*4)	3 太平洋セメント1 中部電力1 (*5) コミッサリアタレネルジー アトミーク1		
	化学的特性		1 三菱重工業1	1 日本碍子1	4 日本碍子2 (*6) 田中貴金属1 コミッサリアタレネルジー アトミーク1		1 東芝1
	電気的・磁気的特性				1 太平洋セメント1	1 京セラ1	1 中部電力1 (*7)
その他の課題	接合条件の拡張			2 太平洋セメント1 三菱重工業1	4 京セラ4		
	適用範囲の拡大			1 太平洋セメント1	1 田中貴金属1		
	経済性の向上/工程の簡略化				2 田中貴金属1 コミッサリアタレネルジー アトミーク1		3 日本碍子2 東芝1

各セル内の左上の数は、このセルに対応した特許の件数を示す。
 *1 ユアサコーポレーションと共願 *2 東京電力と共願1件 *3 ファインセラミックスセンターと共願
 *4 愛知製鋼と共願 *5 同和鉱業と共願 *6 東京電力と共願1件 *7 春日敏弘と共願

セラミックスとセラミックスとのろう付け法において最も多い課題は、「接合強度の向上および欠陥の防止」と「接合体への機械的特性の付与」である。

前者については、「接合材の特性・形状・寸法」により解決を図るものが多く、日本碍

子など5社が採用している。後者についても同じような解決手段を用いるものが多いが、「基体の処理」、「接合部の層構造・層構成」によるものおよび「接合操作」により解決するものなどによる対応も行われている。

その他の課題に関しては、京セラが、接合温度をより低温化するなど、既存の接合条件を拡張するという課題に対して、接合材(ろう材)の特性や形状・寸法に関する研究開発を行っている。

(2) 拡散・圧着法

セラミックスとセラミックスの拡散・圧着法の技術開発の課題とそのための解決手段とに対応した特許出願の保有状況を表1.4.2-2に示す。

表1.4.2-2 セラミックスとセラミックスの拡散・圧着法の課題と解決手段

課題	解決手段	接合基体			接合部			接合操作	
		基体の特性/基体の選択	寸法・形状・構造	基体の処理	層構造・層構成	接合材の特性	中間材の特性・形状・寸法	接合条件・制御	接合工程
接合部の品質および信頼性の向上	接合強度の向上および欠陥防止	2 工業技術院1(*1) 東芝1	3 京セラ2 三菱重工業1		1 三井造船1 (*2)	2 三井造船1 住友大阪セメント1	2 いすゞ自動車2	2 日本碍子1 日機装1	1 スズキ1
	応力の緩和				1 太陽誘電1	1 三菱重工業1			
	精度の維持向上							2 日本碍子2	
接合体への機能性付与	機械的特性			1 日本碍子1				1 スズキ1	
	熱的特性	1 日機装1							
	化学的特性					1 住友大阪セメント1			
	電気的・磁気的特性						1 東芝1		1 京セラ1
その他の課題	耐久性の向上			1 アライドシグナル1					
	接合条件の拡張	1 ソニー1	2 ソニー2	1 京セラ1			1 ソニー1		
	大型化・複雑化							3 工業技術院3 (*3)	
	経済性の向上/工程の簡易化					1 太陽誘電1		1 日本碍子1 (*4)	1 アライドシグナル1

各セル内の左上の数は、このセルに対応した特許の件数を示す。
*1 TDKと共願　*2 日本舶用機器開発協会と共願　*3 スズキと共願1件　*4 東京電力と共願

セラミックスとセラミックスとの拡散・圧着法では、「接合強度の向上および欠陥防止」が課題の中心となっている。この課題に対して、工業技術院および東芝は「基体の特性・基体の選択」、京セラおよび三菱重工業は「基体の寸法・形状・構造」による手段を

採用している。三井造船は、「接合部の層構造・層構成」や「接合材の特性」、住友大阪セメントは「接合材の特性」、いすゞ自動車は「中間材の特性・形状・寸法」によって解決を図っている。日本碍子や日機装は「接合条件・制御」により、またスズキは「接合工程」による解決を図っている。

その他の課題に関しては、ソニーが、「接合条件の拡張」という課題を中心として「基体の特性」や「寸法・形状・構造」あるいは「中間材の特性・形状・寸法」による解決を目指していることが特徴的である。

(3) 焼結法

セラミックスとセラミックスの焼結法の技術開発の課題とそのための解決手段とに対応した特許出願の保有状況を表1.4.2-3に示す。

この方法において最も多い課題は、「接合強度の向上および欠陥の防止」と「接合体への機械的特性の付与」である。

「接合強度の向上および欠陥の防止」については、「基体の特性・選択」および「基体の寸法・形状・構造」により解決を図るものが多く、次いで「接合工程」によるものが多い。「基体の特性・選択」に関しては、松下電器産業や東芝など4社が採用し、「基体の寸法・形状・構造」に関しては日本碍子や松下電器産業など5社が採用している。「接合工程」に関しては、日本碍子や日本特殊陶業など5社が採用している。

「接合体への機械的特性の付与」については、「接合材の特性・形状・寸法」による解決手段をとるところが多く、村田製作所や日本碍子など4社が採用している。

表1.4.2-3 セラミックスとセラミックスの焼結法の課題と解決手段

課題	解決手段	接合基体 基体の特性/基体の選択	接合基体 寸法・形状・構造	接合基体 基体の処理	接合部 構造・層構成	接合部 接合材の特性・形状・寸法	接合操作 焼結条件・制御	接合操作 接合工程
接合部の品質および信頼性の向上	接合強度の向上および欠陥防止	9 松下電器産業5 村田製作所1 太平洋セメント1 東芝2	11 日本碍子5 松下電器産業2 村田製作所1 オリベスト2 (*1) 太平洋セメント1	2 東芝セラミックス2	4 松下電器産業1 村田製作所2 東芝1	4 日本碍子3 東芝セラミックス1	3 東芝セラミックス1 東レ1 (*2) 松下電器産業1	6 日本特殊陶業1 日本碍子2 東芝1 (*3) 東芝セラミックス1 村田製作所1
	応力の緩和	1 京セラ1	1 日本碍子1					2 日本碍子1 松下電器産業1
	精度の維持向上				1 松下電器産業1	1 東芝セラミックス1	1 日本特殊陶業1	3 日本特殊陶業2 日本碍子1
接合体への機能性付与	機械的特性	2 日本特殊陶業1 京セラ1	3 日本碍子3		1 村田製作所1	5 日本碍子1 村田製作所2 東芝セラミックス1 住友大阪セメント1		1 京セラ1
	熱的特性	2 住友大阪セメント1 太平洋セメント1	2 日本碍子2		1 東芝1			1 日本碍子1
	高温特性	2 東芝2			5 東芝5			1 東芝1
	電気的・磁気的特性	2 京セラ1 日本特殊陶業1				3 三井造船3		2 京セラ1 村田製作所1
	その他の特性	3 東レ3 (*2)	2 日本特殊陶業1 京セラ1			1 村田製作所1		
その他の課題	耐久性の向上	1 日本特殊陶業1	2 住友大阪セメント2					
	接合条件の拡張							1 日本碍子1
	経済性の向上/工程の簡略化	3 日本碍子1 村田製作所1 太平洋セメント1		1 東芝セラミックス1				2 日本碍子1 (*4) 京セラ1
	大型化・複雑化	1 京セラ1				2 京セラ2		

各セル内の左上の数は、このセルに対応した特許の件数を示す。
*1東レと共願1件 *2オリベストと共願 *3芝府エンジニアリングと共願 *4東京電力と共願

1.4.3 セラミックスと金属の接合の技術開発課題と解決手段
(1) ろう付け法

セラミックスと金属のろう付け法の技術開発の課題とそのための解決手段とに対応した特許出願の保有状況を表1.4.3-1および表1.4.3-2に示す。

表1.4.3-1 セラミックスと金属のろう付け法の課題と解決手段(1)

課題	解決手段	接合基体：基体の特性/基体の選択	接合基体：寸法・形状・構造	接合基体：基体の処理	接合部：層構造・層構成	接合部：接合材の特性・形状等	接合部：中間材の特性・形状等	接合操作：接合条件・制御	接合操作：接合工程
接合部の品質および信頼性の向上	接合強度の向上および欠陥防止	5 電気化学工業2 三菱マテリアル1 京セラ2	4 日本特殊陶業3 (*1) 同和鉱業1	6 日本特殊陶業3 太平洋セメント1 京セラ1 電気化学工業1	11 日本特殊陶業5 (*2,*5) 日本碍子2 東芝1 同和鉱業1	24 日本特殊陶業8 東芝4 (*4) 京セラ6 同和鉱業4 三菱マテリアル1 電気化学工業1	5 日本特殊陶業2 東芝1 京セラ2	3 太平洋セメント2 日本特殊陶業1	8 日本特殊陶業1 太平洋セメント2 日本碍子1 (*2) 同和鉱業2 三菱マテリアル1 電気化学工業1
	応力の緩和			2 日本特殊陶業1 京セラ1	5 日本特殊陶業1 東芝2 (*9) 京セラ2	4 日本特殊陶業1 三菱マテリアル2 京セラ1	2 東芝1 日本碍子1 (*2)		1 三菱マテリアル1
	精度の維持向上		4 日本特殊陶業4 (*5)			1 東芝1			3 日本特殊陶業1 東芝2
接合体への機能性付与	機械的特性	8 日本特殊陶業4 (*6) 太平洋セメント1 三菱マテリアル3	2 日本特殊陶業2	7 日本特殊陶業5 三菱マテリアル2	11 日本特殊陶業2 (*6) 東芝6 同和鉱業1 日本碍子2	11 日本特殊陶業1 (*6) 東芝5 (*4) 同和鉱業3 (*7) 京セラ1 日本碍子1 (*8)	3 日本特殊陶業1 東芝2 (*4)	2 太平洋セメント1 日本碍子1	12 日本特殊陶業1 東芝2 (*4,*10) 太平洋セメント1 同和鉱業1 京セラ1 電気化学工業1 日本碍子5 (*2)
	熱的特性	6 日本特殊陶業1 東芝2 同和鉱業2 電気化学工業1	2 東芝1 同和鉱業1	5 同和鉱業2 電気化学工業3	14 東芝8 同和鉱業1 電気化学工業4 日本碍子1	15 日本特殊陶業2 東芝3 同和鉱業6 京セラ1 電気化学工業1 日本碍子2			7 東芝1 同和鉱業3 電気化学工業3
	化学的特性		1 日本碍子1	1 京セラ1	2 日本特殊陶業1 日本碍子1 (*2)		1 日本特殊陶業1		
	電気的・磁気的特性	1 日本碍子1		1 太平洋セメント1	3 日本特殊陶業2 同和鉱業1		1 京セラ1		1 同和鉱業1

*1 日本電気と共願1件　*2 東京電力と共願1件　*4 芝府エンジニアリングと共願1件　*5 日産自動車と共願1件
*6 成田敏夫と共願1件　*7 旭テクノグラスと共願1件　*8 ニチガイセラミックスと共願1件
*9 科学技術振興事業団および川崎製鉄との共願1件　*10 科学技術振興事業団と共願1件

表1.4.3-2 セラミックスと金属のろう付け法の課題と解決手段(2)

課題 \ 解決手段		接合基体			接合部			接合操作	
		基体の特性/基体の選択	寸法・形状・構造	基体の処理	層構造・層構成	接合材の特性・形状	中間材の特性・形状	接合条件・制御	接合工程
その他の課題	耐久性の向上	2 三菱マテリアル2	1 日本特殊陶業1	2 日本特殊陶業2	3 三菱マテリアル1 日本碍子2	19 三菱マテリアル18 日本碍子1	3 京セラ3		
	大型化・複雑化								1 太平洋セメント1
	接合条件の拡張	1 日本碍子1		1 三菱マテリアル1	3 日本特殊陶業1 太平洋セメント2(*1)	10 日本特殊陶業4 太平洋セメント3 京セラ3			2 太平洋セメント1 日本碍子1
	適用範囲の拡大		2 京セラ2		1 太平洋セメント1	1 太平洋セメント1	2 太平洋セメント2		
	経済性の向上/工程の簡略化	2 東芝1 電気化学工業1	3 日本特殊陶業2 同和鉱業1		3 日本特殊陶業1 太平洋セメント1 電気化学工業1			2 東芝1(*2) 電気化学工業1	8 日本特殊陶業1 東芝2 同和鉱業2 電気化学工業2 太平洋セメント1

各セル内の左上の数は、このセルに対応した特許の件数を示す。
*1 セランクスと共願1件　*2 芝府エンジニアリングと共願1件

　セラミックスと金属とのろう付け法に関しては、「接合強度の向上および欠陥防止」「機械的特性の付与」「熱的特性の付与」が主要な課題となっている。

　「接合強度の向上および欠陥防止」に対しては、「接合部の層構造・層構成」および「接合材の特性・形状」により解決を図る企業が多い。「接合部の層構造・層構成」による解決は、日本特殊陶業や電気化学工業など5社が採用し、「接合材の特性・形状」による解決は、日本特殊陶業や京セラなど6社が採用している。

　「機械的特性の付与」および「熱的特性の付与」の課題に対しても「接合部の層構造・層構成」および「接合材の特性・形状」による解決が主な手段となっている。「機械的特性の付与」に対する「接合部の層構造・層構成」による解決は、東芝など4社が、また、「接合材の特性・形状」による解決は、東芝や同和鉱業など5社が採用している。

　「熱的特性の付与」に対する「接合部の層構造・層構成」による解決は、東芝など4社が、また、「接合材の特性・形状」による解決は、同和鉱業など6社が採用している。

　その他の課題に関しては、三菱マテリアルが、「耐久性の向上」に対して「接合材の特性・形状」により解決を図ることに関する出願件数が多い。これは、切削チップに対して、WC基超硬合金製のチップ本体にcBN焼結材料製あるいはダイヤモンド基焼結材料製の切刃片をろう付することにより耐久性に優れた切削工具を作製するためのものである。

(2) 拡散・圧着法

セラミックスと金属の拡散・圧着法の技術開発の課題とそのための解決手段とに対応した特許出願の保有状況を表1.4.3-3に示す。

表1.4.3-3 セラミックスと金属の拡散・圧着法の課題と解決手段

課題 \ 解決手段		接合基体			接合部			接合操作	
		基体の特性/基体の選択	寸法・形状・構造	基体の処理	構造・層構成	接合材の特性・寸法・形状	中間材の特性・寸法・形状	接合条件・制御	接合工程
接合部の品質および信頼性の向上	接合強度の向上および欠陥防止	2 京セラ2	1 富士電機1				1 京セラ1		
	応力の緩和				1 東芝1				
接合体への機能性付与	機械的特性			1 東芝1	3 住友大阪セメント3	1 東芝1			
	熱的特性	1 富士電機1							
	耐熱サイクル特性		1 東芝1	2 東芝2	1 東芝1	1 東芝1	2 東芝2		
	化学的特性							1 日本碍子1	
	電気的・磁気的特性		1 富士電機1		1 太平洋セメント1				
その他の課題	経済性の向上/工程の簡略化	1 電気化学工業1			1 電気化学工業1		1 日本碍子1		1 日本碍子1 (*1)

各セル内の左上の数は、このセルに対応した特許の件数を示す。
*1 東京電力と共願

セラミックスと金属の拡散・圧着法では、「耐熱サイクル特性の付与」、「機械的特性の付与」が主な課題である。

「耐熱サイクル特性の付与」の課題に対しては、東芝が「接合基体に関する手段」「接合部に関する手段」など様々な手段により解決を図っている。これは、半導体パワーモジュール用のセラミックス銅回路基板では、熱伝導性の高い窒化珪素を基板として用いた場合には放熱性は十分得られるが、基板の強度が低いために繰り返して作用する熱負荷に対する耐熱サイクル性が小さく、この影響により電子機器の動作信頼性が低下するという課題に対するものである。

「機械的特性の付与」に対しては、東芝が「基体の処理」および「接合材の特性・寸法・形状」によって解決を図っているのに対して、住友大阪セメントは「接合部の層構造・層構成」によっている。

(3) 焼結法

セラミックスと金属の焼結法の技術開発の課題とそのための解決手段とに対応した特許出願の保有状況を表1.4.3-4に示す。

表1.4.3-4 セラミックスと金属の焼結法の課題と解決手段

課題 \ 解決手段		接合基体 基体の処理	接合部 層構造・層構成	接合部 焼結材の特性・形状・寸法	接合部 中間材の特性・形状・寸法	接合操作 接合条件・制御	接合操作 接合工程
接合部の品質および信頼性の向上	接合強度の向上および欠陥防止	1 松下電器産業1	4 住友電気工業2 松下電器産業1 日本特殊陶業1	1 住友電気工業1	5 松下電器産業1 旭光学工業3 いすゞセラミックス研究所1	1 日立製作所1	1 松下電器産業1
	精度の維持向上		1 住友電気工業1				1 日本碍子1
接合体への機能性付与	機械的特性	2 いすゞセラミックス研究所1 住友電気工業1 (*1)	1 住友電気工業1 (*1)	1 日本碍子1		1 住友電気工業1	1 いすゞセラミックス研究所1
	熱的特性			1 日立製作所1	2 日立製作所1 日本碍子1	1 いすゞセラミックス研究所1	
	高温特性	1 日立製作所1	1 住友電気工業1		1 日立製作所1		
	電気的・磁気的特性	1 松下電器産業1			1 日本特殊陶業1 (*2)		
その他の課題	耐久性の向上			1 日本特殊陶業1			1 日本特殊陶業1
	経済性の向上						1 日本碍子1 (*3)

各セル内の左上の数は、このセルのに対応した特許の件数を示す。
*1 宮本均整と共願 *2 日本碍子と共願 *3 東京電力と共願

セラミックスと金属の焼結法に関しては、「接合強度の向上および欠陥防止」が主な課題である。この課題に対しては、「接合部の層構造・層構成」および「中間材の特性・形状・寸法」により解決を図るものが多い。「接合部の層構造・層構成」に関しては、住友電気工業など3社が、また「中間材の特性・形状・寸法」に関しては旭光学工業など3社が採用している。

松下電器産業は、積層セラミック電子部品などの製造において、接合体の接合強度向上や欠陥の発生を防ぐために「接合基体の処理」、「接合部の層構造・層構成」あるいは「中間材の特性・形状・寸法」など多くの手段を採用している。旭光学工業は、生体適合性を有するセラミックスと金属との接合に関して、接合基体間にTiやTi合金のように生体適合性を有する中間材を介在させて接合強度を高める開発を行っている。

(4) 機械的接合法

セラミックスと金属の機械的接合法の技術開発の課題とそのための解決手段とに対応した特許出願の保有状況を表1.4.3-5に示す。

セラミックスと金属の機械的接合法に関しては、「接合強度の向上および欠陥防止」および「機械的特性の付与」が主な課題となっており、それに対して、「接合基体に関する手段」により解決を図るものが多い。

「接合強度の向上および欠陥防止」に対して、日本特殊陶業は、「基体の寸法・形状・特性」「基体の処理」によって解決を図っているのに対して、日本碍子は、「基体の特性」により、京セラは「基体の寸法・形状・特性」および「接合工程」による手段を採用している。

一方、「機械的特性の付与」に対しては、新日本製鐵が、「基体の特性」および「基体の寸法・形状・構造」「接合部の層構造・層構成」に関する手段を開発しているのに対して、日本碍子は「基体の処理」に関する手段を開発している。

表1.4.3-5 セラミックスと金属の機械的接合法の課題と解決手段

課題 \ 解決手段		接合基体			接合部	接合操作	
		基体の特性	寸法・形状・構造	基体の処理	層構造・層構成	接合条件・制御	接合工程
接合部の品質および信頼性の向上	接合強度の向上および欠陥防止	1 日本碍子1	2 日本特殊陶業1 京セラ1	1 日本特殊陶業1			1 京セラ1
	応力の緩和		1 日本碍子1	1 日本特殊陶業1		1 日本特殊陶業1	
接合体への機能性付与	機械的特性	1 新日本製鐵1	1 新日本製鐵1	1 日本碍子1	2 新日本製鐵2		
	熱的特性		1 新日本製鐵1				
その他の課題	耐久性の向上		1 日本碍子1				
	適用範囲の拡大		1 京セラ1				
	工程の簡略化		1 日本碍子1				1 日本碍子1

各セル内の左上の数は、このセルに対応した特許の件数を示す。

(5) 接着法

セラミックスと金属の接着法の技術開発の課題とそのための解決手段とに対応した特許出願の保有状況を表1.4.3-6に示す。

セラミックスと金属の接着法に関しては、「接合部の熱的機能の付与」が主な課題である。この課題に対し、「有機系の接着剤組成」で機能の向上を図ろうとするものが多い。別の見方をすると、常温での使用では非常に簡便な接合法である有機系接着剤の熱的機能を接着剤組成の工夫により、すこしでも高温での使用を可能にするための開発が盛んに行われていることを示している。

表1.4.3-6 セラミックスと金属の接着法の開発課題と解決手段

課題		解決手段: 基体の選択／組合せ	接着剤の組成: 無機	接着剤の組成: 有機
基本機能	接着強度の向上			
	欠陥防止(割れ、剥離、熱衝撃)		1 ・品川白煉瓦1件	
	耐久性の向上			
接合部への機能性付与	熱的機能(耐熱、断熱、低温接着)	1 ・品川白煉瓦1件		14 ・住友ベークライト6件 ・日立化成4件 ・日清紡績2件 ・日東電工1件 ・イビデン1件
	電気・磁気的機能			2 ・電気化学工業1件 ・住友金属エレクトロデバイス1件
	応力緩和		1 ・イビデン1件	2 ・住友ベークライト2件
	耐マイグレーション			1 ・イビデン1件
	塗布性			4 ・イビデン4件
	速硬性			4 ・電気化学工業3件 ・東亜合成化学工業1件
	剥離離去性			2 ・日東電工2件
	皮膚難着性			3 ・東亜合成化学工業3件
	その他			5 ・電気化学工業3件 ・日立化成工業1件 ・東亜合成化学工業1件
コスト低減				1 ・日東電工1件
作業環境改善				3 ・住友ベークライト2件(*1) ・日清紡績1件

各セル内の左上の数字は、このセルに対応する特許の件数を示す。
*1 日本電気と共願1件

2. 主要企業等の特許活動

2.1 日本特殊陶業
2.2 東芝
2.3 日本碍子
2.4 京セラ
2.5 太平洋セメント
2.6 三菱マテリアル
2.7 同和鉱業
2.8 松下電器産業
2.9 電気化学工業
2.10 村田製作所
2.11 新日本製鐵
2.12 住友ベークライト
2.13 住友電気工業
2.14 三菱重工業
2.15 いすゞ自動車
2.16 イビデン
2.17 東芝セラミックス
2.18 住友大阪セメント
2.19 日立化成工業
2.20 工業技術院

> 特許流通
> 支援チャート

2．主要企業等の特許活動

窯業メーカー、電気機器メーカーを筆頭に多くの分野の企業によって進められるセラミックス接合技術の研究開発。

　本章においては、セラミックスの接合技術の研究開発において、中心的な役割を果たしている企業(研究機関を含む)を20社選択し、企業概要、セラミックスの接合に関連すると考えられる製品・技術、研究開発体制、保有特許の概要を述べる。

　20社を選択するに当っては、全体的に出願件数の多い企業を中心として、これに出願件数は少なくても特定の技術要素に特化して出願している企業を選択した。

　各企業の特許リストには、代表的な特許とみなせるものを選んで、その要旨を記載している。代表的な特許は、以下のような考えに基づいて選択した。

　まず類似あるいはシリーズ出願の特許を選択し、その最初の特許を取り上げた。それは、シリーズで出願する技術は、その企業にとって重要な技術であると考えられるためである。

　また、解決するべき課題を最初に明らかにして解決手段を提案したものは、最も創造的であるとみなしたためである。次に、特許の読み込みの中から、解決手段の新規性に注目して該当する特許を選択した。

　企業概要中の技術・資本提携関係、関連会社、事業所、主要製品についてはセラミックスの接合に関係あるものおよび主要と考えられるものに限定した。

　(重複)は、他の技術要素で重複掲載していることを意味する。

　(共願)は、共同出願人ありを意味する。

　●は、出願人が開放する用意のある特許を意味する。

　尚、主要企業各社が保有する特許に対し、ライセンスできるかどうかは、各企業の状況により異なる。

2.1 日本特殊陶業

2.1.1 企業の概要

商号	日本特殊陶業 株式会社
設立年月日	1936年10月
資本金	478億5,400万円
従業員	5,142名（2001年3月現在）
事業内容	自動車関連製品、情報通信・セラミック関連製品の製造・販売ほか
技術・資本提携関係	技術提携／- 資本提携／-
事業所	本社／名古屋　工場／本社、小牧、鹿児島宮之城、伊勢
関連会社	国内／セラミックセンサ、神岡セラミック、可児セラミック 海外／マレーシアＮＧＫスパークプラグ（マレーシア）、サイエムＮＧＫスパークプラグ（タイ）、友進工業（韓国）、米国特殊陶業
業績推移	2000年3月期／売上高 1,697億7,600万円、経常利益 64億800万円、純利益 38億3,000万円 2001年3月期／売上高1,986億4,400万円、経常利益202億2,000万円、純利益 105億3,700万円
主要製品	スパークプラグ、ディーゼルエンジン用グロープラグ、自動車用各種センサセラミック製エンジン部品等、半導体用部品（積層型ICパッケージ、水晶デバイスSAWフィルター用パッケージ等）、電子部品、機械工具、セラミック応用製品ほか
主な取引先	自動車会社　電機・通信会社ほか
技術移転窓口	-

2.1.2 セラミックスの接合技術に関連する製品

日本特殊陶業のセラミックスの接合技術に関連する製品を表2.1.2-1に示す。電子用部材としての接合体に関して幅の広い製品が販売されている。

表2.1.2-1 日本特殊陶業におけるセラミックスの接合技術に関連する製品

製品	製品名	出典
ジルコニア酸素センサー	理論空燃比検知型酸素センサー	セラミックス36 (2001) No.10
	早期活性型酸素センサー	セラミックス36 (2001) No.10
	全領域空燃比酸素センサー	セラミックス36 (2001) No.10
ICパッケージ	ピングリッドアレイ(PGA)	http://www.ngkntk.co.jp
	水晶デバイス・SAWフィルタ用表面実装型パッケージ	http://www.ngkntk.co.jp
	サイドブレーズパッケージ	http://www.ngkntk.co.jp
	フラットパッケージ	http://www.ngkntk.co.jp
	多層配線パッケージ	http://www.ngkntk.co.jp
	トランジスターパッケージ	http://www.ngkntk.co.jp
	フリップチップ用パッケージ	http://www.ngkntk.co.jp
	高周波用セラミックパッケージ	http://www.ngkntk.co.jp
セラミックフィルタ	リードタイプセラミックフィルタ	http://www.ngkntk.co.jp
	SMDタイプセラミックフィルタ(455kHz)	http://www.ngkntk.co.jp
	SMDタイプセラミックフィルタ(10MHz)	http://www.ngkntk.co.jp
	セラミックディスクリミネータ	http://www.ngkntk.co.jp
	積層LCフィルタ	http://www.ngkntk.co.jp
通信用高周波部品	マイクロストリップラインフィルタ	http://www.ngkntk.co.jp
	カプラ	http://www.ngkntk.co.jp
	IF/RFモジュール	http://www.ngkntk.co.jp
電気絶縁部品	シリコン整流器容器	http://www.ngkntk.co.jp
	真空スイッチ容器	http://www.ngkntk.co.jp
	密封接続端子板	http://www.ngkntk.co.jp
	引き出し端子 -	http://www.ngkntk.co.jp
	ヒートパイプ用絶縁部品	http://www.ngkntk.co.jp

2.1.3 技術開発課題対応保有特許の概要

　日本特殊陶業における技術要素と解決手段を図2.1.3-1に示す。技術要素別保有特許を表2.1.3-1に示す。セラミックスと金属とのろう付けに関して、幅広い解決手段を取っている。

図 2.1.3-1 日本特殊陶業における技術要素と解決手段

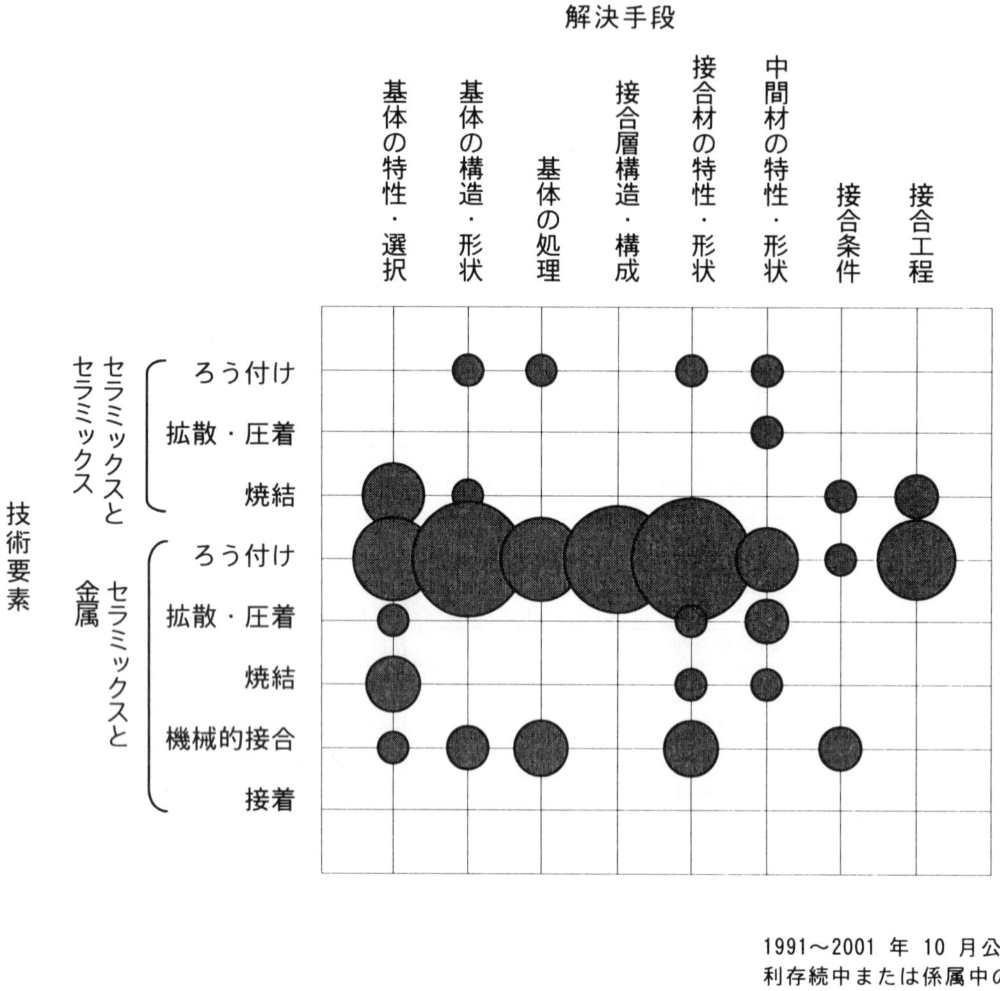

1991～2001 年 10 月公開の権
利存続中または係属中の特許

表2.1.3-1 日本特殊陶業の技術要素別保有特許(1)

技術要素	特許番号	開発課題	名称および解決手段要旨
セラミックスとセラミックスのろう付け	特許3153672 H01L23/12	精度の維持向上	セラミックと金属リードとの接合構造及びその形成方法 【解決手段】基体の寸法・形状・構造
	特開平7-247177 C04B37/00 (重複)	機械的特性の向上	応力緩衝金属層を有するセラミックス接合体 【解決手段】中間材の特性・形状など
	特開平11-307118 H01M10/39 (共願)	接合強度向上、欠陥防止	固体電解質体と絶縁部材とのガラス接合体及びその製造方法並びにこのガラス接合体を用いた高温型二次電池 【解決手段】接合材の特性、形状など
	特許2963549 H01L23/15	接合強度向上、欠陥防止	半導体パッケージ 【解決手段】基体の処理
セラミックスとセラミックスの拡散・圧着	特開平7-247177 C04B37/00 (重複)	機械的特性の向上	応力緩衝金属層を有するセラミックス接合体 【解決手段】中間材の特性・形状など
セラミックスとセラミックスの焼結	特許3110974 H05B3/20,368 (重複)	耐久性の向上	メタライズ発熱層を有するアルミナ質セラミックヒータ 【解決手段】基体の特性、基体の選択
	特開平9-263455 C04B35/584	機械的特性の向上	セラミックタービンロータの製造方法 【解決手段】基体の特性、基体の選択
	特開平9-277219 B28B1/00	接合強度向上、欠陥防止	中空状セラミック焼結体の製法 【解決手段】接合工程 【要旨】製造しようとするガスタービン用部品を2分割したときの形状に対応した形状のものをSi₃N₄材料を用いて成形し、両部材の接合面を合わせ、ラテックスでコーティングし、4t/cm²の圧力でCIPを行う。その後、ラテックスを除去し、焼成して中空状セラミック焼結体であるガスタービン用部品を得る。
	特開平10-166343 B28B11/00	精度の維持向上	セラミック構造体の製造方法 【解決手段】接合工程
	特開平6-318788 H05K3/46	機械的特性の向上	多層回路基板 【解決手段】基体の特性、基体の選択
	特開平10-79577 H05K3/46	電気的・磁気的特性向上	配線基板の製造方法及び配線基板 【解決手段】基体の寸法・形状・構造
	特開平11-195726 H01L23/12	精度の維持向上	配線基板の製造方法 【解決手段】接合条件・制御
	特開平11-274726 H05K3/46	精度の維持向上	セラミック基板の製造方法 【解決手段】基体の特性、基体の選択
セラミックスと金属のろう付け	特許2660578 C04B37/02	接合強度向上、欠陥防止	摺動部品 【解決手段】基体の寸法・形状・構造
	特許2529407 C04B37/02	熱的特性の向上	タービンロータ 【解決手段】基体の特性、基体の選択
	特許2752768 C04B37/02	接合強度向上、欠陥防止	タービンロータの接合構造 【解決手段】接合部の層構造・層構成 【要旨】金属製スリーブの貫通孔内に、セラミックス製のタービン翼の軸部と金属製の軸部材とを配置して、一体に組み付けるに当り、金属製スリーブに形成された第1の凸部の内径より、軸部材に形成された第2の凸部の外径の方を大きくして、第1の凸部と第2の凸部との内側側面同士を接合する。
	特許2801735 C04B37/02	接合強度向上、欠陥防止	セラミックスと金属との接合体及びその製造法 【解決手段】中間材の特性・形状など 【要旨】セラミックスと金属との間にビッカース硬さが170以下のFe系緩衝材を介在させ、緩衝材とセラミックスとの間を少なくともInおよびTiを含む接合材で接合する。
	特許2811020 C04B37/02	機械的特性の向上	セラミックスと鋼の接合体及びその製造方法 【解決手段】基体の処理

表 2.1.3-1 日本特殊陶業の技術要素別保有特許(2)

技術要素	特許番号	開発課題	名称および解決手段要旨
セラミックスと金属のろう付け	特許 3035623 C04B37/02	機械的特性の向上	セラミックスと鋼の接合体 【解決手段】基体の処理
	特許 2557556 C04B37/02 (共願)	精度の維持向上	セラミックスと金属との接合体及びその製造方法 【解決手段】基体の寸法・形状・構造
	特許 2880593 C04B37/02	接合強度向上、欠陥防止	セラミックスと金属との接合体の製造管理方法 【解決手段】基体の寸法・形状・構造
	特許 2909856 C04B37/02	接合強度向上、欠陥防止	セラミックス基板と金属の接合体 【解決手段】接合部の層構造・層構成
	特許 3030479 C04B37/00	接合強度向上、欠陥防止	セラミックパッケージ 【解決手段】接合材の特性、形状など
	特許 2963577 C04B37/02	精度の維持向上	セラミック部材と金属部材等との接合体の製造方法 【解決手段】接合工程
	特開平 5-330937 C04B37/02	接合強度向上、欠陥防止	セラミックスと金属との接合体 【解決手段】基体の処理
	特開平 6-247777 C04B37/02	応力の緩和	セラミックス基板と金属端子との接合体の製造方法及びその接合体を容器とする半導体装置の製造方法 【解決手段】接合材の特性、形状など
	特開平 6-87676 C04B37/02	接合強度向上、欠陥防止	セラミックス・金属接合体とその製造方法 【解決手段】基体の処理
	特開平 6-279137 C04B37/02	接合強度向上、欠陥防止	セラミックス基板と外部金属端子との接合構造 【解決手段】基体の寸法・形状・構造
	特開平 6-279136 C04B37/02	精度の維持向上	セラミック部材と金属部材との接合体及びその製造方法 【解決手段】基体の特性、基体の選択
	特開平 6-297139 B23K1/19	精度の維持向上	ロー付け接合体 【解決手段】基体の寸法・形状・構造
	特開平 7-25676 C04B37/02 (重複)	機械的特性の向上	金属とセラミックスとの接合体 【解決手段】基体の特性、基体の選択
	特開平 7-109182 C04B37/02	接合強度向上、欠陥防止	ロー付け接合体 【解決手段】基体の寸法・形状・構造 【要旨】接合面が円形もしくは略円形をなすロー付け接合体において、金属部材の接合面の加工模様である条線が、非同心円状であり、かつその接合面の外縁に連なるように形成する。
	特開平 7-187838 C04B37/02	接合強度向上、欠陥防止	セラミックと金属との接合体及びその製造方法 【解決手段】接合材の特性、形状など
	特開平 7-157373 C04B37/02	機械的特性の向上	セラミック材及び金属材の接合方法並びに気密容器の製造方法 【解決手段】接合部の層構造・層構成
	特開平 7-161864 H01L23/10	精度の維持向上	サイリスタ容器の製造方法 【解決手段】接合工程
	特開平 7-172948 C04B37/02	応力の緩和	セラミック材と金属材との接合方法 【解決手段】基体の寸法・形状・構造
	特開平 7-247177 C04B37/00 (重複)	機械的特性の向上	応力緩衝金属層を有するセラミックス接合体 【解決手段】中間材の特性・形状など
	特開平 8-208343 C04B37/02 (共願)	機械的特性の向上	セラミックスと金属の接合体 【解決手段】接合材の特性、形状など 【要旨】Ni および Cu をベース金属とし、活性金属として Ti を含むろう材に所定量の Pd を添加したものを用いて接合する。
	特開平 7-328792 B23K35/28, 310	機械的特性の向上	アルミニウム又はアルミニウム合金のろう付方法 【解決手段】接合工程
	特開平 8-26839 C04B37/02	化学的特性の向上	温度センサー用受熱体及びその製造方法 【解決手段】接合部の層構造・層構成
	特開平 8-119761 C04B37/02	熱的特性の向上	接合用ろう材及びその接合用ろう材により接合された接合体 【解決手段】接合材の特性、形状など

表 2.1.3-1 日本特殊陶業の技術要素別保有特許(3)

技術要素	特許番号	開発課題	名称および解決手段要旨
セラミックスと金属のろう付け	特許 3176015 C04B37/02 (共願)	接合強度向上、欠陥防止	セラミックスと金属の接合体 【解決手段】接合部の層構造・層構成 【要旨】金属側に形成されたフィラー層を、15wt%以下の Ti と、0.1〜5 wt%の Si と、0.1〜5wt%の B と、25wt%の Pd と不可避的に混入する不純物元素と、残部の Ni 及び Cu とによって構成する。
	特開平 8-217559 C04B37/02	適用範囲の拡大	セラミックス部材とアルミニウム部材との接合体の製造方法 【解決手段】接合材の特性、形状など
	特開平 8-283075 C04B37/02	電気的・磁気的特性向上	温度センサー受熱体及びその製造方法 【解決手段】接合部の層構造・層構成
	特許 3125976 C04B35/111	機械的特性の向上	セラミックヒータ 【解決手段】基体の特性、基体の選択
	特開平 9-59074 C04B37/02	適用範囲の拡大	セラミックス部材とアルミニウム部材との接合体の製造方法 【解決手段】接合材の特性、形状など
	特開平 9-96571 G01K7/22	電気的・磁気的特性向上	温度センサー受熱体 【解決手段】接合部の層構造・層構成
	特許 2777707 B23K35/28,310 (重複)	接合強度向上、欠陥防止	接合体 【解決手段】接合材の特性、形状など
	特開平 9-110547 C04B37/02	適用範囲の拡大	セラミックス部材とアルミニウム部材との接合体の製造方法 【解決手段】接合材の特性、形状など
	特開平 9-47895 B23K35/28,310	適用範囲の拡大	ろう材 【解決手段】接合部の層構造・層構成
	特開平 9-40476 C04B37/02 (重複)	接合強度向上、欠陥防止	アルミニウム合金部材とセラミックス部材との接合体 【解決手段】中間材の特性・形状など
	特開平 9-295876 C04B37/02	熱的特性の向上	ロー付け接合体 【解決手段】接合材の特性、形状など 【要旨】金属部材とセラミック部材のロー付け接合面の外周寄り部位のロー材層の厚さを、中央寄り部位のロー材層の厚さより厚肉に形成する。
	特開平 10-45481 C04B37/02	応力の緩和	セラミックスと金属の接合体 【解決手段】接合部の層構造・層構成
	特開平 10-81573 C04B37/02	接合強度向上、欠陥防止	時効硬化型アルミニウム合金部材とセラミックス部材との接合体の製造方法 【解決手段】接合工程
	特開平 9-262691 B23K35/28,310	接合強度向上、欠陥防止	Al金属接合体 【解決手段】接合部の層構造・層構成
	特開平 10-245277 C04B37/02	耐久性の向上	ロー付け接合体及びその製造方法 【解決手段】接合工程 【要旨】金属部材とセラミック部材の各ロー付け接合面の外周縁に面取が存在しないように外層面を研削仕上する。
	特開平 10-279374 C04B37/02	耐久性の向上	金属部材とセラミック部材との接合体 【解決手段】基体の寸法・形状・構造
	特開平 11-49579 C04B37/02	機械的特性の向上	ロー付け接合体 【解決手段】基体の寸法・形状・構造
	特開平 10-120476 C04B37/02	接合強度向上、欠陥防止	セラミックと金属との接合体 【解決手段】接合部の層構造・層構成
	特開平 11-79858 C04B37/02	機械的特性の向上	ロー付け接合体及びその製造方法 【解決手段】基体の処理
	特開平 11-130556 C04B37/02	接合強度向上、欠陥防止	セラミックと金属との接合体 【解決手段】基体の処理
	特開 2000-124559 H05K1/02	接合強度向上、欠陥防止	配線基板 【解決手段】接合材の特性、形状など
	特開 2000-264747 C04B37/02	耐久性の向上	セラミック摺動部品 【解決手段】基体の寸法・形状・構造

表 2.1.3-1 日本特殊陶業の技術要素別保有特許(4)

技術要素	特許番号	開発課題	名称および解決手段要旨
セラミックスと金属のろう付け	特開 2000-327442 C04B37/02	高温特性の向上	セラミックスと金属の接合体および製造方法並びに高温型二次電池 【解決手段】中間材の特性・形状など 【要旨】αアルミナからなるセラミックス部材、Cr 拡散層を有するステンレス系金属からなる金属製部材、Al-Si 系ろう材からなるろう材および Al-Mg 系合金からなる芯材とから構成された積層体を、所定の条件で接合させる。
	特開 2000-327443 C04B37/02	機械的特性の向上	金属-セラミック接合体及びそれを用いたタペット 【解決手段】基体の特性、基体の選択
	特開 2000-343209 B23K1/00,310	経済性向上、工程の簡略化	ロー付接合体の製造方法 【解決手段】接合工程 【要旨】真空又は不活性ガス雰囲気中で、ロー材を介して鋼材に他部材をロー付処理すると同時に、鋼材の一部に炭素成分を接触させて浸炭処理を行い、鋼材の一部表面の硬度を高くする。
	特開 2001-85571 H01L23/14	熱的特性の向上	銅貼り窒化珪素回路基板 【解決手段】基体の特性、基体の選択
	特開 2001-130974 C04B37/02	機械的特性の向上	金属-セラミック接合体及びそれを用いた摺動部品 【解決手段】基体の処理
	特開 2001-130975 C04B37/02	機械的特性の向上	セラミック摺動部品 【解決手段】基体の寸法・形状・構造 【要旨】セラミック板の摺動端面に施したクラウニングの曲率半径を、摺動端面の中心点から外縁までの距離を D としたとき、中心点から 0.8D の位置を境として外縁側を周辺部、中心側を中央部とし、周辺部の曲率半径の平均値を R1、中央部の曲率半径の平均値を R2 として、R1<R2 となるようにする。
	特許 3179928 C04B37/02 (重複)	機械的特性の向上	接合体及びそれとセラミックスとの結合体並びにそれらの製造方法 【解決手段】接合条件・制御
	特開平 7-290272 B23K35/28,310	接合強度向上、欠陥防止	ろう材 【解決手段】接合材の特性・成分
	特開平 7-290273 B23K35/28,310	接合強度向上、欠陥防止	ろう材 【解決手段】接合材の特性・成分
	特開平 7-332098 F02B39/00 (重複)	機械的特性の向上	ターボチャージャロータ 【解決手段】基体の寸法・形状・構造
	特開平 10-52753 B23K1/20	接合強度向上、欠陥防止	Al系金属と異種材料との接合体及びその製造方法 【解決手段】接合材の特性・成分
	特開平 11-141310 F01L1/14 (重複)	接合強度向上、欠陥防止	バルブリフタ 【解決手段】基体の特性、基体の選択
	特開平 11-159307 F01L1/14	接合強度向上、欠陥防止	バルブリフタ及びその製造方法 【解決手段】基体の寸法・形状・構造
セラミックスと金属の拡散・圧着	特開平 7-25676 C04B37/02 (重複)	機械的特性の向上	金属とセラミックスとの接合体 【解決手段】基体の特性、基体の選択
	特開平 7-247177 C04B37/00 (重複)	機械的特性の向上	応力緩衝金属層を有するセラミックス接合体 【解決手段】中間材の特性・形状など
	特許 2777707 B23K35/28,310 (重複)	接合強度向上、欠陥防止	接合体 【解決手段】接合材の特性、形状など
	特開平 9-40476 C04B37/02 (重複)	接合強度向上、欠陥防止	アルミニウム合金部材とセラミックス部材との接合体 【解決手段】中間材の特性・形状など

表 2.1.3-1 日本特殊陶業の技術要素別保有特許(5)

技術要素	特許番号	開発課題	名称および解決手段要旨
セラミックスと金属の焼結	特許 3038056 H05B3/14 (共願)	電気的・磁気的特性向上	セラミックスヒータ 【解決手段】接合材の特性、形状など
	特開平 8-119724 C04B35/101	耐久性の向上	セラミックヒーター用アルミナ基焼結材料 【解決手段】中間材の特性・形状など
	特許 3110974 H05B3/20,368 (重複)	耐久性の向上	メタライズ発熱層を有するアルミナ質セラミックヒータ 【解決手段】基体の特性、基体の選択
	特開平 10-255961 H05B3/20,328	耐久性の向上	セラミックヒータ及びその製造方法 【解決手段】基体の特性、基体の選択 【要旨】セラミックスヒータにおいて、セラミックスはアルミナを主成分として Si、Mg および Ca の酸化物を含むとともに、発熱抵抗体には、発熱抵抗体を構成する金属元素と Al とを含む結晶質の化合物並びに Mg、Al および Si を含む結晶質の化合物のうちの少なくとも一方を含有する。
	特開平 8-307055 H05K3/46	接合強度向上、欠陥防止	セラミック積層体及びその製造方法 【解決手段】基体の特性、基体の選択
セラミックスと金属の機械的接合	特許 2630490 C04B37/02	応力の緩和	セラミックと金属との結合体 【解決手段】基体の処理
	特公平 8-5728 C04B37/02	接合強度向上、欠陥防止	セラミックスと金属との接合方法 【解決手段】接合材の特性、形状など
	特許 2747865 C04B37/02	接合条件の拡張	セラミックスと金属との接合構造 【解決手段】接合材の特性、形状など
	特許 3176459 C04B37/02	接合強度向上、欠陥防止	セラミックスと金属との結合体の製造方法 【解決手段】接合材の特性、形状など
	特許 3176460 C04B37/02	応力の緩和	セラミックスと金属との結合体の製造方法 【解決手段】接合条件・制御
	特開平 7-133168 C04B37/02	接合強度向上、欠陥防止	セラミックと金属との接合体 【解決手段】基体の寸法・形状・構造 【要旨】凹部を有する金属部材にセラミック部材を圧入してなるものにおいて、凹部の底にセラミック部材の先端より径が小さい穴を設けることによって、大気中で圧入可能とする。このため簡便な装置で圧入可能であり、また圧入部の密擦係数も小さく、低い荷重で圧入可能となる。
	特許 3174979 B23P11/00	応力の緩和	セラミックスと金属との回転体 【解決手段】基体の処理
	特開平 6-170653 C04B37/02	応力の緩和	セラミックスと金属との接合体 【解決手段】基体の処理
	特許 3179928 C04B37/02 (重複)	機械的特性の向上	接合体及びそれとセラミックスとの結合体並びにそれらの製造方法 【解決手段】接合条件・制御
	特開平 7-332098 F02B39/00 (重複)	機械的特性の向上	ターボチャージヤロータ 【解決手段】基体の寸法・形状・構造
	特開平 11-141310 F01L1/14 (重複)	接合強度向上、欠陥防止	バルブリフタ 【解決手段】基体の特性、基体の選択
その他	特開平 7-61868 C04B37/00	接合強度向上、欠陥防止	接合体 【解決手段】基体の処理
	特開平 11-228246 C04B37/02	接合強度向上、欠陥防止	金属－セラミック接合体及びそれを用いたタペット 【解決手段】接合材の特性、形状など
	特許 3100470 B32B5/18	熱的特性の向上	絶縁基板及びその製造方法 【解決手段】基体の特性、基体の選択

2.1.4 技術開発拠点

日本特殊陶業におけるセラミックスの接合技術の開発を行っている事業所、研究所などを以下に示す。

愛知県：本社、総合研究所、本社工場、小牧工場

2.1.5 研究開発者

日本特殊陶業における発明者数と出願件数の年次推移を図2.1.5-1に、発明者数と出願件数の関係を図2.1.5-2に示す。93年に、出願件数のピークがあるが、ほぼ一貫してセラミックスの接合に関する研究開発が進められている。

図 2.1.5-1 日本特殊陶業における発明者数と出願件数の年次推移

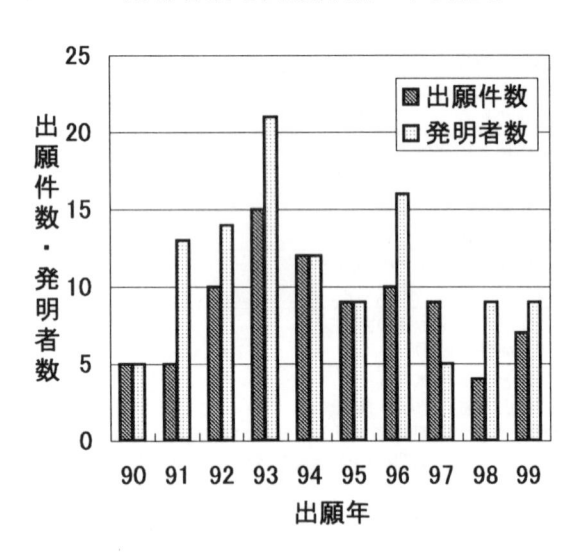

図 2.1.5-2 日本特殊陶業における発明者数と出願件数の関係

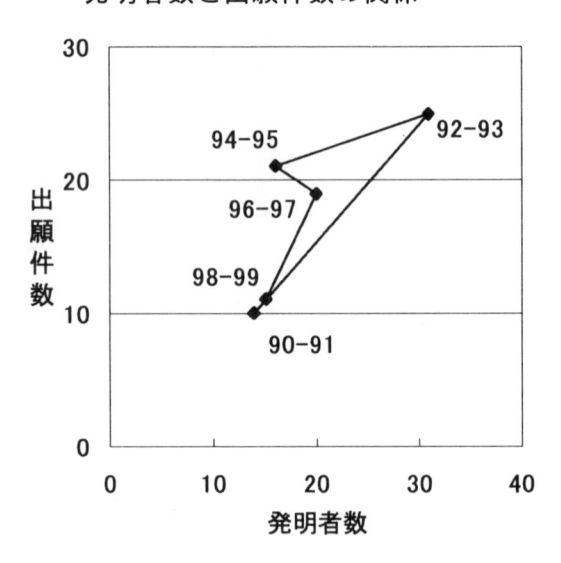

2.2 東芝

2.2.1 企業の概要

1)	商号	株式会社 東芝
2)	設立年月日	1904年6月
3)	資本金	2,749億2,100万円
4)	従業員	53,202名（2001年3月現在）
5)	事業内容	情報通信・社会システム、デジタルメディア、重電システム、電子デバイス、家庭電器ほかの製造・販売
6)	技術・資本提携関係	技術提携／マイクロソフト、ライセンシング、テキサス・インスツルメント、クァルコム、ラムバス、ウィンボンド・エレクトロニクス、ハンスター・ディスプレー、ワールドワイド・セミコンダクタ・マニュファクチュアリングほか 資本提携／-
7)	事業所	本社／川崎 工場／四日市、大分、深谷、姫路ほか
8)	関連会社	国内／東芝電池、岩手東芝エレクトロニクス、東芝デジタルフロンティア 東芝情報機器、東芝プラント建設、北芝電機、東芝マイクロエレクトロニクス、東芝デバイス、東芝機器ほか 海外／東芝アメリカＭＲＩ、東芝アメリカ情報システム、パシフィックフュエルセルキャピタル、ドミニオンセミコンダクタほか
9)	業績推移	・2000年3月期／売上高 3兆5,053億3,800万円、経常利益 162億8,000万円、純利益△2,445億1,500万円 ・2001年3月期／売上高3兆6,789億7,700万円、経常利益 953億2,700万円、純利益 264億1,100万円
10)	主要製品	官公庁・製造業・流通・金融業・包装・光通信・衛星通信等システム、コンピュータ、サーバ、ワークステーション、ビジネス用電話、携帯電話、パソコン、原子力発電機器、送電・変電・配電機器、半導体、液晶ディスプレイ、冷蔵庫等の家庭用機器、暖房・照明器具、電気絶縁材料、工作機械ほか
11)	主な取引先	官公庁 電力会社 自動車会社 鉄道会社 銀行 コンピュータ会社 個人ほか
12)	技術移転窓口	東京都港区芝浦1-1-1 知的財産部企画担当(03-3457-2501)

2.2.2 セラミックスの接合技術に関連する製品

東芝のセラミックスの接合技術に関連する製品を表2.2.2-1に示す。東芝は、セラミックスの接合体に関連する製品の製造は関連会社に任せているものが多く、東芝本体としては製品が少ない。

表 2.2.2-1 東芝におけるセラミックスの接合技術に関連する製品

技術要素	製品	製品名	出典
セラミックスと金属のろう付け	基板	窒化アルミニウムメタライズ基板	http://toshiba.co.jp
		DBC 基板	http://toshiba.co.jp
		活性金属銅回路（AMC)基板	http://toshiba.co.jp
-	サーマルプリントヘッド	サーマルプリントヘッド	http://toshiba.co.jp

2.2.3 技術開発課題対応保有特許の概要

東芝における技術要素と解決手段を図2.2.3-1に示す。技術要素別保有特許を表2.2.3-1に示す。セラミックスと金属とのろう付けに関して、接合層の構造・構成および接合材の特性・形状を解決手段としたものが多い。

図2.2.3-1 東芝における技術要素と解決手段

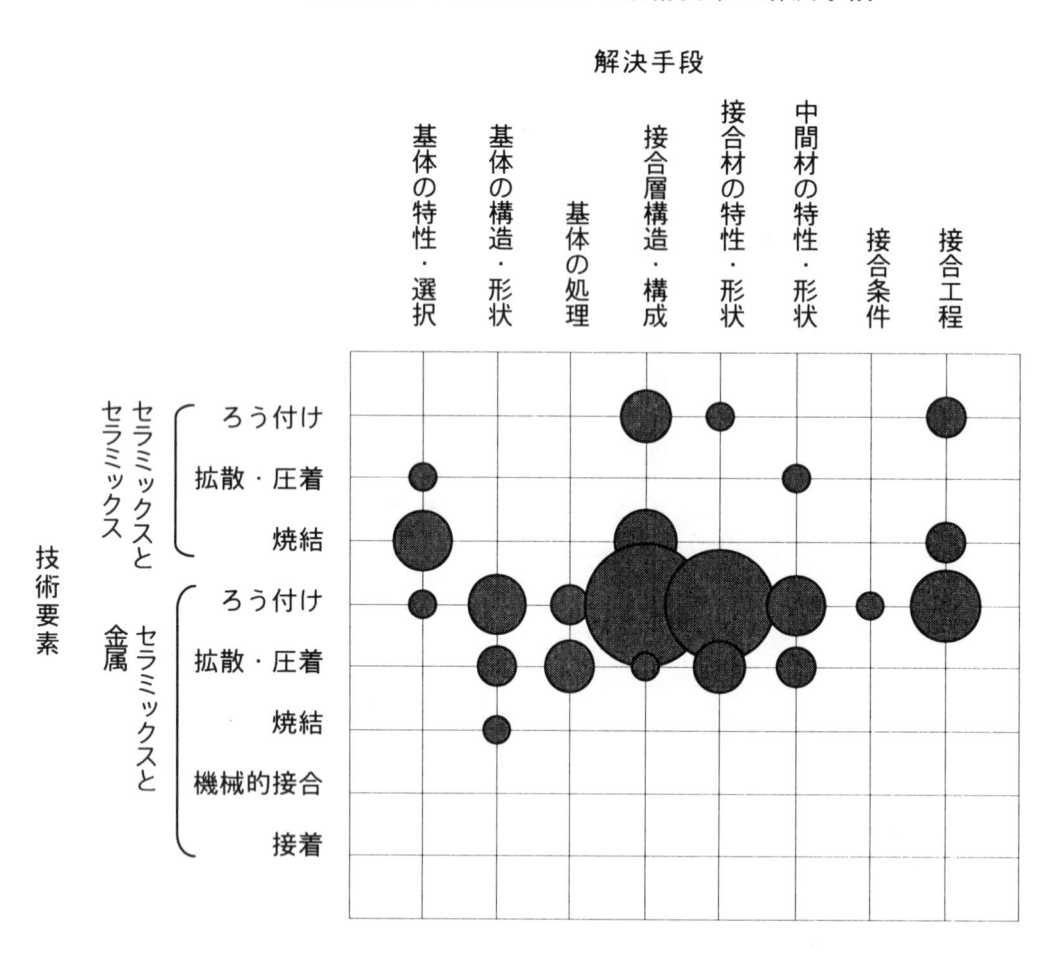

1991～2001 年 10 月公開の権
利存続中または係属中の特許

表2.2.3-1 東芝の技術要素別保有特許(1)

技術要素	特許番号	開発課題	名称および解決手段要旨
セラミックスとセラミックスのろう付け	特許2854619 C04B37/00 (重複)●	応力の緩和	接合方法 【解決手段】接合部の層構造・層構成
	特開平6-32669 C04B37/00 (重複)	機械的特性の向上	接合体、メタライズ体およびメタライズ体の製造方法 【解決手段】接合部の層構造・層構成 【要旨】セラミックス基材と金属基材、あるいはセラミックス基材同士の接合体において、Ti、Zrおよび Hfの少なくとも1種からなる第1の金属元素と、Cu、Ni、Co、FeおよびMnから選ばれた少なくとも1種からなる第2の金属元素と、酸素とを、組成比で70at%以上含有する化合物を含み、かつ厚さが2μm以下の複合層を介して、セラミックス基材と金属基材、あるいはセラミックス基材同志を接合させる。
	特開平8-26841 C04B37/02 (重複)	機械的特性の向上	セラミックス接合体の製造方法およびセラミックス接合体 【解決手段】接合部の層構造・層構成 【要旨】セラミックス層と、少なくとも接合面の近傍層が六方晶系の活性金属を含む層により構成された金属層とを接合するにあたり、セラミックス層と金属層とを、その接合界面に非六方晶系構造安定化元素を部分的に介在させて積層したものを、真空中または不活性ガス雰囲気中にて固相熱処理し、セラミックス層と金属層とを接合する。
	特開平10-194860 C04B37/02 (重複)	接合強度向上、欠陥防止	ろう材 【解決手段】接合材の特性、形状など
	特開平11-29369 C04B37/00	経済性向上、工程の簡略化	機能性セラミックスの接合方法 【解決手段】接合工程
	特開2000-281458 C04B37/00	化学的特性の向上	カーボン接合体 【解決手段】接合工程
セラミックスとセラミックスの拡散・圧着	特開2001-102650 H01L41/083	電気的・磁気的特性向上	積層圧電単結晶素子、積層圧電単結晶素子の製造方法およびその積層圧電単結晶素子を用いた超音波プローブ 【解決手段】中間材の形状・寸法
	特開2001-181022 C04B35/00	接合強度向上、欠陥防止	窒化物系セラミックス基材とその製造方法、およびそれを用いたセラミックス放熱板とセラミックスヒータ 【解決手段】基体の特性、基体の選択
セラミックスとセラミックスの焼結	特許2968539 C04B35/581 ●	熱的特性の向上	窒化アルミニウム構造物の製造方法 【解決手段】接合部の層構造・層構成
	特開平9-20572 C04B37/00 (共願)	接合強度向上、欠陥防止	セラミックス基繊維複合部材およびその製造方法 【解決手段】接合工程 【要旨】セラミックス繊維およびセラミックスウイスカーの少なくともいずれかからなる複数の予備成形体パーツに反応焼結用材料を含有させ、得られた成形体パーツの接合面に反応焼結用材料を塗布した状態で組立てた後、この組立てられた成形体にセラミックスマトリックスを構成するための溶融材料を含浸させながら反応焼結させるとともに、成形体パーツの接合面に塗布した反応焼結用材料の反応焼結を行わせることにより接合を行う。
	特開平9-57903 B32B18/00	接合強度向上、欠陥防止	多層セラミックス基板およびその製造方法 【解決手段】接合部の層構造・層構成
	特許2997645 C04B37/00	高温特性の向上	セラミックス積層体の製造方法 【解決手段】接合部の層構造・層構成
	特許3026486 C04B37/00	高温特性の向上	セラミックス積層体の製造方法 【解決手段】接合部の層構造・層構成

表 2.2.3-1 東芝の技術要素別保有特許(2)

技術要素	特許番号	開発課題	名称および解決手段要旨
セラミックスとセラミックスの焼結	特許 2966375 C04B37/00	高温特性の向上	積層セラミックス及びその製造方法 【解決手段】接合部の層構造・層構成
	特許 3202670 C04B41/89	高温特性の向上	積層セラミックスの製造方法 【解決手段】接合工程 【要旨】表面がアルミナ層で覆われた炭化珪素を主成分とするセラミックス基体に、Si および Y2O3 を含む混合粉末からなる成形体を形成した後、酸化性雰囲気中で成形体を反応焼結する。
	特開平 8-20091 B32B18/00	機械的特性の向上	セラミック焼結体およびその製造方法 【解決手段】基体の特性、基体の選択
	特開平 8-67549 C04B35/00	機械的特性の向上	層状構造セラミックス 【解決手段】基体の特性、基体の選択
	特許 3121769 B32B18/00 ●	接合強度向上、欠陥防止	窒化ケイ素多層基板およびその製造方法 【解決手段】基体の特性、基体の選択
	特許 3035230 C04B35/00	接合強度向上、欠陥防止	積層セラミックスの製造方法 【解決手段】基体の特性、基体の選択
セラミックスと金属のろう付け	特許 2854619 C04B37/00 (重複)	応力の緩和	接合方法 【解決手段】接合部の層構造・層構成
	特許 2986167 C04B37/02 (共願)●	機械的特性の向上	セラミックスー金属接合体およびその製造方法 【解決手段】中間材の特性・形状など
	特許 3095490 C04B37/02 ●	熱的特性の向上	セラミックスー金属接合体 【解決手段】接合部の層構造・層構成
	特開平 5-198917 H05K3/06	経済性向上、工程の簡略化	セラミックス配線基板の製造方法 【解決手段】基体の処理
	特開平 5-201777 C04B37/02	熱的特性の向上	セラミックスー金属接合体 【解決手段】接合部の層構造・層構成
	特開平 5-97533 C04B37/02	熱的特性の向上	セラミックスー金属接合体 【解決手段】接合材の特性、形状など
	特開平 5-347469 H05K3/20	熱的特性の向上	セラミックス回路基板 【解決手段】接合材の特性、形状など
	特開平 6-24854 C04B37/02	熱的特性の向上	セラミックスー金属接合体 【解決手段】接合部の層構造・層構成 【要旨】窒化物系セラミック部材と、Ti、Zr、Hf および Nb から選ばれた少なくとも 1 種の活性金属を含む Ag-Cu 系ろう材層を介して、窒化物系セラミックス部材に接合された金属部材とを具備するセラミックスー金属複合体において、窒化物系セラミック部材側の接合界面に、活性金属を含む化合物の直径 100nm 以下の球状粒子が層状に存在することを特徴とする。
	特開平 6-32669 C04B37/00 (重複)	機械的特性の向上	接合体、メタライズ体およびメタライズ体の製造方法 【解決手段】接合部の層構造・層構成
	特開平 6-48852 C04B37/02	熱的特性の向上	セラミックスー金属接合体 【解決手段】接合部の層構造・層構成
	特開平 6-216499 H05K3/20	精度の維持向上	銅回路基板の製造方法 【解決手段】接合工程
	特開平 6-263554 C04B37/02	熱的特性の向上	セラミックスー金属接合基板 【解決手段】基体の寸法・形状・構造
	特開平 7-149588 C04B41/90	熱的特性の向上	高熱伝導性窒化けい素メタライズ基板,その製造方法および窒化けい素モジュール 【解決手段】接合工程
	特開平 7-247176 C04B37/00	機械的特性の向上	接合体およびメタライズ体 【解決手段】接合部の層構造・層構成

表 2.2.3-1 東芝の技術要素別保有特許(3)

技術要素	特許番号	開発課題	名称および解決手段要旨
セラミックスと金属のろう付け	特開平 8-26841 C04B37/02 (重複)	機械的特性の向上	セラミックス接合体の製造方法およびセラミックス接合体 【解決手段】接合部の層構造・層構成
	特開平 8-235977 H01H33/66	機械的特性の向上	真空容器の製造方法 【解決手段】接合工程
	特開平 8-245274 C04B37/02	機械的特性の向上	セラミックスと金属の接合方法 【解決手段】接合部の層構造・層構成
	特開平 8-245275 C04B37/02	機械的特性の向上	複合ロウ材料の製造方法および接合方法 【解決手段】接合材の特性、形状など 【要旨】板厚が 30〜2000μm の Ag、Cu、AgCu、AgCuIn、AgCuSn、AgCuZn、AgCuCd、CuMn から選択された 1 つの主要構成成分板と、板厚さが 1〜100μm の Ti、AgTi、CuTi、AgCuTi から選択された 1 つの活性金属板とを準備しこれを打抜き成形型に導入して主要構成板と活性金属板とを打抜くと同時に成形一体化した複合ろう材。
	特開平 8-253373 C04B37/02	機械的特性の向上	真空気密容器用封着材、真空気密容器、およびセラミックス－金属接合体の製造方法 【解決手段】接合材の特性、形状など 【要旨】セラミックス部材の接合面上に、ろう材中の少なくとも活性金属を配置し、活性金属をレーザ照射により溶融させてメタライズ層を形成し、このメタライズ層もしくはメタライズ層と複合金属との積層体を介して、セラミックス部材と金属部材とを接合する。
	特開平 8-268770 C04B37/02	精度の維持向上	セラミックス金属接合体 【解決手段】接合材の特性、形状など
	特開平 8-310879 C04B37/02	機械的特性の向上	真空気密容器用封着材および真空気密容器 【解決手段】中間材の特性・形状など
	特開平 9-36540 H05K3/38	熱的特性の向上	セラミックス回路基板 【解決手段】接合部の層構造・層構成 【要旨】Ti, Zr, Hf, V, Nb および Ta から選択される少なくとも 1 種の活性金属を含有する銀-銅系ろう材層を介して窒化物系セラミックス基板と金属回路板とを接合したセラミックス回路基板であり、銀-銅系ろう材層と窒化物系セラミックス基板とが反応して生成される反応生成層のビッカース硬度を 1100 以上とする。
	特開平 9-30870 C04B37/02	熱的特性の向上	セラミックス金属接合体および加速器用ダクト 【解決手段】接合部の層構造・層構成
	特開平 9-77571 C04B37/02	接合強度向上、欠陥防止	セラミックス接合材およびそれを用いたセラミックス－金属接合体の製造方法 【解決手段】接合部の層構造・層構成
	特開平 9-169576 C04B37/02	接合強度向上、欠陥防止	セラミックス－金属接合体および気密容器 【解決手段】中間材の特性・形状など
	特許 2772274 H01L23/15 ●	熱的特性の向上	複合セラミックス基板 【解決手段】接合材の特性、形状など 【要旨】複合セラミックス基板において、熱伝導率が 60W/m・K 以上である高熱伝導性窒化珪素基板と窒化アルミニウム基板とを同一平面上に配置し、高熱伝導性窒化けい素基板および窒化アルミニウム基板の表面に形成した酸化層を介して金属回路板を接合する。

表 2.2.3-1 東芝の技術要素別保有特許(4)

技術要素	特許番号	開発課題	名称および解決手段要旨
セラミックスと金属のろう付け	特許 2698780 H05K1/02	熱的特性の向上	窒化けい素回路基板 【解決手段】基体の特性、基体の選択
	特開平 9-249463 C04B37/02	機械的特性の向上	真空気密容器用封着ろう材および真空気密容器の製造方法 【解決手段】接合材の特性、形状など
	特開平 9-283656 H01L23/14	熱的特性の向上	セラミックス回路基板 【解決手段】接合材の特性、形状など
	特開平 10-193167 B23K35/22,310	精度の維持向上	ろう材および真空気密容器の封着方法 【解決手段】接合工程
	特開平 10-194860 C04B37/02 (重複)	接合強度向上、欠陥防止	ろう材 【解決手段】接合材の特性、形状など
	特開平 10-236886 C04B37/02 (共願)	機械的特性の向上	真空容器の製造方法 【解決手段】接合工程
	特開平 10-255606 H01H33/66 (共願)	経済性向上、工程の簡略化	真空バルブの製造方法 【解決手段】接合条件・制御 【要旨】セラミックス部材面を少なくとも 0.1〜15μm の表面粗さに仕上げ、それぞれ箔板状もしくは線状の Ag または／および Cu と Ti とを、Ti 量が 0.05〜4 重量％となるように組み合わせたロウ材用素材を対向するセラミックス部材と金属部材との間に配置して、Ti 量で決定される溶融温度以上でセラミックス部材と金属部材とを真空中又は非酸化性雰囲気中で封着する。
	特開平 10-251074 C04B37/02	機械的特性の向上	ハンダ接合方法および超音波センサー 【解決手段】接合部の層構造・層構成
	特開平 10-275737 H01G4/228	経済性向上、工程の簡略化	セラミック素子とその製造方法 【解決手段】接合工程
	特開平 10-310479 C04B37/02	機械的特性の向上	セラミックス金属接合体 【解決手段】基体の寸法・形状・構造
	特開平 11-92254 C04B41/88 (共願)	接合強度向上、欠陥防止	ろう付け用構造体およびメタライズ構造体 【解決手段】基体の処理
	特開平 11-92294 C30B29/36 (共願)	機械的特性の向上	炭化ケイ素－金属複合体とその製造方法、および薄片状炭化チタンとその製造方法 【解決手段】接合部の層構造・層構成
	特開平 11-100282 C04B37/02	接合強度向上、欠陥防止	ろう接接合体 【解決手段】基体の寸法・形状・構造 【要旨】ろう接するセラミックス表面に、5μm 以上 80μm 以下の凹部を設け、この凹部に Ti 偏析層と Ag-Cu からなる金属層または Ti-Cu-O を含む金属層を形成することで亀裂の進展を抑制する。
	特開平 11-203997 H01H33/66 (共願)	機械的特性の向上	真空バルブの製造方法 【解決手段】接合材の特性、形状など
	特開 2000-16878 C04B37/02 (共願)	機械的特性の向上	接合構造体 【解決手段】接合材の特性、形状など
	特開 2000-178080 C04B37/02 (共願)	応力の緩和	セラミックス－金属接合体 【解決手段】接合部の層構造・層構成 【要旨】セラミックス－金属複合体において、中間層または金属部材のセラミックス部材との接合界面近傍に、中間層または金属部材より硬度が高く 10μm 以上の直径を有する粒子を中間層の表面から少なくとも 20μm の探さまで打ち込む。

表 2.2.3-1 東芝の技術要素別保有特許(5)

技術要素	特許番号	開発課題	名称および解決手段要旨
セラミックスと金属のろう付け	特開 2000-178083 C04B37/02 (共願)	応力の緩和	セラミックスー金属接合体 【解決手段】中間材の特性・形状など
	特開 2000-272976 C04B37/02	経済性向上、工程の簡略化	セラミックス回路基板 【解決手段】基体の寸法・形状・構造
	特開 2000-272977 C04B37/02	耐久性の向上	セラミックス回路基板 【解決手段】接合材の特性、形状など
	特開 2001-48668 C04B37/02	化学的特性の向上	セラミックスと金属の接合方法および接合体および圧電振動装置 【解決手段】接合部の層構造・層構成
	特開 2001-48670 C04B37/02	化学的特性の向上	セラミックスー金属接合体 【解決手段】接合部の層構造・層構成 【要旨】窒化物系セラミック部材と、Ti、Zr および Nb から選ばれた少なくとも1種の活性金属を含む Ag-Cu 系ろう材層を介して、窒化物系セラミック部材に接合された金属部材とを具備するセラミックスー金属複合体において、窒化物系セラミック部材の破壊靱性値 KIC は $4.5\mathrm{MPa}\cdot\mathrm{m}^{1/2}$ 以上で、窒化物系セラミック部材側の壊合界面には、活性金属が偏析した層が連続して存在するようにする。
	特開平 8-88297 H01L23/12	接合強度向上、欠陥防止	電子部品および電子部品接続構造体 【解決手段】接合材の特性・成分
	特許 2894979 H01R9/09	接合強度向上、欠陥防止	電子部品 【解決手段】接合材の特性・成分
	特開平 9-231884 H01H33/66 (共願)	接合強度向上、欠陥防止	真空バルブ 【解決手段】接合材の特性・成分
セラミックスと金属の拡散・圧着	特許 2984350 C04B37/02 ●	熱的特性の向上	セラミックス金属接合体およびその製造方法 【解決手段】基体の処理
	特公平 8-22785 C04B37/02	応力の緩和	窒化物セラミックスと金属の接合処理方法 【解決手段】中間材の特性・形状など
	特開平 6-48851 C04B37/02	耐熱サイクル特性向上	セラミックスー金属接合体 【解決手段】基体の寸法・形状・構造
	特許 2677748 H05K1/03,610 ●	熱的特性の向上	セラミックス銅回路基板 【解決手段】接合材の特性、形状など
	特開平 8-255973 H05K3/38	耐熱サイクル特性向上	セラミックス回路基板 【解決手段】接合部の層構造・層構成
	特開平 9-153567 H01L23/14	熱的特性の向上	高熱伝導性窒化珪素回路基板および半導体装置 【解決手段】中間材の特性・形状など
	特許 3059117 H05K1/03,610 ●	機械的特性の向上	セラミックス回路基板 【解決手段】基体の処理
	特開平 11-154719 H01L23/15	熱的特性の向上	窒化珪素回路基板、半導体装置及び窒化珪素回路基板の製造方法 【解決手段】接合材の特性、形状など
	特開平 11-268968 C04B37/02	機械的特性の向上	セラミックス回路基板 【解決手段】接合材の特性、形状など
	特開 2000-183476 H05K1/09 (共願)	応力の緩和	セラミックス回路基板 【解決手段】基体の寸法・形状・構造
	特開 2000-277663 H01L23/15	耐熱サイクル特性向上	複合基板およびその製造方法 【解決手段】基体の処理
セラミックスと金属の焼結	特開平 8-109069 C04B35/581	機械的特性の向上	窒化アルミニウム焼結体 【解決手段】基体の寸法・形状・構造

表 2.2.3-1 東芝の技術要素別保有特許(6)

技術要素	特許番号	開発課題	名称および解決手段要旨
その他	特許 3034322 H01L39/24,ZAA	電気的・磁気的特性向上	超電導接合構造体の製造方法 【解決手段】接合工程
	特許 3029702 H05K1/03,610 ●	接合強度向上、欠陥防止	AlN基板 【解決手段】接合部の層構造・層構成
	特許 3198139 H01L23/14 ●	機械的特性の向上	AlNメタライズ基板 【解決手段】接合部の層構造・層構成
	特開平 9-172247 H05K3/20	接合強度向上、欠陥防止	セラミックス回路基板およびその製造方法 【解決手段】基体の特性、基体の選択
	特許 3062139 C04B37/00	高温特性の向上	積層セラミックスの製造方法 【解決手段】接合材の特性、形状など
	特開平 11-278953 C04B37/02	接合強度向上、欠陥防止	半田付け用セラミックスメタライズ基板、その製造方法およびセラミックス-金属接合体 【解決手段】基体の特性、基体の選択
	特許 3117433 C04B37/00	高温特性の向上	積層セラミックスの製造方法 【解決手段】接合部の層構造・層構成
	特許 3061573 C04B41/89	機械的特性の向上	積層セラミックスの製造方法 【解決手段】基体の特性、基体の選択
	特許 2886138 B32B18/00	化学的特性の向上	積層セラミックス及びその製造方法 【解決手段】基体の特性、基体の選択
	特開平 10-275522 H01B1/22	接合強度向上、欠陥防止	導電性樹脂ペースト、それを用いたパッケージ用基体および半導体パッケージ 【解決手段】接合材の特性・成分

2.2.4 技術開発拠点

東芝におけるセラミックスの接合技術の開発を行っている事業所、研究所などを以下に示す。

神奈川県：研究開発センター、生産技術センター
東京都：ＳＩ技術開発センター
栃木県：那須工場

2.2.5 研究開発者

東芝における発明者数と出願件数の年次推移を図2.2.5-1に、発明者数と出願件数の関係を図2.2.5-2に示す。特に95年から97年にかけて、出願件数の増加が示すように全体としては90年代の後半にセラミックスの接合に関する研究開発が進められているといえる。

図 2.2.5-1 東芝における発明者数と出願件数の年次推移

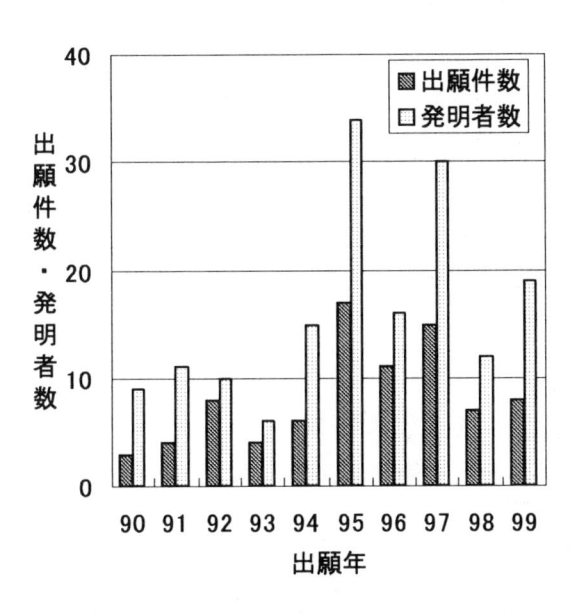

図 2.2.5-2 東芝における発明者数と出願件数の関係

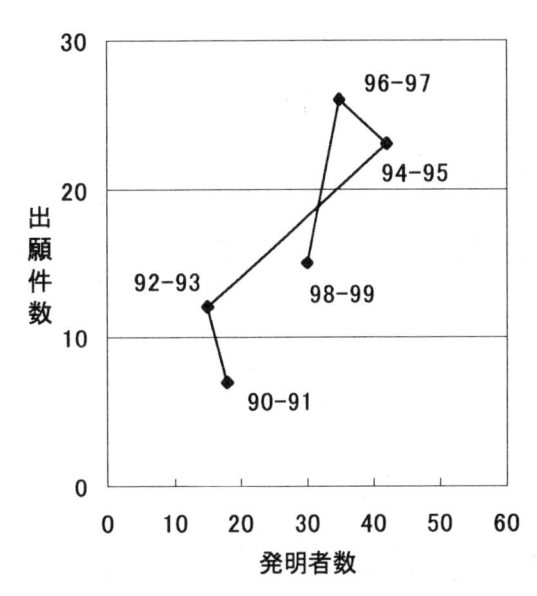

2.3 日本碍子

2.3.1 企業の概要

1)	商号	日本碍子 株式会社
2)	設立年月日	1919年5月
3)	資本金	698億4,900万円
4)	従業員	3,921名（2001年3月現在）
5)	事業内容	電力、セラミック、エレクトロニクス、素形材関連製品の製造・販売
6)	技術・資本提携関係	技術提携／- 資本提携／-
7)	事業所	本社／名古屋　工場／名古屋、知多、小牧
8)	関連会社	国内／明知硝子、エナジーサポート、池袋琺瑯工業、日本フリット、エヌジーケイアドレック、双信電機、エヌジーケイキルンテック、旭テックほか 海外／NGK－LOCKE、NGK EUROPEほか
9)	業績推移	2000年3月期／売上高 2,232億6,400万円、経常利益 160億100万円、純利益 100億6,400万円 2001年3月期／売上高 2,311億9,300万円、経常利益 207億7,400万円、純利益 120億2,000万円
10)	主要製品	がいし・架線金具、送電・変電・配電用機器、がいし洗浄装置・防災装置、電力貯蔵用ナトリウム／硫黄電池、自動車用セラミックス製品、化学工業用セラミックス製品・機器類、燃焼装置・耐火物、計測装置、上水・下水処理装置、汚泥脱水・燃焼装置、騒音防止装置、ごみ処理装置、ホーロー建材、放射性廃棄物処理装置、ベリリウム銅圧延製品・加工製品、金型製品、金属ベリリウム、電子工業用・半導体製造装置用セラミックス製品、一般自動車部品、産業建設部品がいし用金具、送・配電線用金具、環境装置、プラントほか
11)	主な取引先	ガラス会社　電線会社　電力会社　鉄道会社ほか
12)	技術移転窓口	名古屋市瑞穂区須田町2-56　法務部知的財産グループ(052-872-7726)

2.3.2 セラミックスの接合技術に関連する製品

日本碍子のセラミックスの接合技術に関連する製品を表2.3.2-1に示す。

表 2.3.2-1 日本碍子におけるセラミックスの接合技術に関連する製品

製品	製品名	出典
セラミックポンプ・真空ポンプ	-	http://www.ngk.co.jp
NSA電池	-	http://www.ngk.co.jp
がいし	長幹がいし	http://www.ngk.co.jp
	LPがいし	http://www.ngk.co.jp
半導体製造プロセス用セラミック部品	セラミックヒーター	http://www.ngk.co.jp
	静電チャック	http://www.ngk.co.jp
その他のセラミックス製品	ワイヤーソーローラー	http://www.ngk.co.jp
	高耐蝕性燃焼ノズル	http://www.ngk.co.jp

2.3.3 技術開発課題対応保有特許の概要

　日本碍子における技術要素と解決手段を図2.3.3-1に示す。技術要素別保有特許を表2.3.3-1に示す。セラミックスとセラミックスとの焼結に対して、基体の構造・構成を解決手段とし、セラミックスと金属とのろう付に対しては、接合層の構造・構成および接合工程の工夫を解決手段とするものが多い。

図 2.3.3-1 日本碍子における技術要素と解決手段

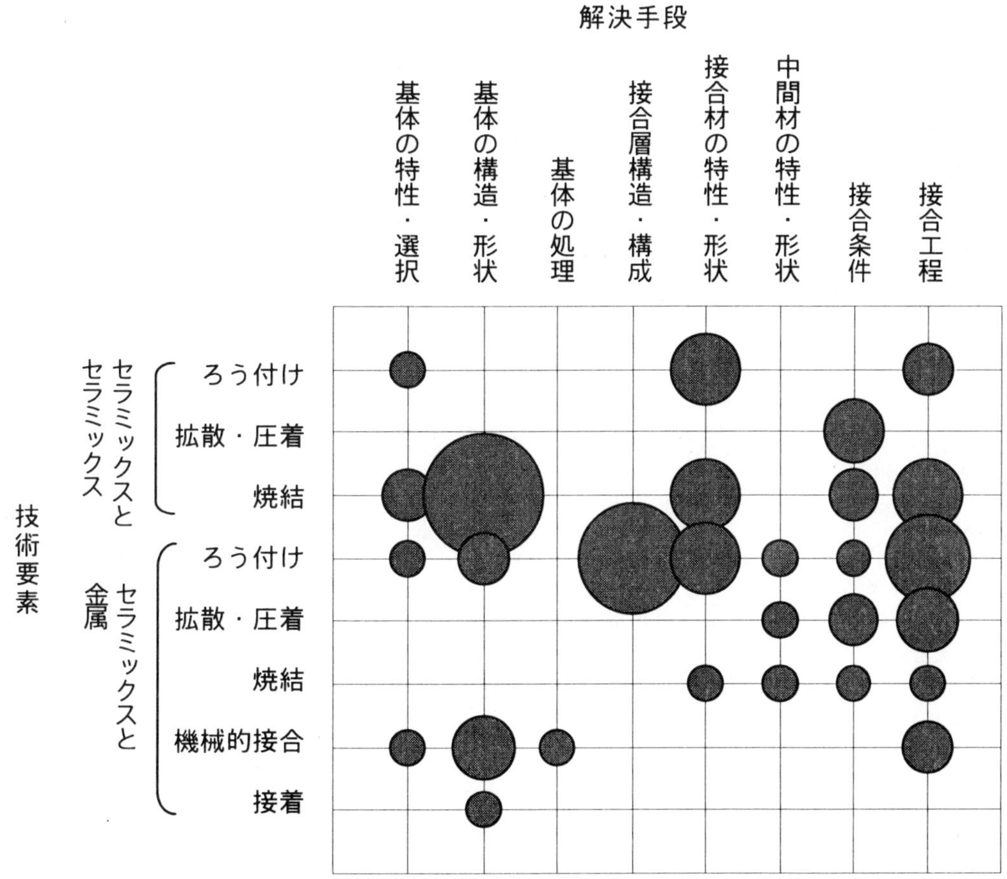

1991～2001 年 10 月公開の権利存続中または係属中の特許

表2.3.3-1 日本碍子の技術要素別保有特許(1)

技術要素	特許番号	開発課題	名称および解決手段要旨
セラミックスとセラミックスのろう付け	特許2815075 C04B37/00	機械的特性の向上	セラミックス接合体及びその製造方法 【解決手段】接合材の特性、形状など
	特開平10-167850 C04B37/00	経済性向上、工程の簡略化	窒化アルミニウム質基材の接合体の製造方法およびこれに使用する接合助剤 【解決手段】接合工程
	特開平10-273370 C04B37/00	経済性向上、工程の簡略化	窒化アルミニウム質セラミックス基材の接合体、窒化アルミニウム質セラミックス基材の接合体の製造方法及び接合剤 【解決手段】接合工程
	特開平11-236278 C04B37/00	熱的特性の向上	積層基板 【解決手段】基体の特性、基体の選択 【要旨】金属銅が含有された炭化珪素を主成分とするセラミックスベースの基材の表面にろう2を介して絶縁用セラミック基材を積層する。
	特許2619061 H01M10/39 (共願)	機械的特性の向上	ナトリウム-硫黄電池形成用接合ガラスおよびそれを用いた有底円筒状固体電解質と絶縁体リングの接合方法 【解決手段】接合材の特性・成分
	特許2545153 C04B37/00	化学的特性の向上	ガラス接合体およびその製造法 【解決手段】接合材の特性・成分
	特許2527844 C04B37/00 (共願)	化学的特性の向上	ガラス接合体およびその製造法 【解決手段】接合材の特性・成分
セラミックスとセラミックスの拡散・圧着	特公平5-77483 B28B11/02	接合強度向上、欠陥防止	セラミック積層体の圧着方法 【解決手段】接合条件・制御
	特公平7-83959 B30B11/08 (重複)(共願)	経済性向上、工程の簡略化	連続真空ホットプレス装置 【解決手段】接合条件・制御
	特許2801518 B28B11/02	精度の維持向上	積層体の製造方法および製造装置 【解決手段】接合条件・制御
セラミックスとセラミックスの焼結	特許2582495 C04B37/00	接合強度向上、欠陥防止	無機接合材 【解決手段】接合材の特性、形状など
	特許2815074 C04B37/00	機械的特性の向上	無機接合材 【解決手段】接合材の特性、形状など
	特許2610381 C04B37/00	経済性向上、工程の簡略化	焼成接合を用いた細孔付セラミック部品の製造方法 【解決手段】基体の特性、基体の選択
	特許2802013 C04B37/00	機械的特性の向上	セラミックスの接合方法 【解決手段】基体の寸法・形状・構造 【要旨】穿設孔を有する第1セラミックス未焼結体と、円筒形状または円柱形状を有する第2セラミックス焼結体とを、第1セラミックス未焼結体の穿設孔に第2セラミックス焼結体を挿入し、第1セラミックス未焼結体の穿設孔径が、第2セラミックス焼結体の外径より0.1～1.0mm小さくなるように設定し、加熱焼成して一体的に接合する。
	特許2863055 C04B37/00	応力の緩和	セラミックス接合体の製造方法 【解決手段】基体の寸法・形状・構造
	特許2813105 C04B37/00	接合強度向上、欠陥防止	セラミックス接合体の製造方法 【解決手段】接合工程
	特許2878923 C04B37/00	接合強度向上、欠陥防止	セラミックス接合体の製造方法 【解決手段】基体の寸法・形状・構造 【要旨】多孔板の穿設孔形成部分周囲のツバ部に穿設孔の孔径と等しい孔径を有するダミー孔を設け、ダミー孔に管状体とほぼ等しい外径および焼成収縮率を有するピン状のセラミックス焼結体を挿入した状態で加熱焼成して一体的に接合する。
	特許2738900 C04B37/00	接合強度向上、欠陥防止	セラミックス接合体の製造方法 【解決手段】基体の寸法・形状・構造
	特許2716930 C04B37/00	接合強度向上、欠陥防止	セラミックス接合体の製造方法 【解決手段】基体の寸法・形状・構造

表 2.3.3-1 日本碍子の技術要素別保有特許(2)

技術要素	特許番号	開発課題	名称および解決手段要旨
セラミックスとセラミックスの焼結	特許 2713688 C04B37/00	接合強度向上、欠陥防止	セラミックス接合体の製造方法 【解決手段】基体の寸法・形状・構造
	特許 2883003 C04B37/00	接合強度向上、欠陥防止	セラミックス接合体の製造方法 【解決手段】基体の寸法・形状・構造
	特開平 7-335239 H01M8/12	接合強度向上、欠陥防止	接合体の製造方法 【解決手段】接合条件・制御 【要旨】セパレータのグリーン成形体と電極のグリーン成形体との線収縮率差を5%以内に抑制すると共に、一旦積層体を製造した後、この積層体を加圧成形し、加圧成形体を共焼結させて、両者の界面における接合不良を減少させる。
	特開平 8-130334 H01L41/08	精度の維持向上	セラミックダイヤフラム構造体及びその製造方法 【解決手段】接合工程
	特開平 9-253945 B23P15/26	化学的特性の向上	フィン付きセラミック製シエルアンドチユーブ型熱交換器及びその製造方法 【解決手段】基体の寸法・形状・構造
	特開平 9-263458 C04B37/00	熱的特性の向上	フィン付きセラミックス管及びその製造方法 【解決手段】基体の特性、基体の選択 【要旨】管状体のセラミックス焼結体に、管状体を挿通するための貫通孔を有するリング状のセラミックス未焼結体であるフィンを、所定の間隔で多数装着し、これを焼成することにより管状体とフィンとの焼成収縮率の差を利用して、管状体とフィンとを一体に接合固定する。
	特開平 10-53470 C04B37/00	機械的特性の向上	セラミックス接合体およびその製造方法 【解決手段】基体の寸法・形状・構造
	特開平 10-264135 B28B21/92	機械的特性の向上	プラズマ生成用ガス通過管の製造方法 【解決手段】基体の寸法・形状・構造
	特開平 11-243034 H01G4/40	接合強度向上、欠陥防止	電子部品用接合剤、電子部品および電子部品の製造方法 【解決手段】接合材の特性、形状など
	特開 2000-167819 B28B11/02	接合強度向上、欠陥防止	フランジ付きセラミックフィルタの製造方法 【解決手段】接合工程
	特開 2000-197804 B01D39/20	接合強度向上、欠陥防止	フランジ付きセラミックフィルタの製造方法 【解決手段】接合材の特性、形状など
	特公平 7-83959 B30B11/08 (重複)(共願)	経済性向上、工程の簡略化	連続真空ホットプレス装置 【解決手段】接合条件・制御
	特開平 9-187809 B28B11/00	精度の維持向上	微細貫通孔を有するセラミック部材の製造方法 【解決手段】接合工程
	特許 3126939 B32B18/00	機械的特性の向上	積層焼結体の製造方法 【解決手段】基体の寸法・形状・構造
セラミックスと金属のろう付け	特公平 5-77636 C04B37/02 (共願)	機械的特性の向上	セラミックスとAlの鑞着構造及びその製造方法 【解決手段】接合部の層構造・層構成
	特許 2507614 C04B37/02 (共願)	応力の緩和	セラミック部品と金属部品との加圧接合方法 【解決手段】中間材の特性・形状など
	特公平 6-47507 C04B37/02 (共願)	機械的特性の向上	金属とセラミックスの接合方法 【解決手段】接合条件・制御
	特許 2553214 H01M10/39	機械的特性の向上	ナトリウムー硫黄電池の製造方法 【解決手段】接合工程
	特公平 7-36335 H01M10/39 (共願)	接合強度向上、欠陥防止	ナトリウムー硫黄電池及びその絶縁体と蓋体との接合方法 【解決手段】接合部の層構造・層構成

表 2.3.3-1 日本碍子の技術要素別保有特許(3)

技術要素	特許番号	開発課題	名称および解決手段要旨
セラミックスと金属のろう付け	特許 2520334 C04B37/02 (共願)	機械的特性の向上	活性金属ろう材および活性金属ろう材を用いた金属部材とセラミックス部材との接合方法 【解決手段】接合材の特性、形状など 【要旨】Ag-Cu-Ti 合金粉末中の Ti の含有量が、Ag-Cu-Ti 合金粉末の全体重量に対して 1～10 重量%であるペースト状の活性金属ろう材を塗布した後、溶剤を除去することにより活性金属ろう材付金属部材を得た後に、活性金属ろう材付金属部材の活性金属ろう材塗布面とセラミックス部材とを当接させて真空炉中で昇温することにより、脱バインダし、次いで金属部材とセラミックス部材とをろう付けする。
	特許 2567160 C04B37/02 (共願)	接合強度向上、欠陥防止	ナトリウム－硫黄電池のアルミナ製の絶縁部材と金属部材との接合方法 【解決手段】接合工程
	特開平 6-263552 H05B3/02 (重複)	機械的特性の向上	耐腐食性セラミック体の接合構造 【解決手段】接合工程
	特開平 7-265673 B01D71/02,500	機械的特性の向上	金属被覆セラミックスと金属との接合体およびそれを用いた水素ガス分離装置 【解決手段】接合部の層構造・層構成
	特開平 8-215828 B22D18/02	機械的特性の向上	複合鋳造体及びその製造方法 【解決手段】接合工程
	特開平 8-277171 C04B37/00	接合強度向上、欠陥防止	接合体、耐蝕性接合材料および接合体の製造方法 【解決手段】接合部の層構造・層構成 【要旨】窒化アルミニウム部材と、セラミックスまたは金属からなる他の部材との接合体において、窒化アルミニウム部材と他の部材との間の接合層が、少なくとも主成分が銅、アルミニウムおよびニッケルからなる群より選ばれた金属からなる連続相を備えるとともに、マグネシウム、チタン、ジルコニウムおよびハフニウムからなる群より選ばれた一種以上の活性金属の含有量を 10 重量パーセント以下におさえる。
	特開平 8-277173 C04B37/02	化学的特性の向上	セラミックスの接合構造およびその製造方法 【解決手段】基体の寸法・形状・構造
	特開平 9-249465 C04B37/02	機械的特性の向上	接合体およびその製造方法 【解決手段】接合工程 【要旨】窒化アルミニウム部材、金属部材およびその接合面との間に介在しているアルミニウム合金ろうのシートを含む積層体を、接合面に対してほぼ垂直方向に向かって積層体を加圧しながら、アルミニウム合金ろうの液相線温度以下、固相線温度以上の温度で加熱することによって、窒化アルミニウム部材と金属部材とを接合する。
	特開平 9-87051 C04B37/00	接合強度向上、欠陥防止	セラミックスの接合体およびセラミックスの接合方法 【解決手段】接合部の層構造・層構成
	特開平 10-287480 C04B37/02 (共願)	化学的特性の向上	ナトリウム－硫黄電池のセラミックス製絶縁体と金属部品との接合方法 【解決手段】接合部の層構造・層構成
	特開平 10-273371 C04B37/02	電気的・磁気的特性向上	金属部材とセラミックス部材との接合構造およびその製造方法 【解決手段】基体の特性、基体の選択
	特開平 11-278951 C04B37/00	耐久性の向上	接合体の製造方法および接合体 【解決手段】接合材の特性、形状など

表 2.3.3-1 日本碍子の技術要素別保有特許(4)

技術要素	特許番号	開発課題	名称および解決手段要旨
セラミックスと金属のろう付け	特開平 11-314974 C04B37/00	接合条件の拡張	接合体の製造方法 【解決手段】接合工程
	特開 2000-219578 C04B37/02	熱的特性の向上	セラミックス部材と金属部材との接合体およびその製造方法 【解決手段】接合材の特性、形状など
	特開 2000-286038 H05B3/03	耐久性の向上	セラミックヒータと電極端子との接合構造およびその接合方法 【解決手段】接合部の層構造・層構成 【要旨】電極端子を接合させるセラミック基材の表面に、活性金属ロウを用いてメタライジング層を形成した後、メタライジング層と電極端子との間に金属ロウを介在させて接合する。
	特開 2000-344584 C04B37/02	耐久性の向上	セラミックスと金属との接合構造およびこれに使用する中間挿入材 【解決手段】接合部の層構造・層構成
	特開 2001-58882 C04B37/02	熱的特性の向上	接合体、高圧放電灯およびその製造方法 【解決手段】接合部の層構造・層構成 【要旨】金属からなる第一の部材と、セラミックスまたはサーメットからなる第二の部材との間に介在している接合部は、金属部材に接する主層、および第二の部材と主層との界面に存在する界面ガラス層を備えた接合体。その主層は、金属粉末の焼結体からなり、開気孔を有する多孔質骨格と多孔質骨格の開気孔中に含浸されている含浸ガラス相とからなっている。
	特開 2001-10873 C04B37/02	接合条件の拡張	異種部材の接合方法、および同接合方法により接合された複合部材 【解決手段】基体の寸法・形状・構造
	特開 2001-122673 C04B37/02	熱的特性の向上	異種部材の接合用接着剤組成物、同組成物を用いた接合方法、および同接合方法により接合された複合部材 【解決手段】接合材の特性、形状など
セラミックスと金属の拡散・圧着	特公平 7-33293 C04B37/02	化学的特性の向上	ナトリウム―硫黄電池のセラミックス製絶縁体と金属部品との接合方法 【解決手段】接合条件・制御
	特開平 6-263552 H05B3/02 (重複)	機械的特性の向上	耐腐食性セラミック体の接合構造 【解決手段】接合工程
	特開平 9-272021 B23P15/04	経済性向上、工程の簡略化	タービンロータの製造方法 【解決手段】接合工程 【要旨】時効硬化型の低熱膨張耐熱合金から構成され、かつ一対の開口端を有する筒形状のスリーブを時効硬化するために熱処理を行い、セラミックロータの軸部をスリーブの一方の開口端に圧入して固定し、次に、金属シャフトの端面をスリーブの他方の開口端の端面に固定する。
	特許 3154669 H01M10/39 (共願)	接合強度向上、欠陥防止	ナトリウム硫黄電池の絶縁リングと金具との熱圧接合法 【解決手段】接合工程
	特開平 10-167851 C04B37/02	経済性向上、工程の簡略化	金属とセラミックスの接合方法 【解決手段】中間材の特性・形状など
	特公平 7-83959 B30B11/08 (重複)(共願)	経済性向上、工程の簡略化	連続真空ホットプレス装置 【解決手段】接合条件・制御

表 2.3.3-1 日本碍子の技術要素別保有特許(5)

技術要素	特許番号	開発課題	名称および解決手段要旨
セラミックスと金属の焼結	特公平 8-5723 C04B37/02 (共願)	機械的特性の向上	セラミック部品とＡｌ部品との加圧接合方法 【解決手段】接合工程
	特公平 7-108826 C04B37/02,ZAA	熱的特性の向上	ビスマス系超電導－金属複合体及びその製造方法 【解決手段】中間材の特性・形状など
	特許 3038056 H05B3/14 (共願)	電気的・磁気的特性向上	セラミックスヒータ 【解決手段】接合材の特性、形状など
	特公平 7-83959 B30B11/08 (重複)(共願)	経済性向上、工程の簡略化	連続真空ホットプレス装置 【解決手段】接合条件・制御
セラミックスと金属の機械的接合	特許 2746677 C04B37/02	耐久性の向上	セラミック部品と金属部品の接合方法 【解決手段】基体の寸法・形状・構造
	特許 2823086 C04B37/00	機械的特性の向上	連結部材およびその連結方法 【解決手段】基体の処理
	特公平 8-29991 C04B37/02	経済性向上、工程の簡略化	セラミックス・金属結合体の製造方法 【解決手段】基体の寸法・形状・構造
	特公平 7-33294 C04B37/02	経済性向上、工程の簡略化	セラミックス・金属接合体の製造方法 【解決手段】接合工程
	特開平 6-263552 H05B3/02 (重複)	機械的特性の向上	耐腐食性セラミック体の接合構造 【解決手段】接合工程
	特許 2619216 C04B37/02	接合強度向上、欠陥防止	セラミツクと金属との結合体 【解決手段】基体の特性、基体の選択
	特開平 8-254102 F01D5/04	応力の緩和	タービンロータ 【解決手段】基体の寸法・形状・構造
セラミックスと金属の接着	特公平 7-61908 C04B37/02	応力の緩和	セラミック製部材と金属製部材の結合構造 【解決手段】基体の寸法・形状・構造
その他	特許 2525966 C04B37/00	接合強度向上、欠陥防止	長大陶磁器碍管の製造方法 【解決手段】基体の寸法・形状・構造
	特公平 7-29866 C04B41/87	接合強度向上、欠陥防止	窒化珪素焼結体の表面改質方法及び焼結体の接合方法 【解決手段】基体の処理
	特許 2801973 C04B37/00	接合強度向上、欠陥防止	セラミック接合方法 【解決手段】接合材の特性、形状など
	特許 2843450 C04B37/00	接合強度向上、欠陥防止	セラミック接合方法 【解決手段】接合材の特性、形状など
	特許 2582494 C04B37/00	接合強度向上、欠陥防止	セラミック接合体とその接合方法 【解決手段】接合材の特性、形状など
	特許 3119759 B32B18/00	接合強度向上、欠陥防止	セラミックス・セラミックス接合体 【解決手段】中間材の特性・形状など
	特許 2783980 C04B37/00	機械的特性の向上	接合体およびその製造方法 【解決手段】基体の処理
	特許 3023288 C04B37/00	化学的特性の向上	ガラス接合体およびその製造法 【解決手段】接合部の層構造・層構成
	特開平 11-12053 C04B37/02	機械的特性の向上	セラミックスの接合構造およびその製造方法 【解決手段】基体の寸法・形状・構造
	特開平 11-171659 C04B37/00	接合条件の拡張	窒化アルミニウム質セラミックスの接合方法 【解決手段】接合工程
	特開平 11-228245 C04B37/02	接合強度向上、欠陥防止	異種部材接合用接着剤組成物、同組成物により接合された異種部材からなる複合部材および同複合部材の製造方法 【解決手段】接合材の特性、形状など
	特公平 7-100632 C04B37/00 (共願)	応力の緩和	β－アルミナ管とセラミックスとのガラス接合体及びその接合方法 【解決手段】接合条件・制御
	特開平 10-100319 B32B18/00	接合強度向上、欠陥防止	積層部材の製造方法 【解決手段】接合材の特性・成分

2.3.4 技術開発拠点

日本碍子におけるセラミックスの接合技術の開発を行っている事業所、研究所などを以下に示す。

愛知県：本社、中央研究所、開発センター、名古屋工場、知多工場、小牧工場

2.3.5 研究開発者

日本碍子における発明者数と出願件数の年次推移を図2.3.5-1に、発明者数と出願件数の関係を図2.3.5-2に示す。90年代前半に、やや減少傾向を示しているが、全体としては堅実に研究開発が進められているといえる。

図 2.3.5-1 日本碍子における発明者数と出願件数の年次推移

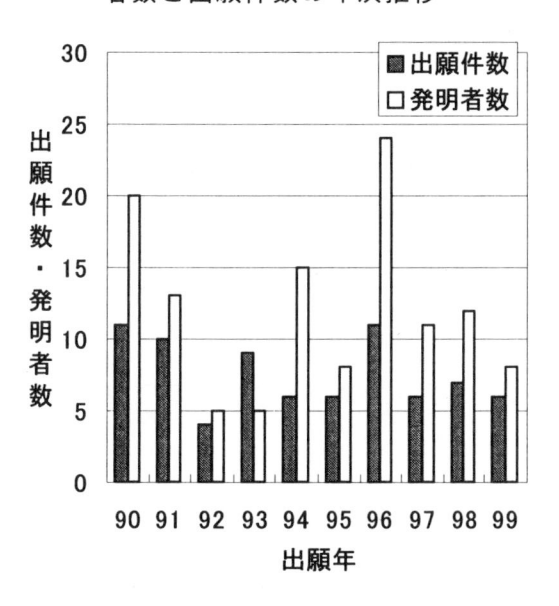

図 2.3.5-2 日本碍子における発明者数と出願件数の関係

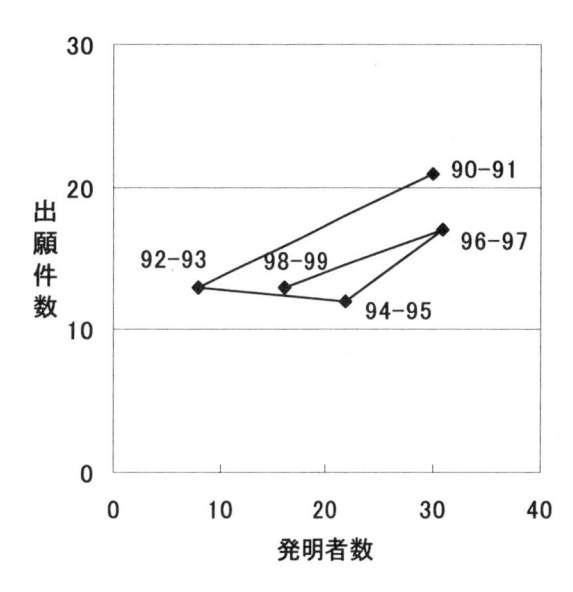

2.4 京セラ

2.4.1 企業の概要

1)	商号	京セラ 株式会社
2)	設立年月日	1970年10月
3)	資本金	1,157億300万円
4)	従業員	14,659名（2001年3月現在）
5)	事業内容	ファインセラミックス関連、電子デバイス関連、機器関連製品の製造・販売
6)	技術・資本提携関係	技術提携／日立製作所、半導体エネルギー研究所、日本硝子、東芝、セイコーエプソン、日本電気、ハネウェル、フィリップス・エレクトロニクス、インターナショナル・ビジネス・マシーンズ 資本提携／-
7)	事業所	本社／京都　工場／川内、国分、滋賀
8)	関連会社	国内／京セラソーラコーポレーション、京セラエルコ、京セラミタ、京セラミタジャパン、京セラオプテック、京セラリーシング、京セラコミュニケーションシステムほか 海外／KYOCERA AMERICA、KYOCERA INDUSTRIAL CERAMICS、KYOCERA WIRELESS、KYOCERA MITA AMERICAほか
9)	業績推移	2000年3月期／売上高 5,078億200万円、経常利益694億7,100万円、純利益392億9,600万円 2001年3月期／売上高6,525億1,000万円、経常利益1,145億円、純利益 313億9,800万円
10)	主要製品	ファインセラミック部品、半導体部品、切削工具、宝飾品、バイオセラム、ソーラーシステム、セラミック応用品、電子部品、通信機器、情報機器、光学精密機器ほか
11)	主な取引先	電子部品会社　電気会社ほか
12)	技術移転窓口	-

2.4.2 セラミックスの接合技術に関連する製品

京セラのセラミックスの接合技術に関連する製品を表2.4.2-1に示す。セラミックスの総合的なメーカとして幅の広い製品構成となっている。

表 2.4.2-1 京セラにおけるセラミックスの接合技術に関連する製品

製品	製品名	出典
OA機器部品	光通信用コネクター	http://www.kyocera.co.jp
耐蝕・耐摩耗製部品	ノズル	http://www.kyocera.co.jp
耐摩耗・耐熱部品その他	-	http://www.kyocera.co.jp
セラミックヒータ	アルミナヒーター（A-473）	http://www.kyocera.co.jp
	SNヒーター（SN-220,SN-361）	http://www.kyocera.co.jp
情報機器関連	HDD薄膜磁気ヘッド用基板	http://www.kyocera.co.jp
光通信用部品	光半導体用セラミックパッケージ	http://www.kyocera.co.jp
	メタライズファイバー	http://www.kyocera.co.jp
	広帯域ASE光源モジュール	http://www.kyocera.co.jp
移動体通信関連	高誘電体基板	http://www.kyocera.co.jp
	電波吸収体（ソリッド型電波シールド吸収体）	http://www.kyocera.co.jp
自動車関連部品	セラミックヒータ（承前）	http://www.kyocera.co.jp
	窒化ケイ素ヒータ	http://www.kyocera.co.jp
	ガスタービン部品	http://www.kyocera.co.jp
	エンジン部品	http://www.kyocera.co.jp
半導体装置用セラミックス部品	プラズマルーフシリーズ	http://www.kyocera.co.jp
	真空チャック	http://www.kyocera.co.jp
	静電チャック	http://www.kyocera.co.jp
	サファイア静電チャック	http://www.kyocera.co.jp
	高純度AlNセラミックヒーター	http://www.kyocera.co.jp

2.4.3 技術開発課題対応保有特許の概要

　京セラにおける技術要素と解決手段を図2.4.3-1に示す。技術要素別保有特許を表2.4.3-1に示す。セラミックスと金属とのろう付けに対して、接合材の特性・形状への工夫を解決手段としたものが多い。

図2.4.3-1 京セラにおける技術要素と解決手段

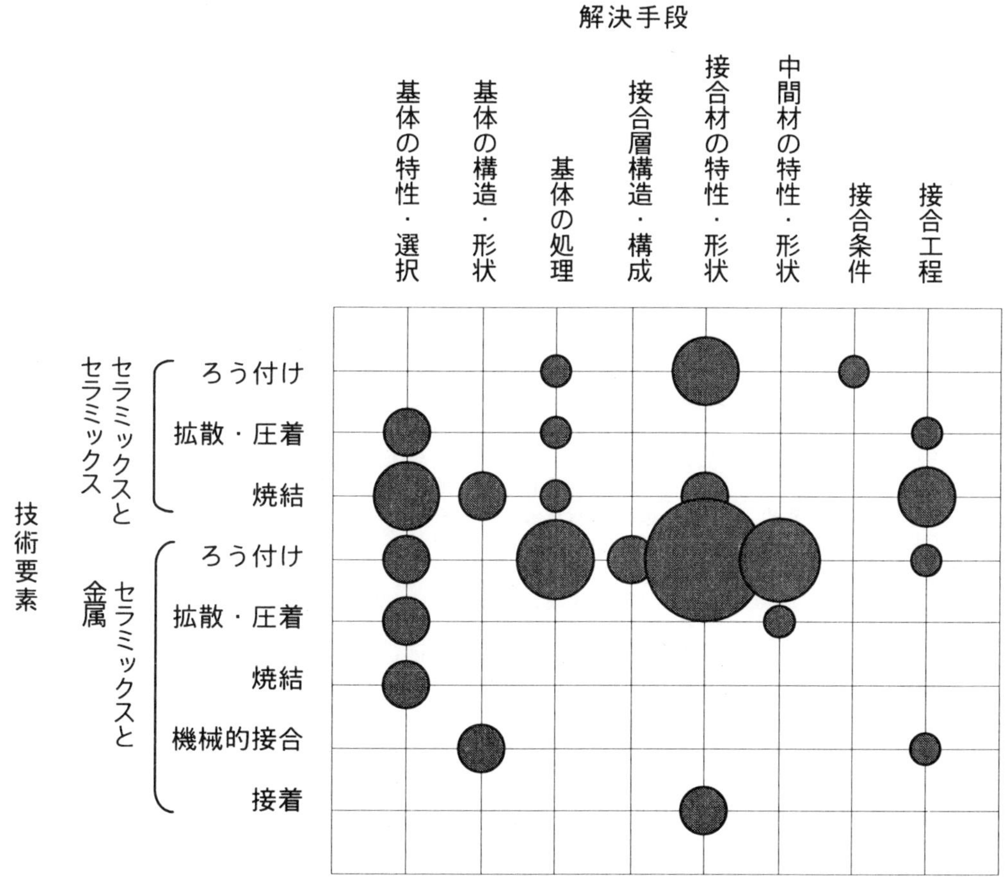

1991～2001年10月公開の権利存続中または係属中の特許

表2.4.3-1 京セラの技術要素別保有特許(1)

技術要素	特許番号	開発課題	名称および解決手段要旨
セラミックスとセラミックスのろう付け	特許2936351 C04B37/02 (重複)	応力の緩和	セラミック部材と金属部材の接合体 【解決手段】基体の処理
	特開平7-97277 C04B37/00,ZAA	電気的・磁気的特性向上	酸化物超電導体の接合方法 【解決手段】接合条件・制御 【要旨】少なくともCuを含有し、C軸方向への配向度が0.5以上の2つの酸化物超電導体の結晶の配向方向が同じである端面同士を当接し、当接部に対して0.05ton/cm²以上の圧力を付与しつつ、500〜900℃の温度に加熱して接合する。
	特開2000-158181 B23K35/28,310 (重複)	接合条件の拡張	ロウ材 【解決手段】接合材の特性、形状など
	特開2000-178078 C04B37/00 (重複)	接合条件の拡張	ロウ材 【解決手段】接合材の特性、形状など
	特開2000-178079 C04B37/00	接合条件の拡張	ロウ材 【解決手段】接合材の特性、形状など 【要旨】酸化物系、炭化物系、窒化物系の全てのセラミックス体同士あるいはセラミックス体と金属とをメタライズ金属層を不要として直接接合することができるロウ材で、金が93〜99重量％と、バナジウムが1〜7重量％とからなっている。
	特許2801449 H01L23/10	接合条件の拡張	半導体素子収納用パッケージ 【解決手段】接合材の特性・成分
セラミックスとセラミックスの拡散・圧着	特許3152969 C30B33/06	適用範囲の拡大	単結晶サファイアの接合体およびその製造方法 【解決手段】基体の処理
	特開平9-143000 C30B33/06	電気的・磁気的特性向上	酸化物超電導体の接合方法 【解決手段】接合工程
	特許3187089 C01G3/00,ZAA (重複)	機械的特性の向上	酸化物超電導構造体 【解決手段】基体の成分、基体の選択
	特許2922740 H05K9/00,ZAA (重複)	機械的特性の向上	酸化物超電導磁気シールド体 【解決手段】基体の成分、基体の選択
セラミックスとセラミックスの焼結	特許3164640 C01G1/00	電気的・磁気的特性向上	酸化物超電導体の製造方法 【解決手段】接合工程
	特開平6-144941 C04B37/00	機械的特性の向上	セラミックス接合体の製造方法 【解決手段】接合工程 【要旨】あらかじめ製作した焼結体を金型内に載置し、この金型内に多孔質のセラミックス体となる原料粉末を充填し、加圧成形して一体化した後焼成する。
	特開平8-325070 C04B37/00	大型化、簡易化	多孔質炭化珪素接合体 【解決手段】基体の成分、基体の選択
	特開平11-157951 C04B37/00	大型化、簡易化	窒化アルミニウム接合構造体とその製造方法 【解決手段】接合材の特性、形状など 【要旨】窒化アルミニウム焼結体からなる基体同士を、窒化アルミニウム焼結体からなる結合層で接合一体化するとき、結合層を構成する窒化アルミニウムの平均結晶粒子径を基体を構成する窒化アルミニウムの平均結晶粒子径よりも小さくかつその粒子径を5μm以下とするとともに、結合層の厚み幅を50μm以下とする。
	特開平11-236270 C04B35/584	熱的特性の向上	窒化ケイ素質基板及びその製造方法 【解決手段】基体の処理

表 2.4.3-1 京セラの技術要素別保有特許(2)

技術要素	特許番号	開発課題	名称および解決手段要旨
セラミックスとセラミックスの焼結	特開 2000-143361 C04B37/00	接合強度向上、欠陥防止	セラミックス構造体及びその製造方法 【解決手段】接合材の特性、形状など
	特許 3164700 H05K1/03,610	応力の緩和	ガラスセラミック基板およびその製造方法 【解決手段】基体の成分、基体の選択
	特許 3121990 C04B35/18	機械的特性の向上	ガラス-セラミック基板 【解決手段】基体の成分、基体の選択
	特開平 8-173463 A61F2/28	機械的特性の向上	生体補綴部材とその製造方法 【解決手段】基体の寸法・形状・構造
	特許 3170431 B32B18/00	電気的・磁気的特性向上	アルミナーライト積層構造体およびその製造方法 【解決手段】基体の成分、基体の選択
	特開平 10-93238 H05K3/46	経済性向上、工程の簡略化	セラミック積層体の製造方法 【解決手段】接合工程
	特開平 10-180939 B32B18/00	精度の維持向上	微細溝を有する部材及びその製造方法及びこれを用いたインクジェットプリンタヘッド 【解決手段】基体の寸法・形状・構造
セラミックスと金属のろう付け	特許 2826840 C04B37/02	適用範囲の拡大	セラミック体と金属部材の接合方法 【解決手段】基体の処理
	特許 2936351 C04B37/02 (重複)	応力の緩和	セラミック部材と金属部材の接合体 【解決手段】基体の処理
	特許 2941449 C04B37/02	接合強度向上、欠陥防止	セラミック体と金属部材の接合構造 【解決手段】中間材の特性・形状など
	特許 2979529 C04B37/02	接合強度向上、欠陥防止	セラミック部材と金属部材の接合体 【解決手段】基体の成分、基体の選択
	特許 3206987 C04B37/02	応力の緩和	セラミックスと金属の接合体 【解決手段】接合部の層構造・層構成 【要旨】セラミックスと金属との間に応力緩和層を設けて接合したセラミックスと金属の接合体において、応力緩和層を、ニッケルまたは銅のいずれかより成る低ヤング率の金属層を基体とし、この金属層の中央部に第 6a 族元素の一種より成る低熱膨張率の金属を分散させた分散層の三層構造とする。
	特開平 8-91952 C04B37/02	耐久性の向上	セラミック部材と金属部材の接合体 【解決手段】中間材の特性・形状など 【要旨】セラミック部材と金属部材との間に、金属部材より $4.0×10^{-6}/℃$ 以上熱膨張率の大きい中間層を設けてロウ接する。中間層の厚さは、中間層を介してセラミック部材と反対側に当接する金属部材の厚さの 0.50 以下であり、かつ中間層と金属部材とは焼き嵌め接合し、その当接面にはろう材を介在させず、一方少なくとも中間層とセラミック部材とで形成される間隙にはろう材を充填した状態で結合する。
	特開平 11-12051 C04B37/02	接合強度向上、欠陥防止	接合材 【解決手段】接合材の特性、形状など
	特開平 11-29370 C04B37/02	接合強度向上、欠陥防止	セラミック部材と金属部材の接合構造 【解決手段】基体の成分、基体の選択 【要旨】セラミック部材に被着させたメタライズ金属層に、鉄-ニッケル-コバルト合金から成る金属部材を、融点が 600℃以上のろう材を介してロウ付けしたセラミック部材と金属部材との接合構造であり、セラミック部材の熱膨張係数が $5.5×10^{-6}/℃$（室温、800℃）かつ金属部材の結晶径が $100μm$ 以下とする。
	特開平 11-130555 C04B37/02	接合強度向上、欠陥防止	セラミックス-銅接合用ろう材 【解決手段】接合材の特性、形状など
	特開平 11-150199 H01L23/02	機械的特性の向上	電子装置 【解決手段】接合工程

表 2.4.3-1 京セラの技術要素別保有特許(3)

技術要素	特許番号	開発課題	名称および解決手段要旨
セラミックスと金属のろう付け	特開平 11-335184 C04B37/02	機械的特性の向上	セラミックス—金属接合構造 【解決手段】接合材の特性、形状など 【要旨】セラミックスと金属との接合面をTi、Zr、Hfの少なくとも一種を含有するAg-Cu合金からなるろう材で接合したセラミックス—金属接合構造で、ろう材は接合面の中央領域のみに Mo または W が含有されているものとする。
	特開平 11-343179 C04B37/02	応力の緩和	セラミックス—金属接合用ろう材 【解決手段】接合材の特性、形状など
	特開平 11-343180 C04B37/02	熱的特性の向上	セラミック部材と金属部材の接合体及びセラミックヒータ 【解決手段】接合材の特性、形状など
	特開 2000-124562 H05K1/02	接合強度向上、欠陥防止	セラミック回路基板 【解決手段】中間材の特性・形状など 【要旨】セラミック基板の表面に金属層を被着させるとともに、この金属層に金属回路板の下面をろう材を介して取着したセラミック回路基板において、金属回路板の下面外層部とセラミック基板上面との間に両者に当接する枠状のスペーサ部材を配設し、かつこのスペーサ部材で囲まれた内側の金属回路板下面が、金属層にろう材を介して取着ける。
	特開 2000-128655 C04B37/02	応力の緩和	セラミック体と金属体の接合構造、セラミック体と金属体の接合方法、およびこれを用いたセラミックヒータ 【解決手段】接合部の層構造・層構成
	特開 2000-158180 B23K35/28,310	接合条件の拡張	ロウ材 【解決手段】接合材の特性、形状など
	特開 2000-158181 B23K35/28,310 (重複)	接合条件の拡張	ロウ材 【解決手段】接合材の特性、形状など
	特許 3037669 C04B37/02	耐久性の向上	セラミック部材と金属部材の接合体及びこれを用いたウエハ支持部材 【解決手段】中間材の特性・形状など
	特開 2000-178078 C04B37/00 (重複)	接合条件の拡張	ロウ材 【解決手段】接合材の特性、形状など
	特開 2000-191380 C04B37/02	耐久性の向上	セラミック部材と金属部材の接合体及びこれを用いたウエハ支持部材 【解決手段】中間材の特性・形状など
	特開 2000-340912 H05K1/09	電気的・磁気的特性向上	セラミック回路基板 【解決手段】中間材の特性・形状など 【要旨】セラミック基板の上面に金属層を被着させるとともに、この金属層に金属回路板をロウ付けしたセラミック回路基板において、金属回路板の平均結晶粒系を 200μm 以下とする。
	特開 2001-199775 C04B37/02	接合強度向上、欠陥防止	金属をロウ付けした接合構造体及びこれを用いたウエハ支持部材 【解決手段】基体の処理
	特開平 9-24487 B23K35/30,310	接合強度向上、欠陥防止	ロウ材及びこれを用いた半導体素子収納用パッケージ 【解決手段】接合材の特性・成分
	特開平 11-126847 H01L23/10	接合強度向上、欠陥防止	電子部品収納用パッケージ 【解決手段】基体の処理
	特開 2000-14416 A44C7/00	化学的特性の向上	ピアスおよびその製造方法 【解決手段】基体の処理
	特開 2000-246482 B23K35/22,310	接合強度向上、欠陥防止	ろう材ペースト 【解決手段】接合材の特性・成分
	特開 2001-148568 H05K3/36	接合強度向上、欠陥防止	セラミック回路基板の製造方法 【解決手段】接合材の特性・成分
	特開 2001-177221 H05K3/20	接合強度向上、欠陥防止	セラミック回路基板の製造方法 【解決手段】接合材の特性・成分

表 2.4.3-1 京セラの技術要素別保有特許(4)

技術要素	特許番号	開発課題	名称および解決手段要旨
セラミックスと金属の拡散・圧着	特開 2000-196270 H05K7/20	熱的特性の向上	セラミック基板の取り付け構造 【解決手段】中間材の特性・形状など
	特許 3187089 C01G3/00,ZAA (重複)	機械的特性の向上	酸化物超電導構造体 【解決手段】基体の成分、基体の選択
	特許 2922740 H05K9/00,ZAA (重複)	機械的特性の向上	酸化物超電導磁気シールド体 【解決手段】基体の成分、基体の選択
セラミックスと金属の焼結	特許 2742628 C04B41/88	接合強度向上、欠陥防止	メタライズ金属層を有する窒化アルミニウム質焼結体 【解決手段】基体の成分、基体の選択
	特開平 11-135899 H05K1/03,610	接合強度向上、欠陥防止	セラミック回路基板 【解決手段】基体の成分、基体の選択
セラミックスと金属の機械的接合	特許 2883223 C04B37/02	接合強度向上、欠陥防止	セラミック部材と金属部材の接合方法 【解決手段】接合工程
	特開平 9-42472 F16K1/22	接合強度向上、欠陥防止	バタフライ弁 【解決手段】基体の寸法・形状・構造
	特開平 9-165274 C04B37/02	適用範囲の拡大	セラミックスと金属との接合構造 【解決手段】基体の寸法・形状・構造
セラミックスと金属の接着	特開平 8-148599 H01L23/10	接合強度向上、欠陥防止	半導体素子収納用パッケージ 【解決手段】接合材の特性・成分
	特開 2001-129990 B41J2/045	接合強度向上、欠陥防止	圧電セラミック体を用いた貼付構造体及びその製造方法並びにこれを用いたインクジェット記録ヘッド 【解決手段】接合材の特性・成分
その他	特許 2742602 C04B41/88	適用範囲の拡大	セラミック体への金属層の被着方法 【解決手段】基体の処理
	特許 2784540 C04B41/88	電気的・磁気的特性向上	メタライズ用組成物 【解決手段】基体の処理
	特開平 11-191534 H01L21/205	電気的・磁気的特性向上	ウエハ支持部材 【解決手段】接合材の特性、形状など
	特許 3064077 A61L27/00	機械的特性の向上	複合インプラント部材 【解決手段】接合材の特性・成分
	特許 2766111 B41J2/44	応力の緩和	画像装置の製造方法 【解決手段】接合工程
	特開平 8-236936 H05K3/46	接合強度向上、欠陥防止	積層ガラス－セラミック回路基板 【解決手段】基体の成分、基体の選択
	特開平 10-239653 G02F1/13,101	精度の維持向上	圧着装置 【解決手段】接合条件・制御
	特開 2000-256981 D21F1/52	接合強度向上、欠陥防止	抄網支持部材 【解決手段】基体の寸法・形状・構造

2.4.4 技術開発拠点

京セラにおけるセラミックスの接合技術の開発を行っている事業所、研究所などを以下に示す。

京都府：本社、中央研究所
滋賀県：滋賀工場
鹿児島県：総合研究所、川内工場、国分工場

2.4.5 研究開発者

京セラにおける発明者数と出願件数の年次推移を図2.4.5-1に、発明者数と出願件数の関係を図2.4.5-2に示す。年によって多少のバラツキはあるが、一貫してセラミックスの接合に関する研究開発が進められている。

図 2.4.5-1 京セラにおける発明者数と出願件数の年次推移

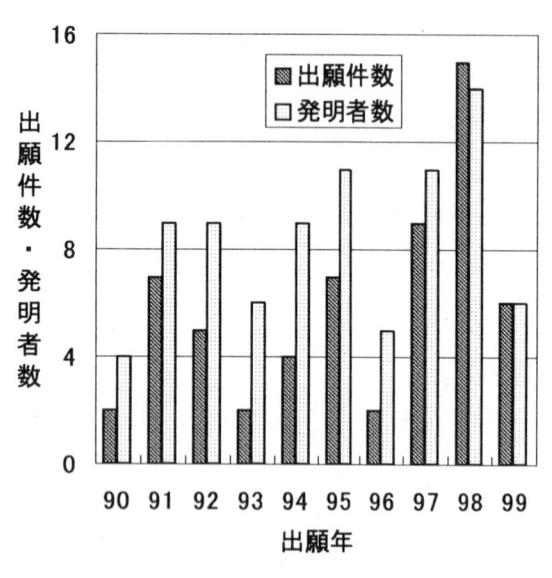

図 2.4.5-2 京セラにおける発明者数と出願件数の関係

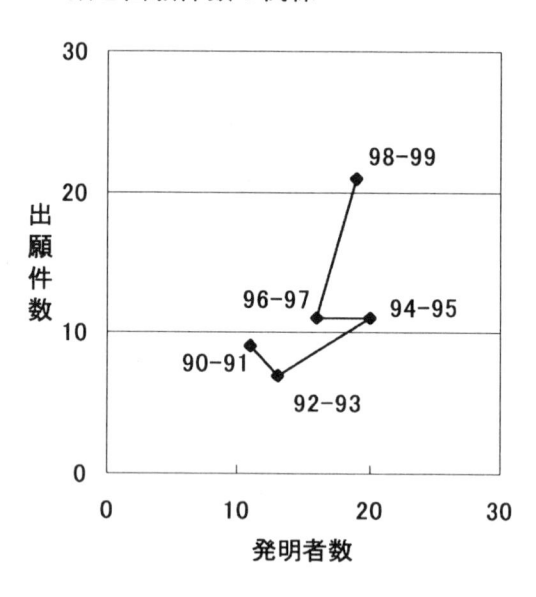

2.5 太平洋セメント

2.5.1 企業の概要

1)	商号	太平洋セメント 株式会社
2)	設立年月日	1881年5月
3)	資本金	694億9,900万円
4)	従業員	2,605名（2001年3月現在）
5)	事業内容	セメント、資源、建材・建築土木、セラミックス・エレクトロニクス関連製品の製造・販売
6)	技術・資本提携関係	販売提携／東ソー、明星セメント、三井鉱山、第一セメント 資本提携／雙龍洋灰工業
7)	事業所	本社／東京　工場／上磯、大船渡、熊谷、埼玉、藤原、土佐、津久見、佐伯
8)	関連会社	国内／第一セメント、雙龍洋灰工業、日本ヒューム、テイヒュー、旭コンクリート工業、トーヨーアサノ、オリエンタル建設ほか 海外／TAIHEIYO CEMENT U.S.A、CALIFORNIA POLTLAND CEMENT、CORONET INDUSTRIES、CHAPARRAL CONCRETEほか
9)	業績推移	2000年3月期／売上高 3,716億9,400万円、経常利益 42億2,900万円、純利益 △236億1,300万円 2001年3月期／売上高 3,517億8,900万円、経常利益 126億1,500万円、純利益 △133億1,000万円
10)	主要製品	各種セメント、生コンクリート、コンクリート二次製品、ＡＬＣ（軽量気泡ｺﾝｸﾘｰﾄ）、骨材、セラミックス・エレクトロニクス製品、化学肥料及び飼料、情報処理、環境、リサイクルほか
11)	主な取引先	資材会社、建材・建築土木業ほか
12)	技術移転窓口	千葉県佐倉市大作2-4-2　知的財産室(043-498-3831)

2.5.2 セラミックスの接合技術に関連する製品

　太平洋セメントのセラミック接合技術に関連する製品は、調査した範囲では見当たらない。

2.5.3 技術開発課題対応保有特許の概要

太平洋セメントにおける技術要素と解決手段を図2.5.3-1に示す。技術要素別保有特許を表2.5.3-1に示す。セラミックスと金属およびセラミックスとセラミックスとのろう付けに対する特許出願が多い。解決手段としては、接合層の構造・構成や接合材の特性・形状の工夫を解決手段とするものが多い。

図2.5.3-1 太平洋セメントにおける技術要素と解決手段

1991～2001年 10月公開の権利存続中または係属中の特許

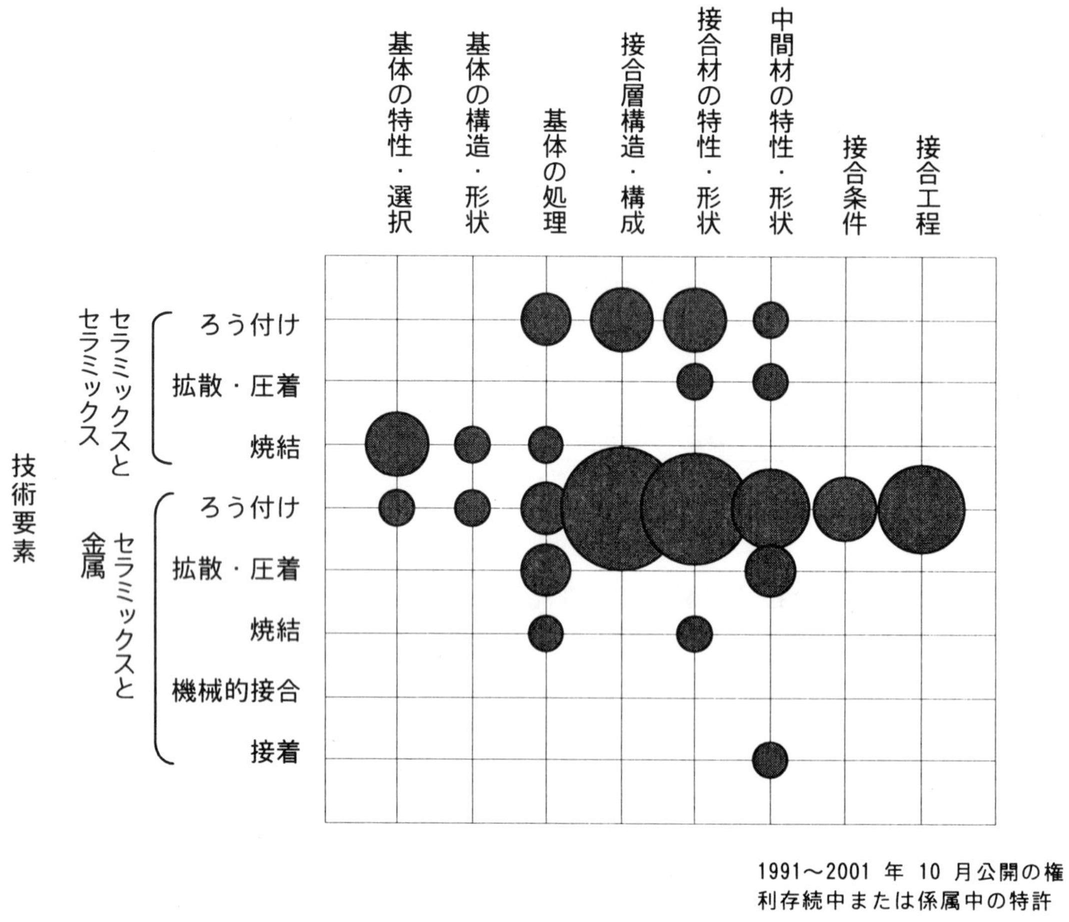

表2.5.3-1 太平洋セメントの技術要素別保有特許(1)

技術要素	特許番号	開発課題	名称および解決手段要旨
セラミックスとセラミックスのろう付け	特許2943001 C04B37/00 ●	接合強度向上、欠陥防止	窒化物系セラミックスの接合方法 【解決手段】基体の処理
	特許3153872 C04B37/02 (重複)	適用範囲の拡大	金属－窒化物系セラミックスの接合構造 【解決手段】接合部の層構造・層構成
	特開平6-340476 C04B37/00	接合強度向上、欠陥防止	セラミックスの接合方法 【解決手段】基体の処理 【要旨】アルミナをチッソ雰囲気中で 1100～1450℃で加熱処理してその表面に窒化層を形成させ、その状態で 10MPa 以上の接合荷重を掛け、活性金属ろうを用いて接合する。
	特開平7-10646 C04B37/02	接合強度向上、欠陥防止	アルミナセラミックスと金属の接合方法 【解決手段】接合部の層構造・層構成 【要旨】表面に窒化層を形成したアルミナセラミックスと、表面にニッケル層を形成した金属との間に活性金属ろう箔を挿入し、10MPa 以上の接合荷重を加えて溶融接合する。
	特開平10-316477 C04B35/66 (重複)	熱的特性の向上	溶射被覆材料及び溶射被覆部材 【解決手段】接合材の特性、形状など
	特開2000-26171 C04B37/00 (重複)(共願)	接合条件の拡張	金属－セラミックス複合材料とセラミックスとの接合方法 【解決手段】接合部の層構造・層構成
	特開2001-48669 C04B37/02	経済性向上、工程の簡略化	金属－セラミックス複合材料とセラミックスとの接合体及びその接合方法 【解決手段】接合材の特性、形状など
	特開2001-114575 C04B37/00	接合強度向上、欠陥防止	セラミックスとセラミックスとの接合体及びその接合方法 【解決手段】接合材の特性、形状など
	特許3081256 C22C21/02 (重複)	電気的・磁気的特性向上	セラミックスのメタライズ用合金及びメタライズ方法 【解決手段】中間材の特性・成分
セラミックスとセラミックスの拡散・圧着	特許2946218 B28B3/00 (共願)	大型化、簡易化	珪酸カルシウム成形体の接合方法 【解決手段】接合材の特性、形状など
	特許3081256 C22C21/02 (重複)	電気的・磁気的特性向上	セラミックスのメタライズ用合金及びメタライズ方法 【解決手段】中間材の特性・成分
セラミックスとセラミックスの焼結	特許2940628 C04B37/00 ●	接合強度向上、欠陥防止	接合用セラミックスの前処理方法 【解決手段】基体の処理
	特開平8-187714 B28B11/00	接合強度向上、欠陥防止	長尺の円筒または円柱セラミックスの製造方法 【解決手段】基体の寸法・形状・構造
	特開平10-259072 C04B37/00	経済性向上、工程の簡略化	カルシウムシリケート系焼結体の接合方法 【解決手段】基体の特性、基体の選択
	特開平11-349386 C04B37/00	熱的特性の向上	窒化アルミニウム焼結体の接合方法 【解決手段】基体の特性、基体の選択 【要旨】25～80mol%の酸化アルミニウム粉末と 20～75mol%の酸化イットリウム粉末から成る混合粉末を接合材料とし、接合面1cm² 当たり 0.1g 以上の接合材料の量を窒化アルミニウム焼結体間にはさみ込んで、15g/cm² 以上の荷重を掛けながら 2000℃以下の温度で熱処理する。
	特開平9-143512 B22F7/06	接合強度向上、欠陥防止	多層焼結体の製造方法 【解決手段】基体の特性、基体の選択
セラミックスと金属のろう付け	特許2963932 C04B37/02 ●	接合強度向上、欠陥防止	摺動電極及びその製造方法 【解決手段】接合条件・制御

表 2.5.3-1 太平洋セメントの技術要素別保有特許(2)

技術要素	特許番号	開発課題	名称および解決手段要旨
セラミックスと金属のろう付け	特許 3005637 C04B37/02 ●	適用範囲の拡大	金属－セラミックス接合体 【解決手段】中間材の特性・形状など 【要旨】セラミックス材料と、これに接する金属材料との間に W および/または Mo などの金属材料を含む低膨張率金属層と、Cu もしくは Ni などの金属材料を含む軟質金属層とからなる応力緩衝層において、応力緩衝材の各金属層のうち、少なくとも W および/または Mo を含む金属層の露出面が、SiC、SI_3N_4、Ai_2O_3、SiO_2 などのセラミックス系材料または Pt、Rh などの貴金属系材料からなる耐酸化製被膜で被覆する。
	特許 2955622 C04B37/00 ●	接合強度向上、欠陥防止	セラミックスのろう付方法 【解決手段】接合条件・制御
	特許 2945738 C04B37/00 ●	接合強度向上、欠陥防止	セラミックスのろう付方法 【解決手段】接合条件・制御
	特許 3153872 C04B37/02 (重複)	適用範囲の拡大	金属－窒化物系セラミックスの接合構造 【解決手段】接合部の層構造・層構成
	特許 3182170 C04B37/02	適用範囲の拡大	セラミックスと金属との接合方法 【解決手段】中間材の特性・形状など
	特許 3155044 C04B37/02	接合強度向上、欠陥防止	セラミックスと金属の接合用ロウ材及びその接合方法 【解決手段】接合材の特性、形状など
	特許 3161815 B23K35/30,310	接合条件の拡張	セラミックスと金属の接合用ロウ材及びその接合方法 【解決手段】接合材の特性、形状など
	特開平 6-32670 C04B37/02	接合条件の拡張	セラミックスと金属の接合用ロウ材及びその接合方法 【解決手段】接合材の特性、形状など
	特開平 6-32671 C04B37/02	接合条件の拡張	セラミックスと金属との接合用ロウ材及びその接合方法 【解決手段】接合材の特性、形状など
	特開平 6-64980 C04B37/02	接合強度向上、欠陥防止	セラミックスと金属との接合方法 【解決手段】接合部の層構造・層構成
	特開平 6-80481 C04B37/02	接合強度向上、欠陥防止	酸化物セラミックスと金属との接合体の製造方法 【解決手段】接合部の層構造・層構成
	特開平 6-100379 C04B37/02	接合強度向上、欠陥防止	セラミックスと金属の接合方法 【解決手段】基体の寸法・形状・構造
	特開平 6-122567 C04B37/02	接合強度向上、欠陥防止	セラミックスと金属との接合方法 【解決手段】接合部の層構造・層構成 【要旨】アルミナあるいはジルコニア等の酸化物セラミックスと、コバールあるいは 42 アロイ等のニッケルと鉄系の合金とを、銀と銅の共晶組成からなる２枚の層の 4～8％になるように秤量した活性金属であるニオブの箔を介在させた３層構造のろうを用いて、セラミックスと金属とを接合する。
	特開平 6-128048 C04B37/02	機械的特性の向上	炭化珪素とオーステナイト鋼の接合体の製造方法 【解決手段】接合工程
	特開平 6-128049 C04B37/02	接合強度向上、欠陥防止	酸化物セラミックスと金属との接合体の製造方法 【解決手段】接合部の層構造・層構成
	特開平 6-166577 C04B37/02	経済性向上、工程の簡略化	セラミックスと金属との接合方法 【解決手段】接合部の層構造・層構成
	特開平 6-183852 C04B37/02	接合強度向上、欠陥防止	酸化ベリリウムセラミックスと金属との接合方法 【解決手段】接合部の層構造・層構成
	特開平 6-263555 C04B37/02	接合強度向上、欠陥防止	セラミックスと金属との接合方法 【解決手段】接合部の層構造・層構成

表 2.5.3-1 太平洋セメントの技術要素別保有特許(3)

技術要素	特許番号	開発課題	名称および解決手段要旨
セラミックスと金属のろう付け	特開平 7-25674 C04B37/02	接合強度向上、欠陥防止	セラミックスと金属の接合体の製造方法 【解決手段】中間材の特性・形状など 【要旨】接合応力緩衝材として、1～5μm 厚の Ni メッキを施した Ni 板を 700～1455℃で加熱処理した緩衝材を用い、接合用ろうとして Au-Ni 系活性金属ロウを用い、真空中（10^{-5}Torr 以下）、1024℃で 10 分間加熱してセラミックスと金属とを接合する。
	特開平 7-33566 C04B41/90	接合強度向上、欠陥防止	セラミックス表面への金属層の形成方法 【解決手段】接合部の層構造・層構成
	特開平 7-133164 C04B37/00	経済性向上、工程の簡略化	セラミックスとシリコンとの接合方法 【解決手段】接合工程
	特開平 7-133167 C04B37/02	機械的特性の向上	酸化物セラミックスとFe-Ni系金属との接合方法 【解決手段】接合材の特性、形状など
	特開平 7-267747 C04B37/02	応力の緩和	セラミックスと金属との接合方法 【解決手段】中間材の特性・形状など 【要旨】セラミックスと金属とを中間材を介して接合する方法において、細溝を設けたセラミックス薄板を中間材として用いる。
	特開平 8-183675 C04B37/02	接合強度向上、欠陥防止	サファイア表面への金属層形成方法 【解決手段】基体の処理
	特開平 9-303358 F16B35/00	機械的特性の向上	セラミックスと金属から成る複合ネジ及びその製造方法 【解決手段】基体の特性、基体の選択
	特開平 10-120475 C04B37/02	経済性向上、工程の簡略化	アルミナセラミックスとアルミニウムとの接合方法 【解決手段】接合工程
	特開平 10-130069 C04B37/02	接合強度向上、欠陥防止	アルミナセラミックスとアルミニウムとの接合方法 【解決手段】接合工程 【要旨】アルミナセラミックス表面に、錫-亜鉛からなるはんだを溶融して金属層を形成し、その形成した金属層と錫-亜鉛からなるはんだを接合面にはんだ付けしたアルミニウムとを、錫-亜鉛からなるはんだではんだ付けする。
	特開平 10-316477 C04B35/66 (重複)	熱的特性の向上	溶射被覆材料及び溶射被覆部材 【解決手段】接合材の特性、形状など
	特開平 11-172462 C23C28/02 (共願)	電気的・磁気的特性向上	セラミック-金属層からなる複合部材の製造方法 【解決手段】基体の処理
	特開 2000-26171 C04B37/00 (重複)(共願)	接合条件の拡張	金属-セラミックス複合材料とセラミックスとの接合方法 【解決手段】接合部の層構造・層構成
	特開 2000-216232 H01L21/68	電気的・磁気的特性向上	静電チャックおよびその製造方法 【解決手段】接合部の層構造・層構成 【要旨】電極層が形成された窒化アルミニウム焼結体からなる第 1 の基板と、第 1 の基板の電極層形成面に接合された窒化アルミニウム焼結体からなる第 2 の基板との間に、酸化アルミニウム、酸化イットリウムおよびイットリウムアルミネートのうち少なくとも 2 種、またはイットリウムアルミネートからなる接合材料を 0.1g/cm^2 以上介装させ、第 1 および第 2 の基板を 15g/cm^2 以上で加圧しながら熱処理を行って接合材料を溶融させて静電チャックを構成する。
	特開 2000-247760 C04B37/02	接合強度向上、欠陥防止	金属-セラミックス複合材料の接合体 【解決手段】接合材の特性、形状など
	特開 2000-271737 B23K1/19	大型化、簡易化	金属-セラミックス複合材料の接合方法 【解決手段】接合工程
	特開 2000-271736 B23K1/19	接合条件の拡張	金属-セラミックス複合材料の接合方法 【解決手段】接合材の特性、形状など

表 2.5.3-1 太平洋セメントの技術要素別保有特許(4)

技術要素	特許番号	開発課題	名称および解決手段要旨
セラミックスと金属のろう付け	特開 2001-110884 H01L21/68	適用範囲の拡大	静電チャックデバイス及びその製造方法 【解決手段】接合材の特性、形状など
	特許 3081256 C22C21/02 (重複)	電気的・磁気的特性向上	セラミックスのメタライズ用合金及びメタライズ方法 【解決手段】中間材の特性・成分
	特許 3059540 B32B15/04 ●	機械的特性の向上	繊維含浸複合セラミックスと金属との接合体及びその製造法 【解決手段】接合工程
セラミックスと金属の拡散・圧着	特開平 6-107472 C04B37/02	適用範囲の拡大	窒化珪素系セラミックスと金属との接合方法 【解決手段】中間材の特性・形状など 【要旨】窒化珪素系セラミックスと、溶融温度が 1300℃以上であってかつ自由エネルギー変化が負値である金属を少なくとも 1 種類以上含有する接合金属との間に、中間材を挟み込み、これら三者を 10-10Torr 以下の真空中において、1300℃以上で、かつ接合金属の溶融温度未満の温度で加熱し、セラミックスと金属とを接合する。
	特開平 7-17775 C04B37/02	接合強度向上、欠陥防止	セラミックスとシリコン板との接合方法 【解決手段】基体の処理
	特開平 7-25673 C04B37/02	接合強度向上、欠陥防止	セラミックスとシリコン板との接合方法 【解決手段】基体の処理
	特許 3081256 C22C21/02 (重複)	電気的・磁気的特性向上	セラミックスのメタライズ用合金及びメタライズ方法 【解決手段】中間材の特性・成分
セラミックスと金属の焼結	特許 2965222 H01B1/22	接合強度向上、欠陥防止	導体ペースト 【解決手段】接合材の特性、形状など
	特許 3100080 C04B37/02	接合強度向上、欠陥防止	セラミックスと金属との接合体の製造方法 【解決手段】基体の処理
セラミックスと金属の接着	特開平 9-9394 H04R17/00,330 (共願) ●	接合強度向上、欠陥防止	超音波素子 【解決手段】中間材の特性・形状など
その他	特許 2754046 C04B37/02	接合強度向上、欠陥防止	メタライズペースト組成物 【解決手段】接合材の特性、形状など
	特許 2967586 H05K3/46 ●	接合強度向上、欠陥防止	多層セラミック基板への接続部材の接続方法 【解決手段】中間材の特性・形状など
	特許 3100078 C04B37/02 ●	応力の緩和	セラミックスと金属との接合体の製造方法 【解決手段】中間材の特性・形状など
	特開平 7-97278 C04B37/02	接合強度向上、欠陥防止	炭化珪素セラミックスとシリコンとの接合方法 【解決手段】中間材の特性・形状など
	特開平 7-144974 C04B37/00	機械的特性の向上	セラミックスとシリコンとの接合方法 【解決手段】接合材の特性、形状など
	特開平 8-26840 C04B37/02	経済性向上、工程の簡略化	炭化珪素セラミックスとシリコンとの接合方法 【解決手段】接合条件・制御
	特開平 8-34677 C04B37/02	接合強度向上、欠陥防止	セラミックスと金属との接合方法 【解決手段】基体の特性、基体の選択
	特開平 8-119759 C04B37/00 (共願)	適用範囲の拡大	セラミックスとシリコンの接合方法 【解決手段】接合部の層構造・層構成
	特許 2996548 H01L23/15	接合強度向上、欠陥防止	放熱性複合基板 【解決手段】接合材の特性・成分

2.5.4 技術開発拠点

太平洋セメントにおけるセラミックスの接合技術の開発を行っている事業所、研究所などを以下に示す。

埼玉県：埼玉工場、熊谷工場
千葉県：中央研究所

2.5.5 研究開発者

太平洋セメントにおける発明者数と出願件数の年次推移を図2.5.5-1に、発明者数と出願件数の関係を図2.5.5-2に示す。一貫して研究開発が進められている。90年代前半、発明者数に比して出願件数が多いことが特徴的である。

図 2.5.5-1 太平洋セメントにおける発明者数と出願件数の年次推移

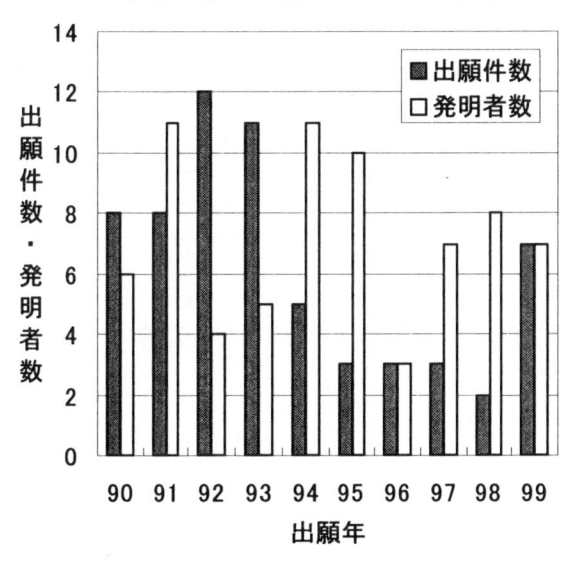

図 2.5.5-2 太平洋セメントにおける発明者数と出願件数の関係

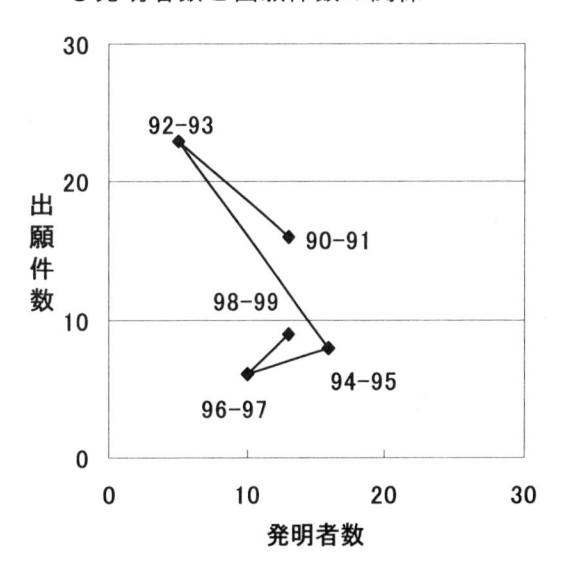

2.6 三菱マテリアル

2.6.1 企業の概要

1)	商号	三菱マテリアル 株式会社
2)	設立年月日	1950年4月
3)	資本金	993億9,600万円
4)	従業員	6,099名（2001年3月31日現在）
5)	事業内容	金属精錬、セメント、金属加工、電子材料 関連製品の製造・販売
6)	技術・資本提携関係	技術提携／－ 資本提携／－
7)	事業所	本社／東京　工場／直島、秋田、小倉、九州、横瀬、岩手、青森、堺、筑波、岐阜、いわき、新潟、藤岡、桶川、北本、富士小山、岡山、結城、三田、
8)	関連会社	国内／小名浜精錬、細倉、三菱マテリアル建材、菱光石灰工業、日本新金属、三宝伸銅工業、三菱アルミニウム、釜屋電機、三菱マテリアルポリシリコンほか 海外／インドネシア・カパー・スメルティング、ヘイセイ・ミネラルズ、米国三菱セメント、ダイヤメット、米国三菱マテリアル、米国三菱ポリシリコンほか
9)	業績推移	2000年3月期／売上高 5,551億6,800万円、経常利益 126億4,600万円、純利益 △172億4,100万円 2001年3月期／売上高 5,607億1,100万円、経常利益 188億4,900万円、純利益 75億9,000万円
10)	主要製品	金・銀・銅・鉛・亜鉛、セメント、セメント二次製品、超合金工具、精密金型、飲料用アルミニウム缶、セラミックス電子部品、半導体シリコンウェハほか
11)	主な取引先	－
12)	技術移転窓口	東京都千代田区大手町1-6-1　知的財産部(03-5252-5454)

2.6.2 セラミックスの接合技術に関連する製品

三菱マテリアルのセラミックスの接合技術に関連する製品を表2.6.2-1に示す。総合的な材料メーカとして、電子用部材などへの展開が図られている。

表 2.6.2-1 三菱マテリアルにおけるセラミックスの接合技術に関連する製品

製品	製品名	出典
DBA基板	－	http://www.mmc.co.jp
表面実装型セラミックチップアンテナ	「AHDシリーズ」(1998年サンプル出荷開始)	http://www.mmc.co.jp
セラミックスコンデンサー	円板形セラミックスコンデンサー	http://www.mmc.co.jp
	Hシリーズ（温度補償用、高誘電率系）	http://www.mmc.co.jp
	Eシリーズ（静電容量ステップ）	http://www.mmc.co.jp
	DSX.DSTシリーズ（半導体コンデンサー）	http://www.mmc.co.jp
	LRシリーズ（パルス回路用）	http://www.mmc.co.jp
	AM・AH STシリーズ（安全規格認定コンデンサ）	http://www.mmc.co.jp
オンボードサーミスタ：表面実装タイプ	角板型チップサーミスタ（SMD）	http://www.mmc.co.jp
	円筒型チップサーミスタ（M ELF）	http://www.mmc.co.jp
	ラジアルリードタイプ	http://www.mmc.co.jp
	アキシャルリードタイプ	http://www.mmc.co.jp
	高精度リードタイプ	http://www.mmc.co.jp
サーミスター温度センサー	－	http://www.mmc.co.jp
超切削工具	ダイヤチタニット	http://www.mmc.co.jp
	超硬合金製耐摩耗工具	http://www.mmc.co.jp
焼結バルブ	ダイヤメットバルブシート	http://www.mmc.co.jp

2.6.3 技術開発課題対応保有特許の概要

三菱マテリアルにおける技術要素と解決手段を図2.6.3-1に示す。技術要素別保有特許を表2.6.3-1に示す。セラミックスと金属とのろう付けに対して、接合材の特性・形状によって解決を図っているものが多い。

図 2.6.3-1 三菱マテリアルにおける技術要素と解決手段

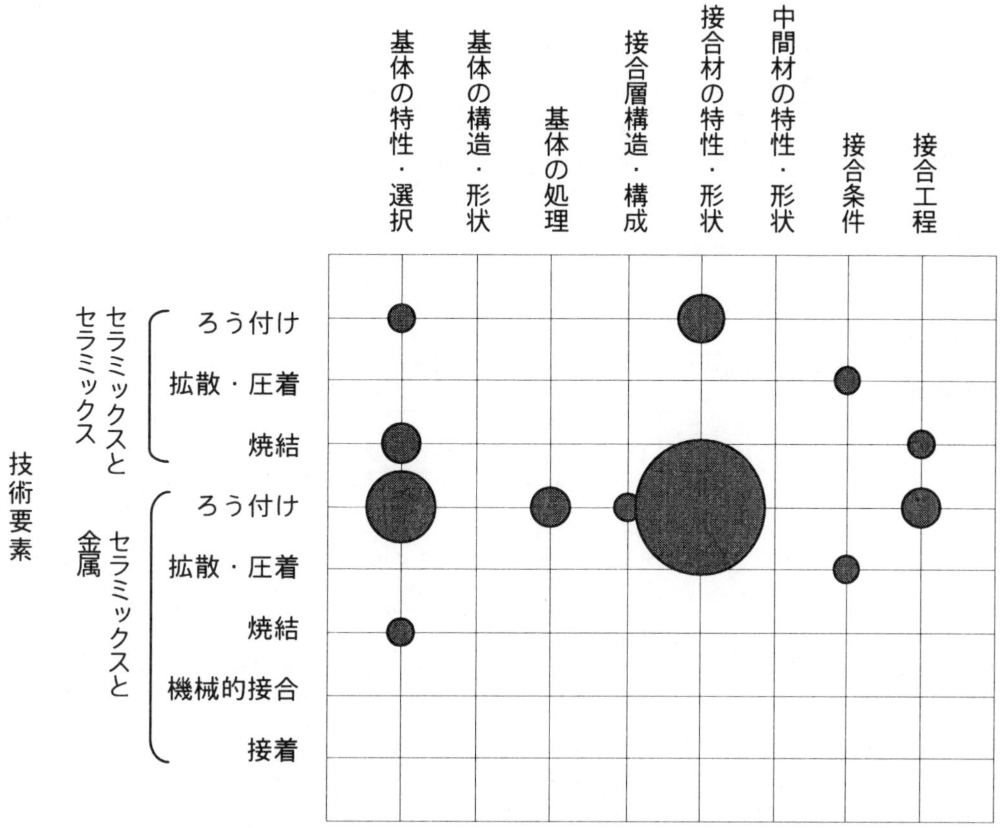
解決手段
基体の特性・選択
基体の構造・形状
基体の処理
接合層構造・構成
接合材の特性・形状
中間材の特性・形状
接合条件
接合工程
技術要素
セラミックスとセラミックス
ろう付け
拡散・圧着
焼結
セラミックスと金属
ろう付け
拡散・圧着
焼結
機械的接合
接着

1991～2001 年 10 月公開の権利存続中または係属中の特許

表2.6.3-1 三菱マテリアルの技術要素別保有特許(1)

技術要素	特許番号	開発課題	名称および解決手段要旨
セラミックスとセラミックスのろう付け	特許2946810 C04B37/00	機械的特性の向上	アルミナ系焼結体の接合方法 【解決手段】接合材の特性、形状など
	特開2000-52084 B23K35/30,310	機械的特性の向上	軽負荷断続切削性能に優れた超高圧切削工具 【解決手段】接合材の特性、形状など
	特開2000-52085 B23K35/30,310	機械的特性の向上	ダイヤモンド基超高圧焼結体と下地超硬合金とからなるろう付けタイプの高性能超高圧切削工具 【解決手段】接合材の特性、形状など
セラミックスとセラミックスの拡散・圧着	特開平8-236309 H01C7/04	接合強度向上、欠陥防止	サーミスタ素子 【解決手段】基体の特性、基体の選択
	特許2950008 H01G4/12,364 (重複)	接合強度向上、欠陥防止	積層セラミック電子部品の製造方法 【解決手段】接合条件・制御
セラミックスとセラミックスの焼結	特許3057932 B32B18/00	接合強度向上、欠陥防止	セラミックス焼結体の接合方法 【解決手段】接合工程
	特公平7-87637 H04R7/02 (共願)	接合強度向上、欠陥防止	スピーカ用振動板の製造方法 【解決手段】基体の特性、基体の選択
	特開平8-97589 H05K9/00,ZAA	電気的・磁気的特性向上	磁気シールド積層体及びこれを用いた磁気シールド材 【解決手段】基体の特性、基体の選択
セラミックスと金属のろう付け	特開平7-101785 C04B37/02	機械的特性の向上	セラミックスー金属接合体及びその製造方法 【解決手段】基体の処理
	特開平7-330454 C04B37/02	機械的特性の向上	セラミックスー金属接合体及びその製造方法 【解決手段】基体の特性、基体の選択
	特開平7-332028 F01L1/14	接合強度向上、欠陥防止	バルブリフター 【解決手段】基体の特性、基体の選択 【要旨】Si_3N_4とSiC微粒子の比が70〜90：30〜10（体積比）およびTiCおよび/またはTiN微粒子0.1〜1体積%のSi_3N_4-SiC-TiC、TiN粒子分散複合セラミックスよりなるセラミック板を、ろう材を介してアルミニウム、アルミニウム合金はたはチタン、チタン合金のリフター本体と接合する。
	特開平8-81270 C04B35/583	機械的特性の向上	立方晶窒化ホウ素含有セラミックス焼結体および切削工具 【解決手段】基体の特性、基体の選択
	特開平8-133855 C04B37/02	接合強度向上、欠陥防止	セラミックスー金属接合体及びその製造方法 【解決手段】基体の特性、基体の選択
	特開平8-229707 B23B27/14	耐久性の向上	立方晶窒化硼素系超高圧複合セラミックス焼結体および切削工具 【解決手段】基体の特性、基体の選択
	特開平8-229708 B23B27/14	耐久性の向上	立方晶窒化硼素系超高圧複合セラミックス焼結体および切削工具 【解決手段】基体の特性、基体の選択
	特開平8-259341 C04B37/02	応力の緩和	セラミックス・金属接合体およびその製造方法 【解決手段】接合工程
	特開平9-36277 H01L23/12	接合強度向上、欠陥防止	パワーモジュール用基板の製造方法及びこの方法により製造されたパワーモジュール用基板 【解決手段】接合工程
	特開平9-103901 B23B27/18	耐久性の向上	切刃片がすぐれた接合強度を有する複合切削チップ 【解決手段】接合材の特性、形状など

表 2.6.3-1 三菱マテリアルの技術要素別保有特許(2)

技術要素	特許番号	開発課題	名称および解決手段要旨
セラミックスと金属のろう付け	特開平 9-108910 B23B27/18	耐久性の向上	切刃片がすぐれた接合強度を有する複合切削チップ 【解決手段】接合材の特性、形状など 【要旨】複合切削チップにおいて、WC 基超硬合金製チップ本体の切刃部に、重量％で、Ti：0.5～10％および／または Zr：0.5～10％、Cr：5～20％を含有し、さらに必要に応じて P、B、および Si のうちの 1 種以上：2～10％を含有し、残りが Ni と不可避不純物からなる組成を有する Ni 合金ろう材用いて、ダイヤモンド基焼結材料製切刃片をろう付け接合する。
	特開平 9-108911 B23B27/18	耐久性の向上	切刃片がすぐれた接合強度を有する複合切削チップ 【解決手段】接合材の特性、形状など 【要旨】複合切削チップにおいて、CBN 焼結材料製切刃片を、重量％で、Cu：10～30％、Ti：2～8％、Zr：0.5～4％を含有し、残りが Ag と不可避不純物からなる組成を有する Ag 合金ろう材を介して、WC 基超硬合金製チップ本体の切刃部に直接ろう付けする。
	特開平 9-108912 B23B27/18	耐久性の向上	切刃片がすぐれた接合強度を有する複合切削チップ 【解決手段】接合材の特性、形状など 【要旨】複合切削チップにおいて、CBN 焼結材料製切刃片を、重量％で、Ti：0.5～10％および／または Zr：0.5～10％を含有し、さらに必要に応じて Ag：1～15％および／または P：0.5～10％を含有し、残りが Cu と不可避不純物からなる組成を有する Cu 合金ろう材を介して、WC 基超硬合金製チップ本体の切刃部に直接ろう付けする。
	特開平 9-110541 C04B37/02	耐久性の向上	切刃チップがすぐれた接合強度を有する掘削工具 【解決手段】接合材の特性、形状など
	特開平 9-108913 B23B27/20	耐久性の向上	切刃片がすぐれた接合強度を有する複合切削チップ 【解決手段】接合材の特性、形状など
	特開平 9-110542 C04B37/02	耐久性の向上	切刃チップがすぐれた接合強度を有する掘削工具 【解決手段】接合材の特性、形状など
	特開平 9-110543 C04B37/02	耐久性の向上	切刃チップがすぐれた接合強度を有する掘削工具 【解決手段】接合材の特性、形状など
	特開平 9-110544 C04B37/02	耐久性の向上	切刃チップがすぐれた接合強度を有する掘削工具 【解決手段】接合材の特性、形状など
	特開平 9-110545 C04B37/02	耐久性の向上	切刃チップがすぐれた接合強度を有する掘削工具 【解決手段】接合材の特性、形状など
	特開平 9-110546 C04B37/02	耐久性の向上	切刃チップがすぐれた接合強度を有する掘削工具 【解決手段】接合材の特性、形状など
	特開平 9-155585 B23K35/14	接合強度向上、欠陥防止	可塑性を備えたはんだシート材およびその製造方法 【解決手段】接合材の特性、形状など
	特開平 10-193206 B23B27/18	耐久性の向上	切刃片がすぐれたろう付け接合強度を有する切削工具 【解決手段】接合材の特性、形状など
	特開平 10-193207 B23B27/18	耐久性の向上	切刃片がすぐれたろう付け接合強度を有する切削工具 【解決手段】接合材の特性、形状など

表 2.6.3-1 三菱マテリアルの技術要素別保有特許(3)

技術要素	特許番号	開発課題	名称および解決手段要旨
セラミックスと金属のろう付け	特開平 9-268083 C04B37/02	接合強度向上、欠陥防止	セラミックス－金属接合体及びその製造方法 【解決手段】基体の処理 【要旨】セラミックスと金属とを真空中または窒素雰囲気中でろう付した後、窒化処理する。接合体を窒化処理することにより、接合で生じた残留応力が緩和され、接合体の変形は小さくなり、また、金属表面の硬度も向上する。
	特開平 9-323203 B23B27/14	耐久性の向上	耐欠損性のすぐれたスローアウェイ切削チップ 【解決手段】接合部の層構造・層構成 【要旨】スローアウェイ切削チップが、CBN基焼結材料の上層と、結合相形成成分としてCoを含有するWC基超硬合金の下層の2層複合焼結体からなる切刃部材を、WC基超硬合金の支持部材のコーナー部に形成した段付き切り欠き部にろう付けしてなるスローアウェイ切削チップにおいて、切刃部材を構成する上層における下層との界面部に、下層の結合相形成成分であるCoが上層の焼結時に下層との界面から150μm以上の深さに亘って溶浸したCo溶浸層を形成する
	特許 3152344 H05K1/09	応力の緩和	セラミック回路基板 【解決手段】接合材の特性、形状など
	特開平 10-193208 B23B27/18	耐久性の向上	切刃片がすぐれたろう付け接合強度を有する切削工具 【解決手段】接合材の特性、形状など
	特開平 10-193209 B23B27/18	耐久性の向上	切刃片がすぐれたろう付け接合強度を有する超硬合金製切削工具 【解決手段】接合材の特性、形状など
	特開平 10-193210 B23B27/18	耐久性の向上	切刃片がすぐれたろう付け接合強度を有する超硬合金製切削工具 【解決手段】接合材の特性、形状など
	特開平 11-45915 H01L21/603	応力の緩和	ICチップのリード材ボンディング用圧接工具 【解決手段】接合材の特性、形状など
	特開 2000-52108 B23B27/14	耐久性の向上	高負荷重切削性能に優れた超高圧切削工具 【解決手段】接合材の特性、形状など
	特開 2000-178082 C04B37/02	耐久性の向上	ダイヤモンド基またはcBN基超高圧焼結体と下地超硬合金との接合性に優れたろう材 【解決手段】接合材の特性、形状など
セラミックスと金属の拡散・圧着	特許 2950008 H01G4/12,364 (重複)	接合強度向上、欠陥防止	積層セラミック電子部品の製造方法 【解決手段】接合条件・制御
セラミックスと金属の焼結	特開平 8-40781 C04B37/02	化学的特性の向上	耐欠損性に優れた切刃用複合焼結体片 【解決手段】基体の特性、基体の選択
その他	特開平 7-330453 C04B37/02	接合条件の拡張	共通の化合物を含まないセラミックスとサーメットの接合方法 【解決手段】基体の処理 【要旨】共通の化合物を含まないセラミックスとサーメットの少なくともセラミックスの接合面を面粗さ：5μm以上に表面加工し、この表面加工したセラミックス面とサーメット面とを当接させて、この当接させたセラミックスとサーメットを不活性ガスまたは真空中で、温度：0.9T～1.1T℃、接合加圧応力：0.5F～0.8F(MPa)に保持して接合する
	特開平 8-59357 C04B37/00	接合強度向上、欠陥防止	ガラス・セラミックスパッケージおよびその製造方法 【解決手段】接合材の特性、形状など
	特開平 9-100183 C04B41/86	精度の維持向上	厚膜グレーズド基板及びその製造方法 【解決手段】接合材の特性・成分

2.6.4 技術開発拠点

三菱マテリアルにおけるセラミックスの接合技術の開発を行っている事業所、研究所などを以下に示す。

埼玉県：総合研究所(大宮研究センター)、横瀬工場(セラミックス工場)
新潟県：新潟製作所

2.6.5 研究開発者

三菱マテリアルにおける発明者数と出願件数の年次推移を図2.6.5-1に、発明者数と出願件数の関係を図2.6.5-2に示す。94年95年を境に、発明者数、出願件数ともに増加から減少に転じているのが特徴的である。特に90年代後半の発明者の減少が大きい。

図 2.6.5-1 三菱マテリアルにおける発明者数と出願件数の年次推移

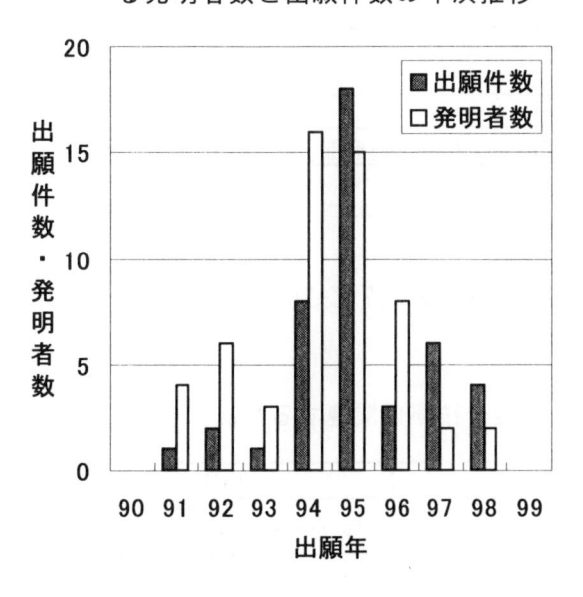

図 2.6.5-2 三菱マテリアルにおける発明者数と出願件数の関係

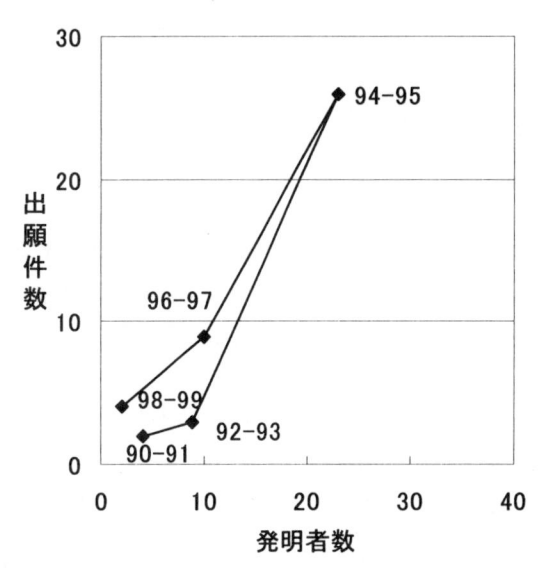

2.7 同和鉱業

2.7.1 企業の概要

1)	商号	同和鉱業 株式会社
2)	設立年月日	1937年3月
3)	資本金	337億6,000万円
4)	従業員	977名（2001年3月31日現在）
5)	事業内容	精錬、金属加工、電気・電子材料、環境・リサイクル関連製品の製造・販売
6)	技術・資本提携関係	技術提携／- 資本提携／-
7)	事業所	本社／東京　工場／秋田、岡山、塩尻、横浜、真岡、滋賀、浜松、安城、豊田
8)	関連会社	国内／秋田精錬、同和メタル、同和ハイテック、同和半導体、同和クリーンテックス、パライト工業ほか 海外／Dowa Hightech Philippines、Nichiben Magnetics、Dowa THT Americaほか
9)	業績推移	2000年3月期／売上高 1,867億3,600万円、経常利益 34億1,500万円、純利益 6億4,400万円 2001年3月期／売上高 1,894億2,200万円、経常利益 74億3,400万円 、純利益 36億2,100万円
10)	主要製品	電気銅、亜鉛、電気鉛、電気金、電気銀、伸銅品、磁性材料、半導体材料、精密加工品、ケミカル品、セラミック材料ほか
11)	主な取引先	商事会社 化学会社、電気会社ほか
12)	技術移転窓口	東京都千代田区丸の内1-8-2 第1鉄鋼ビル　CS知的財産部(03-3201-1074)

2.7.2 セラミックスの接合技術に関連する製品

同和鉱業のセラミックスの接合技術に関連する製品を表2.7.2-1に示す。セラミックスに関しては、基板と接合材が中心である。

表 2.7.2-1 同和鉱業におけるセラミックスの接合技術に関連する製品

技術要素	製品	製品名	出典
セラミックスと金属の拡散・圧着	セラミックス基板	アルミック（アルミ張りセラミック基板）	http://www.dowa.co.jp
		銅張りアルミナ基板	http://www.dowa.co.jp
		銅張りAlN基板	http://www.dowa.co.jp
-	導電ペースト材料	銀粉	http://www.dowa.co.jp
		ルテニウム化合物	http://www.dowa.co.jp

2.7.3 技術開発課題対応保有特許の概要

同和鉱業における技術要素と解決手段を図2.7.3-1に示す。技術要素別保有特許を表2.7.3-1に示す。セラミックスと金属とのろう付けに対して、接合材の特性・形状で解決を図ろうとするものと、接合工程の工夫によって解決を図っているものが多い。

図 2.7.3-1 同和鉱業における技術要素と解決手段

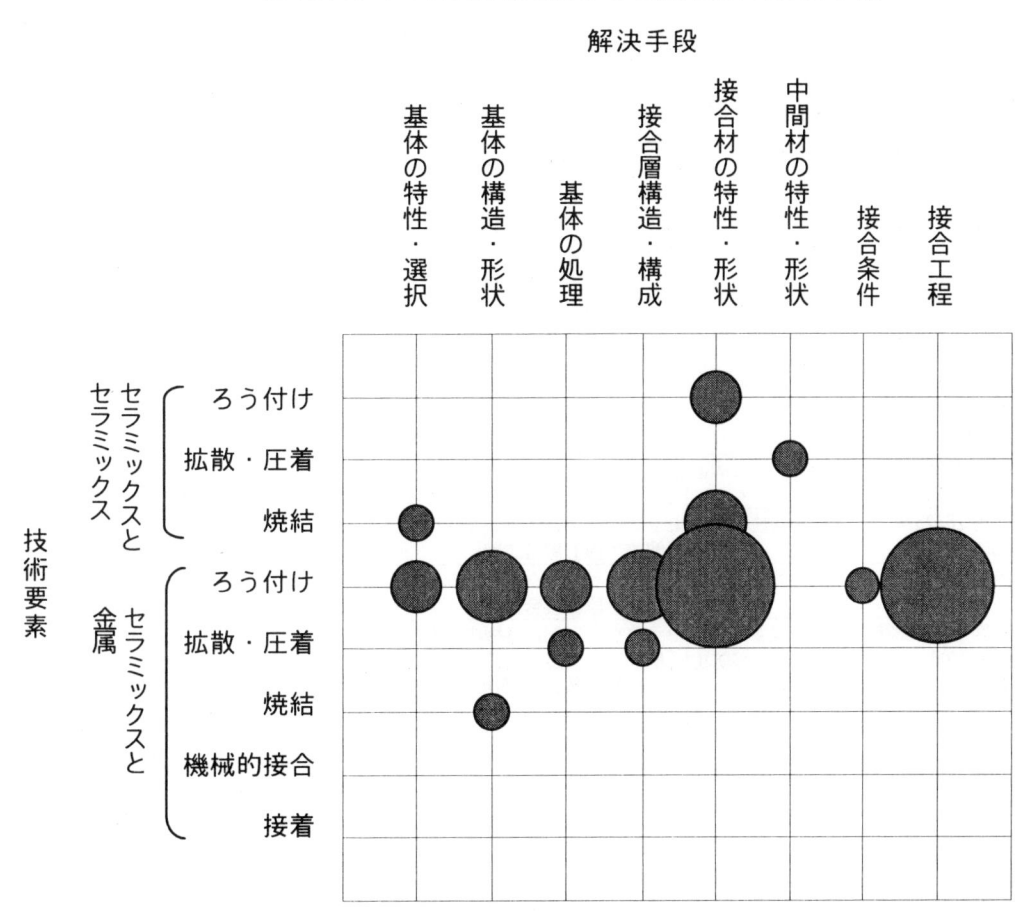

1991～2001 年 10 月公開の権利存続中または係属中の特許

表2.7.3-1 同和鉱業の技術要素別保有特許(1)

技術要素	特許番号	開発課題	名称および解決手段要旨
セラミックスとセラミックスのろう付け	特開平4-294890 B23K35/28,310 (重複)	機械的特性の向上	Al-Si-Ti3元合金ろう材 【解決手段】接合材の特性、形状など
	特開2001-114576 C04B37/02 (共願)	熱的特性の向上	接合体およびそれに使用する酸化物超電導体 【解決手段】接合材の特性、形状など
セラミックスとセラミックスの拡散・圧着	特開平9-142948 C04B37/00	経済性向上、工程の簡略化	セラミックス構造体の接合方法 【解決手段】中間材の特性・形状など
セラミックスとセラミックスの焼結	特許2815093 C04B37/00	電気的・磁気的特性の向上	超電導体の接合方法 【解決手段】接合材の特性、形状など
	特許2815094 C04B37/00	接合強度の向上および欠陥防止	超電導体とセラミックスとの接合方法 【解決手段】接合材の特性、形状など
	特許2627566 C04B37/00,ZAA	電気的・磁気的特性の向上	セラミックス超伝導体の接合方法および接合用ペースト 【解決手段】接合材の特性、形状など
	特開平11-278952 C04B37/00	電気的・磁気的特性の向上	酸化物超電導体接合体及びその製造方法並びに超電導磁気シールド材 【解決手段】基体の成分、基体の選択
セラミックスと金属のろう付け	特許2797011 C04B37/02	熱的特性の向上	セラミックスと金属との接合体およびその製造法 【解決手段】接合材の特性、形状など
	特許2797020 C04B37/02	熱的特性の向上	窒化珪素と金属との接合体およびその製造法 【解決手段】接合材の特性、形状など
	特開平4-294890 B23K35/28,310 (重複)	機械的特性の向上	Al-Si-Ti3元合金ろう材 【解決手段】接合材の特性、形状など
	特許3095187 C04B37/02	機械的特性の向上	金属・セラミックス接合用ろう材 【解決手段】接合材の特性、形状など
	特許2642574 H05K3/00	熱的特性の向上	セラミックス電子回路基板の製造方法 【解決手段】接合工程
	特許2918191 B22D19/14	機械的特性の向上	金属-セラミックス複合部材の製造方法 【解決手段】接合工程
	特開平8-46326 H05K3/06	接合強度の向上および欠陥防止	セラミックス配線基板の製造方法 【解決手段】接合条件・制御 【要旨】2枚の銅板の一方の銅板上には、所望の配線パターン形状の接合用ペーストを、またパターンを形成しない他の銅板にも接合用ペーストを塗布した後、一方の銅板を反転させて、各接合用ペースト面が窒化アルミニウム基板をはさむように配置し、熱処理により接合体とした後、所望の配線パターンを有する銅配線板を形成する。
	特開平8-97554 H05K3/38	接合強度の向上および欠陥防止	セラミックス配線基板の製造法 【解決手段】接合工程
	特開平8-259342 C04B37/02	熱的特性の向上	セラミックス電子回路基板の製造方法 【解決手段】接合工程 【要旨】板状のセラミックス部材を、ヒーターで加熱された金属溶湯を保持しているるつぼの一方の壁に連結した入口側ダイスに導入し、この中を水平に通過させて金属溶湯中に導入し、さらにこの中を通過させてるつぼの他方の壁に連結された出口側ダイス中に導入しこれらを通過させる間にセラミックス部材の両面に溶湯から凝固した金属を平板状に接合させる。この接合体を用いてセラミックス電子回路を作製する。
	特開平9-48677 C04B37/02 (重複)	経済性向上、工程の簡略化	金属-セラミックス複合基板及びその製造法 【解決手段】基体の寸法・形状・構造
	特開平9-283671 H01L23/373 (重複)	熱的特性の向上	セラミックス-金属複合回路基板 【解決手段】接合部の層構造・層構成 【要旨】セラミックス-金属接合回路基板において、セラミックス基板の主面上に接合した金属板上の半導体搭載部分の接合界面におけるボイドを面積率で1.5%以下とする。また、セラミックス基板として表面粗さ計で15μm/20mm以下のアルミナ基板を用いる。

表 2.7.3-1 同和鉱業の技術要素別保有特許(2)

技術要素	特許番号	開発課題	名称および解決手段要旨
セラミックスと金属のろう付け	特開平 9-157055 C04B37/02	熱的特性の向上	点接合または線接合を有する金属-セラミツクス複合基板およびその製造方法 【解決手段】基体の寸法・形状・構造 【要旨】セラミックス基板として AlN 基板を用い、Ag、Cu および Ti からなるろう材ペーストを用いて、基板の表面上に円形点状に印刷した点状ろう材と、部分的にろう材を全面印刷した部分全面塗布部を形成し、この部分全面塗布部を半導体搭載部とする。上記点状印刷の面積率を全面印刷に比べ70%程度に調整したろう材上に、金属板として 0.3mm の銅板を接合すると共に、基板の裏面には下部金属板として 0.25m の銅板を全面塗布ろう材によって接合し、複合体を830℃で焼成して金属.セラミックス接合基板を得る。
	特開平 9-286681 C04B41/88	接合強度の向上および欠陥防止	金属-セラミックス複合基板 【解決手段】接合部の層構造・層構成
	特開平 9-315874 C04B37/02	熱的特性の向上	Al-セラミックス複合基板 【解決手段】基体の処理
	特開平 9-315875 C04B37/02	熱的特性の向上	アルミニウム-セラミックス複合基板及びその製造方法 【解決手段】基体の成分、基体の選択
	特開平 9-315876 C04B37/02	熱的特性の向上	金属-セラミツクス複合基板及びその製造法 【解決手段】基体の処理
	特開平 10-67586 C04B41/88	熱的特性の向上	パワーモジュール用回路基板およびその製造方法 【解決手段】基体の成分、基体の選択
	特開平 10-101448 C04B37/02	接合強度の向上および欠陥防止	金属-セラミツクス複合基板の製造方法及びその製造装置 【解決手段】接合工程
	特開平 9-188582 C04B41/88	熱的特性の向上	金属-セラミツクス複合基板の製造方法並びにそれに用いるろう材 【解決手段】接合材の特性、形状など
	特開平 9-188573 C04B37/02	経済性向上、工程の簡略化	アルミニウム-セラミックス複合基板の製造方法 【解決手段】接合工程
	特開平 9-234826 B32B18/00	熱的特性の向上	金属-セラミツクス複合基板及びその製造法 【解決手段】接合材の特性、形状など
	特開平 10-242331 H01L23/12	接合強度の向上および欠陥防止	パワーモジュール用基板及びその製造法 【解決手段】基体の寸法・形状・構造
	特開平 10-251075 C04B37/02	接合強度の向上および欠陥防止	金属-セラミツクス複合基板及びその製造法並びにそれに用いるろう材 【解決手段】接合材の特性、形状など
	特開平 10-125821 H01L23/12	熱的特性の向上	高信頼性半導体用基板 【解決手段】基体の寸法・形状・構造 【要旨】セラミック基板としての窒化アルミニウムやアルミナ基板の両面に活性金属ろう材ペーストを全面塗布した上に、回路用基板として厚さ 0.3mm の銅板を、反対側には厚さ 0.25mm の放熱板用の銅板を接触させ、真空炉内で850℃に加熱して接合体とする。
	特開平 10-291876 C04B41/88	機械的特性の向上	金属-セラミックス複合部材の製造方法及びその装置 【解決手段】接合工程
	特開平 11-26640 H01L23/14	熱的特性の向上	セラミツクス-金属複合回路基板 【解決手段】接合部の層構造・層構成
	特開 2000-124585 H05K3/24	接合強度の向上および欠陥防止	アルミニウム-窒化アルミニウム絶縁基板の製造方法 【解決手段】接合材の特性、形状など 【要旨】窒化アルミニウム基板の両面に Ag を含むペースト状ろう材を形成し、この窒化アルミニウム基板を挟むようにこれに Al 板材を重ねて、真空中でろう接した後、湿式エッチング法により所望形状の Al 回路及びベース板を形成し、さらに、Al 板材の全面または一部に Ni めっき層を形成する。
	特開 2000-178081 C04B37/02 (共願)	機械的特性の向上	金属-セラミックス接合基板 【解決手段】接合材の特性、形状など
	特開平 11-263676 C04B37/02	経済性向上、工程の簡略化	アルミニウム-セラミックス複合部材の製造方法 【解決手段】接合工程
	特開 2000-226269 C04B37/02	熱的特性の向上	アルミニウム-セラミックス接合基板 【解決手段】接合材の特性、形状など
	特開 2000-228568 H05K1/03,610	接合強度の向上および欠陥防止	アルミニウム-窒化アルミニウム絶縁回路基板 【解決手段】接合材の特性、形状など

表 2.7.3-1 同和鉱業の技術要素別保有特許(3)

技術要素	特許番号	開発課題	名称および解決手段要旨
セラミックスと金属のろう付け	特開 2001-48671 C04B37/02	電気的・磁気的特性の向上	金属-セラミックス接合基板 【解決手段】接合部の層構造・層構成 【要旨】セラミックス基板と、その少なくとも一方の面に接合された金属板とで構成された金属-セラミックス接合基板であり、その接合層のボイドが直径0.65mm以下とする。
	特開 2001-135929 H05K3/38	電気的・磁気的特性の向上	窒化ケイ素回路基板の製造方法 【解決手段】接合工程
	特開 2001-144224 H01L23/14	熱的特性の向上	金属-セラミックス複合基板 【解決手段】接合工程
セラミックスと金属の拡散・圧着	特公平 6-45509 C04B37/02	接合強度の向上および欠陥防止	セラミツク基板の表面改質と接合の方法 【解決手段】基体の処理
	特開平 9-283671 H01L23/373 (重複)	熱的特性の向上	セラミックス-金属複合回路基板 【解決手段】接合部の層構造・層構成 【要旨】セラミックス-金属接合回路基板において、セラミックス基板の主面上に接合した金属板上の半導体搭載部分の接合界面におけるボイドを面積率で1.5%以下とする。また、セラミックス基板として表面粗さ計で 15μm/20mm 以下のアルミナ基板を用いる。
セラミックスと金属の焼結	特開平 9-48677 C04B37/02 (重複)	経済性向上、工程の簡略化	金属-セラミックス複合基板及びその製造法 【解決手段】基体の寸法・形状・構造
その他	特公平 5-50472 C04B37/02	経済性向上、工程の簡略化	金属とセラミックとの接合方法 【解決手段】接合材の特性、形状など
	特公平 8-9507 C04B37/02	経済性向上、工程の簡略化	金属とセラミックとの接合方法 【解決手段】基体の処理
	特許 2652074 C04B37/02	経済性向上、工程の簡略化	銅板とセラミックス基板との接合体の製造方法 【解決手段】接合条件・制御
	特開平 11-226717 B22D19/00	機械的特性の向上	金属-セラミックス複合部材の製造方法、製造装置、及び製造用鋳型 【解決手段】接合工程
	特許 3033852 C04B41/86 (共願)	接合強度の向上および欠陥防止	窒化アルミニウムヒータ用抵抗体及び抵抗ペースト組成物 【解決手段】接合材の特性・成分

2.7.4 技術開発拠点

同和鉱業におけるセラミックスの接合技術の開発を行っている事業所、研究所などを以下に示す。

東京都：本社

神奈川県：中央研究所

2.7.5 研究開発者

同和鉱業における発明者数と出願件数の年次推移を図2.7.5-1に、発明者数と出願件数の関係を図2.7.5-2に示す。90年代後半になって、セラミックスの接合に関する研究開発に力が注がれるようになった。

図 2.7.5-1 同和鉱業における発明者数と出願件数の年次推移

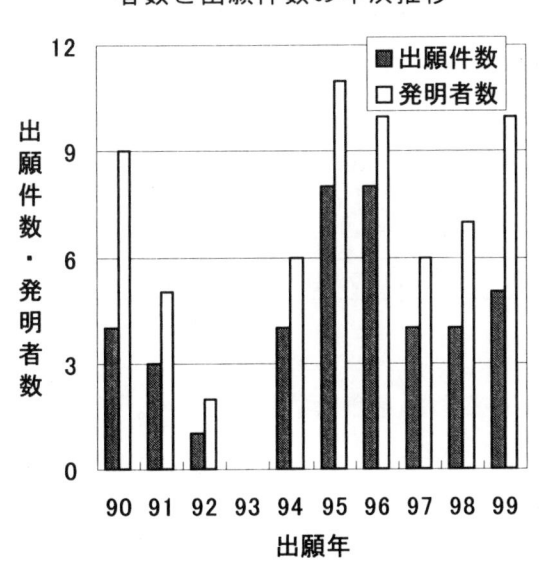

図 2.7.5-2 同和鉱業における発明者数と出願件数の関係

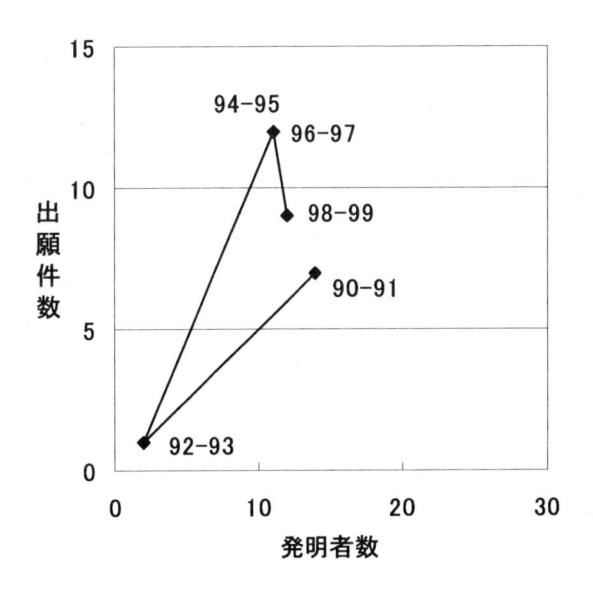

2.8 松下電器産業

2.8.1 企業の概要

1)	商号	松下電器産業 株式会社
2)	設立年月日	1935年12月
3)	資本金	2,109億9,400万円
4)	従業員	44,951名（2001年3月31日現在）
5)	事業内容	映像・音響機器、家庭電化・住宅設備機器、情報・通信機器、産業機器電子部品等の製造・販売
6)	技術・資本	技術提携／ディスコビジョン、ロイヤル・フィリップス・エレクトロニクス、シー・ビー・エイト・トランザック、クアルコム、トムソン・マルチメディア・ライセンシングほか 資本提携／-
7)	事業所	本社／門真　工場／門真、茨木、仙台、群馬、甲府、石川、魚津、草津、神戸、社、津山、岡山、奈良
8)	関連会社	国内／松下寿電子工業、松下冷機、松下精工、松下通信工業、九州松下電器、松下産業機器、松下電送システム、松下電子工業、松下電子部品、松下電池工業、日本ビクターほか 海外／アメリカ松下電器、イギリス松下電業、アメリカ松下通信工業、アメリカ松下電子部品、アメリカ松下電池ほか
9)	業績推移	・2000年3月期／売上高 4兆5,532億2,300万円、経常利益 1,135億3,600万円、純利益 423億4,900万円 ・2001年3月期／売上高 4兆8,318億6,600万円、経常利益 1,154億9,400万円、純利益 636億8,700万円
10)	主要製品	ビデオ・ビデオカメラ及び関連機器、カラー・液晶・プラズマテレビ、CD・DVD・MDプレイヤー、ステレオ及び関連機器、冷蔵庫・洗濯機等の家庭電化、携帯電話等の関連機器、パソコン及び周辺・関連機器、電子部品実装システム、空調・医療等機器、半導体、電子回路部品、太陽電池ほか
11)	主な取引先	官公庁 電力会社 自動車会社　銀行 コンピューター会社 個人ほか
12)	技術移転窓口	大阪市中央区城見1-3-7　IPRオペレーションカンパニー　ライセンスセンター(06-6949-4525)

2.8.2 セラミックスの接合技術に関連する製品

　松下電器産業のセラミックスの接合技術に関連する製品を表2.8.2-1に示す。総合的電気メーカとして、幅広い電子部品への展開が図られている。

表 2.8.2-1 松下電器産業におけるセラミックスの接合技術に関連する製品

製品	製品名	発売時期	出典
センサー	マイクロ加速度センサ	1996年1月	http://www.matsushita.co.jp/
	渦式流量センサー	-	http://www.matsushita.co.jp/
	改良型大気周縁赤外分光計	-	http://www.matsushita.co.jp/
カードスピーカ	-	サンプル対応開始：2000年5月	http://www.matsushita.co.jp/
チップ形積層バリスタ	低静電容量タイプ	1997年3月	http://www.matsushita.co.jp/
	超低静電容量タイプ	1997年3月	http://www.matsushita.co.jp/
コンデンサ	-	-	http://www.matsushita.co.jp/
バリスタ	-	-	http://www.matsushita.co.jp/
プリント配線板	片面プリント基板	-	http://www.matsushita.co.jp/
	両面プリント基板	-	http://www.matsushita.co.jp/
	多層プリント基板	-	http://www.matsushita.co.jp/
	多層プリント基板（"ALIVH"）	-	http://www.matsushita.co.jp/
	多層プリント基板（セラミックス系）	-	http://www.matsushita.co.jp/

2.8.3 技術開発課題対応保有特許の概要

　松下電器産業における技術要素と解決手段を図2.8.3-1に示す。技術要素別保有特許を表2.8.3-1に示す。セラミックスの接合に関し満遍なく研究が行われているが、セラミックスとセラミックスの接合における焼結に関するものが最も多い。その解決手段としては、焼結すべき基体の特性やどのような基体を選択するかに関するものが多い。

図2.8.3-1 松下電器産業における技術要素と解決手段

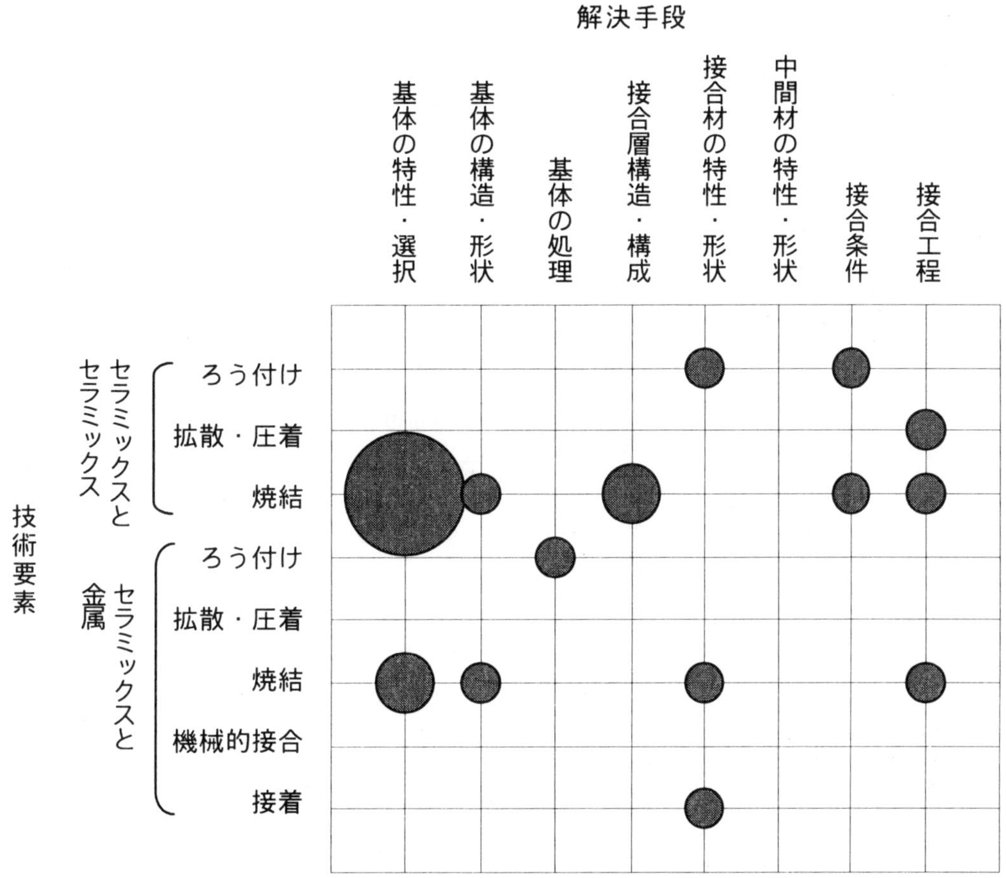

1991～2001年10月公開の権利存続中または係属中の特許

表2.8.3-1 松下電器産業の技術要素別保有特許(1)

技術要素	特許番号	開発課題	名称および解決手段要旨
セラミックスとセラミックスのろう付け	特許 2954850 C22C19/03 (共願)	経済性向上、工程の簡略化	炭素系材料用接合材料及び硬質表面層をもつ炭素系材料 【解決手段】接合材の特性、形状など 【要旨】炭素系材料用の接合材料であり、In を 23〜86 原子%含み、残部が Ni の合金である。この合金は、さらに 10 原子%以下の C および/または 5 原子%以下の Co を含むことができる。
	特開 2000-301371 B23K26/00,310	経済性向上、工程の簡略化	高融点材料の溶融接合装置 【解決手段】接合条件・制御
セラミックスとセラミックスの拡散・圧着	特開平 7-193294 H01L41/18	機械的特性の向上	電子部品およびその製造方法 【解決手段】接合工程 【要旨】第 1 の基板と第 2 の基板とを有する電子部品であり、第 1 の基板の表面には端子電極を構成する導体層およびこの導体層の上に絶縁層を形成し、絶縁層と第 2 の基板とを、水素結合および共有結合のうちの少なくとも一方の結合によって直接接合する。
セラミックスとセラミックスの焼結	特開平 8-319173 C04B37/00	接合強度向上、欠陥防止	セラミックスおよびその製造方法 【解決手段】接合部の層構造・層構成 【要旨】主成分が異なり少なくとも金属粒子を含む無機化合物粒子の混合粉末の成形品を 2 層以上積層しこれを焼成することによって得られる 2 層以上のセラミック層を焼結界面を介して積層した構造のセラミックス。
	特開平 10-316480 C04B37/00	精度の維持向上	アルミナ質焼成体およびその製造方法 【解決手段】接合部の層構造・層構成
	特開平 11-209178 C04B35/495	接合強度向上、欠陥防止	複合積層セラミック部品およびその製造方法 【解決手段】基体の特性、基体の選択 【要旨】複合積層セラミックスにおいて、高誘電率層の焼成時の収縮開始温度を T1、低誘電率層の焼成時の収縮開始温度を T2 とし、かつ複合積層セラミック部品の面積が 50mm² 以下のときは｜T1-T2｜≦140 であり、面積が 8mm² 以下のときは｜T1-T2｜≦60 の関係が成り立つ高誘電率材料および低誘電率材料を用いたものから構成する。
	特許 3151856 C04B35/64	接合強度向上、欠陥防止	セラミック基板の製造方法 【解決手段】基体の特性、基体の選択
	特開平 7-38258 H05K3/46	応力の緩和	多層セラミック焼結体の製造方法 【解決手段】接合工程
	特開平 8-186007 H01C7/04	接合強度向上、欠陥防止	サーミスタ素子の製造方法 【解決手段】接合条件・制御
	特開平 8-258016 B28B1/30,101	接合強度向上、欠陥防止	セラミック基板の製造方法 【解決手段】基体の特性、基体の選択
	特開平 8-283062 C04B35/00	精度の維持向上	セラミックスおよびその製造方法 【解決手段】基体の特性、基体の選択
	特開平 8-319169 C04B35/622	接合強度向上、欠陥防止	セラミックグリーンシート 【解決手段】基体の特性、基体の選択
	特開平 10-106880 H01G4/12,349	接合強度向上、欠陥防止	複合積層セラミック部品 【解決手段】基体の特性、基体の選択
	特開平 10-224043 H05K3/46	接合強度向上、欠陥防止	電子部品の製造方法 【解決手段】基体の特性、基体の選択
	特開平 11-34231 B32B18/00 (重複)	接合強度向上、欠陥防止	複合積層誘電体磁器部品 【解決手段】基体の特性、基体の選択
	特開 2000-299561 H05K3/46	接合強度向上、欠陥防止	セラミック多層基板の製造方法 【解決手段】基体の寸法・形状・構造
セラミックスと金属のろう付け	特許 2800296 C04B37/02	接合強度向上、欠陥防止	圧電セラミック部品の端子接続方法 【解決手段】基体の処理
セラミックスと金属の焼結	特開平 10-25164 C04B35/64	接合強度向上、欠陥防止	積層セラミック電子部品の焼成方法 【解決手段】接合工程
	特開平 8-241803 H01C7/10	電気的・磁気的特性向上	酸化亜鉛系磁器組成物及びその製造方法 【解決手段】基体の特性、基体の選択
	特開平 8-306512 H01C7/10	接合強度向上、欠陥防止	粒界絶縁型セラミック素子 【解決手段】接合材の特性・成分
	特開平 11-34231 B32B18/00 (重複)	接合強度向上、欠陥防止	複合積層誘電体磁器部品 【解決手段】基体の特性、基体の選択

表 2.8.3-1 松下電器産業の技術要素別保有特許(2)

技術要素	特許番号	開発課題	名称および解決手段要旨
セラミックスと金属の接着	特開平 11-195554 H01G4/30,301	接合強度向上、欠陥防止	積層型セラミック電子デバイス及びその製造方法 【解決手段】基体の寸法・形状・構造
	特開平 9-137131 C09J5/06,JGV	熱的特性の向上	導通接着方法 【解決手段】接合材の特性・成分
その他	特開平 7-169924 H01L27/12	経済性向上、工程の簡略化	圧電体-半導体複合基板の製造方法とそれを用いた圧電デバイス 【解決手段】基体の寸法・形状・構造
	特開平 7-206600 C30B33/06	接合強度向上、欠陥防止	積層強誘電体及びその接合方法 【解決手段】基体の処理 【要旨】2個以上の単分域化された強誘電体の接合すべき表面を鏡面研磨し、接合すべき面を清浄化、親水化し、鏡面同士を密着した後、加熱することで互いに原子レベルで強固に直接接合する。
	特開平 7-331213 C09J133/26,JDA	耐久性の向上	排ガスフイルタ用の糊剤及びその製造方法とそれを用いて製造した排ガスフイルタ 【解決手段】接合材の特性、形状など
	特開平 11-284247 H01L41/22	電気的・磁気的特性向上	圧電セラミツクの熱処理方法と加速度センサ 【解決手段】基体の特性、基体の選択
	特開平 9-208332 C04B35/74	接合強度向上、欠陥防止	金属埋め込みセラミックスおよびその製造方法 【解決手段】基体の寸法・形状・構造
	特開平 10-22162 H01G4/12,349	接合強度向上、欠陥防止	複合積層セラミツク部品 【解決手段】基体の特性、基体の選択
	特開平 11-135852 H01L41/09	精度の維持向上	圧電体素子の製造方法 【解決手段】基体の特性、基体の選択
	特開平 11-240706 C01B31/04,101	経済性向上、工程の簡略化	グラファイトシートの作製方法及びグラファイトシート積層体 【解決手段】中間材の特性・成分

2.8.4 技術開発拠点

松下電器産業におけるセラミックスの接合技術の開発を行っている事業所、研究所などを以下に示す。

京都府：中央研究所
大阪府：門真工場、生産技術研究所、半導体先行開発センター

2.8.5 研究開発者

松下電器産業における発明者数と出願件数の年次推移を図2.8.5-1に、発明者数と出願件数の関係を図2.8.5-2に示す。90年代の半ばには、発明者数、出願件数のピークがあるが最近はやや下火になっている。

図 2.8.5-1 松下電器産業における発明者数と出願件数の年次推移

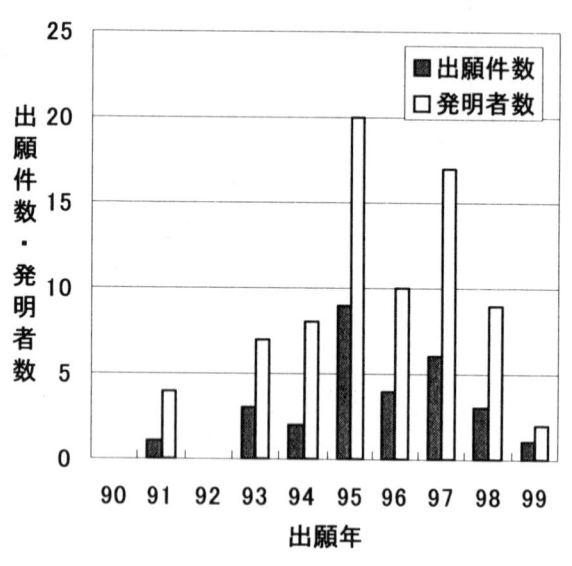

図 2.8.5-2 松下電器産業における発明者数と出願件数の関係

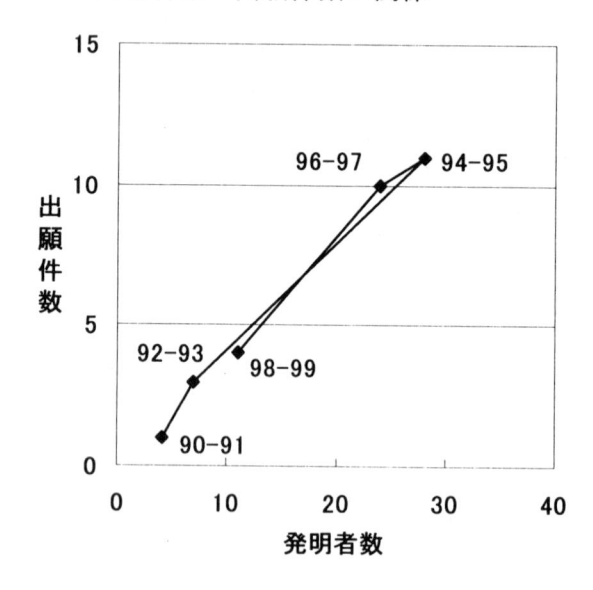

2.9 電気化学工業

2.9.1 企業の概要

1)	商号	電気化学工業 株式会社
2)	設立年月日	1915年5月
3)	資本金	353億200万円
4)	従業員	2,656名（2001年3月31日現在）
5)	事業内容	石油化学、機能製品、セメント・建材、医薬品の製造・販売
6)	技術・資本提携関係	技術提携／ケマノルドインダストリーケミー、ハイドロポリマーズ、東洋セメント、デンシット、フォスロック、レイシオン・エンジニアズ・アンド・コントラクターズ 資本提携／-
7)	事業所	本社／東京　工場／青海、大牟田、千葉、渋川、伊勢崎・尾島
8)	関連会社	国内／千葉スチレンモノマー、東洋スチレン、デナック、デンカ化工、東洋化学、西日本高圧瓦斯ほか 海外／デンカシンガポール、デンカアドバンテック
9)	業績推移	2000年3月期／売上高 1,765億1,200万円、経常利益 115億1,500万円、純利益 30億5,100万円 2001年3月期／売上高 1,855億5,000万円、経常利益 140億3,500万円、純利益 43億5,100万円
10)	主要製品	ポリスチレン、ABS樹脂、スチレンモノマー、酢酸、酢酸ビニル、ポバール、耐熱透明樹脂、電子・食品包装材料、ファインセラミックス、カーバイド、耐火物、電子回路基板、セメント、特殊混和材、医療用医薬品、ワクチン、診断薬、動物薬ほか
11)	主な取引先	-
12)	技術移転窓口	東京都千代田区有楽町1-4-1　特許情報部(03-3507-5205)

2.9.2 セラミックスの接合技術に関連する製品

電気化学工業のセラミックスの接合技術に関連する製品を表2.9.2-1に示す。基板が中心である。

表2.9.2-1 電気化学工業におけるセラミックスの接合技術に関連する製品

技術要素	製品	製品名	出典
セラミックスと金属の拡散・圧着	基板	デンカHITTプレート(熱伝導性アルミニウム基板)	http://www.denka.co.jp
		デンカHITTプレート(高熱電導性二層基板《タイプHIH》)	http://www.denka.co.jp
		デンカANプレート(高熱伝導性セラミックス基板(窒化アルミニウム))	http://www.denka.co.jp
		デンカSNプレート(高熱伝導性セラミックス基板(窒化ケイ素))	http://www.denka.co.jp

2.9.3 技術開発課題対応保有特許の概要

電気化学工業における技術要素と解決手段を図2.9.3-1に示す。技術要素別保有特許を表2.9.3-1に示す。セラミックスと金属とのろう付けに関して、多くの特許が出願されており、接合工程、接合材の特性・形状により解決を図ろうとしているものが多い。さらに、接着に関して、接合材の特性・形状で解決を図ろうとしているものが多い。

図 2.9.3-1 電気化学工業における技術要素と解決手段

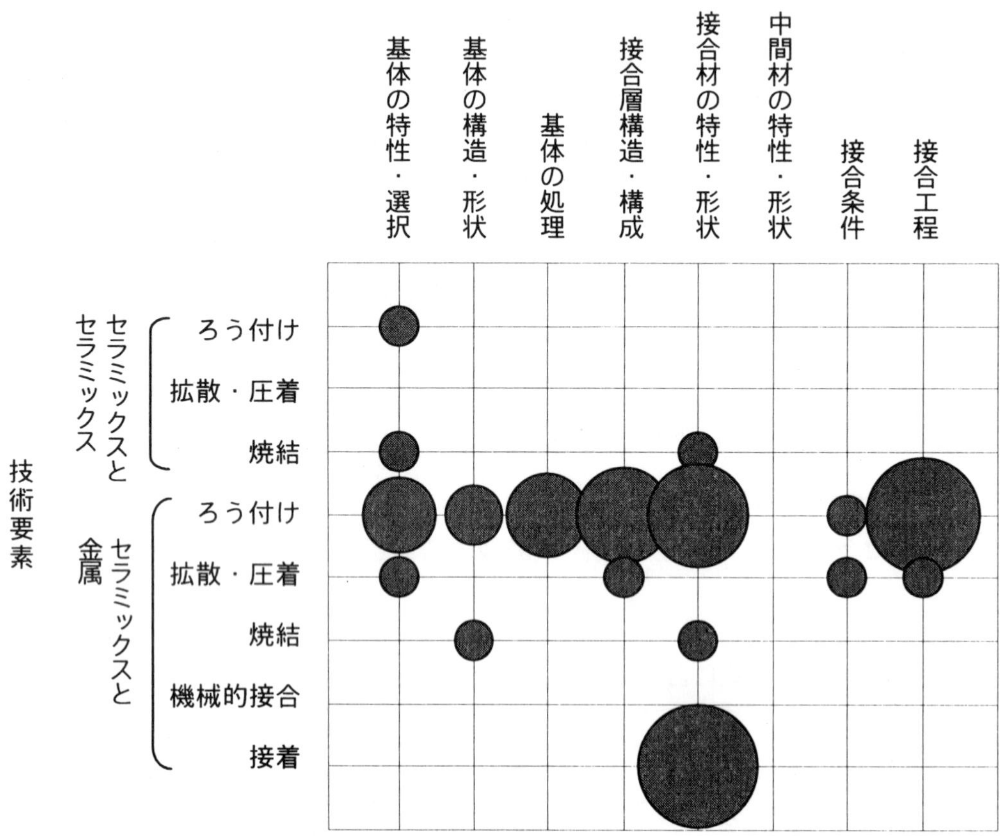

1991～2001 年 10 月公開の権利存続中または係属中の特許

表2.9.3-1 電気化学工業の技術要素別保有特許(1)

技術要素	特許番号	開発課題	名称および解決手段要旨
セラミックスとセラミックスのろう付け	特公平7-114316 H05K3/38 (重複)	接合強度向上、欠陥防止	銅回路を有する窒化アルミニウム基板の製造方法 【解決手段】基体の特性、基体の選択
セラミックスとセラミックスの焼結	特開平11-292648 C04B37/00 ●	化学的特性の向上	BN-AlN積層体及びその用途 【解決手段】接合材の特性、形状など
	特開平11-322437 C04B35/584	機械的特性の向上	窒化珪素質焼結体とその製造方法、それを用いた回路基板 【解決手段】基体の特性、基体の選択
セラミックスと金属のろう付け	特公平7-114316 H05K3/38 (重複)	接合強度向上、欠陥防止	銅回路を有する窒化アルミニウム基板の製造方法 【解決手段】基体の特性、基体の選択
	特許2612093 C04B37/02	接合強度向上、欠陥防止	銅回路形成用接合体 【解決手段】接合材の特性、形状など
	特公平7-497 C04B37/02	機械的特性の向上	セラミックス回路基板 【解決手段】接合部の層構造・層構成
	特開平7-17768 C04B35/584	熱的特性の向上	窒化ケイ素質セラミックス基板及びその用途 【解決手段】接合部の層構造・層構成 【要旨】熱抵抗が0.2℃/W以下である窒化珪素質セラミックス基板およびこの窒化珪素質セラミックス基板の片面に銅回路を形成し、反対の面には窒化珪素質セラミックス基板とほぼ等しい面積を有する銅板を接合したことを特徴とする銅回路を有するセラミックス基板。
	特開平7-336016 H05K3/06 (重複)	熱的特性の向上	回路基板の製造方法 【解決手段】接合工程
	特開平9-36541 H05K3/38	機械的特性の向上	回路基板の製造方法 【解決手段】接合工程
	特開平9-162325 H01L23/15	熱的特性の向上	窒化珪素回路基板及びその製造方法 【解決手段】基体の寸法・形状・構造
	特開平9-157054 C04B37/02	熱的特性の向上	回路基板 【解決手段】基体の特性、基体の選択
	特開平9-246691 H05K3/00	熱的特性の向上	金属回路を有するセラミックス回路基板の製造方法 【解決手段】接合工程
	特開平9-275256 H05K1/03,630	熱的特性の向上	金属回路を有する窒化アルミニウム回路基板の製造方法 【解決手段】基体の処理
	特開平9-275247 H05K1/02	熱的特性の向上	回路基板及びその製造方法 【解決手段】基体の処理 【要旨】金属回路と窒化アルミニウム基板とが、窒化アルミニウム基板表面の少なくとも一部の面に、$3ZrO_2・2Y_2O_3$および正方晶ZrO_2を含む酸化物層を形成させた状態で接合した回路基板。
	特開平9-283657 H01L23/14 ●	熱的特性の向上	回路基板及びその製造方法 【解決手段】基体の処理
	特開平9-181423 H05K3/26 ●	経済性向上、工程の簡略化	セラミックス回路基板 【解決手段】接合工程
	特開平9-191059 H01L23/12 ●	接合強度向上、欠陥防止	パワー半導体モジュール基板 【解決手段】基体の特性、基体の選択
	特開平10-178270 H05K3/38	熱的特性の向上	回路基板の製造方法 【解決手段】接合部の層構造・層構成 【要旨】ろう材を用いてセラミック基板に金属回路板を接合するにあたって、組成の異なるろう材を多層に形成した後に熱処理して接合する。

表 2.9.3-1 電気化学工業の技術要素別保有特許(2)

技術要素	特許番号	開発課題	名称および解決手段要旨
セラミックスと金属のろう付け	特開平 10-247763 H05K1/02	接合強度向上、欠陥防止	回路基板及びその製造方法 【解決手段】基体の処理 【要旨】反りのないセラミックス基板をたわませながら金属回路または回路用金属板と金属放熱板とを接合して、金属回路または回路用金属板側が凹面となるように反っている回路基板において、好ましくは反り量が、この反りのある方向の長さに対して 1/4000 以上 3/100 以下とする。
	特開平 11-60343 C04B37/02	熱的特性の向上	接合体の製造方法 【解決手段】接合部の層構造・層構成
	特開平 11-60345 C04B37/02	経済性向上、工程の簡略化	接合体の製造方法 【解決手段】接合工程
	特開平 11-157952 C04B37/02	熱的特性の向上	接合体の製造方法 【解決手段】接合工程 【要旨】セラミックス基板に活性金属ろう材を介して金属板を配置した後、それを波長 0.8～2.5μm の赤外線によって加熱して接合する。
	特開 2000-86367 C04B37/02	経済性向上、工程の簡略化	接合体及びそれを用いた回路基板 【解決手段】基体の寸法・形状・構造 【要旨】分割溝を有する窒化アルミニウム基板と、接合ろう材が塗布された金属板とを加熱接合した接合体を用いて回路基板を製造する。
	特開 2000-335983 C04B37/02 (重複)	経済性向上、工程の簡略化	接合体の製造方法 【解決手段】接合条件・制御
	特開 2001-19567 C04B37/02	熱的特性の向上	回路基板複合体 【解決手段】接合材の特性、形状など
	特開 2001-89257 C04B37/02	経済性向上、工程の簡略化	Al 回路板用ろう材とそれを用いたセラミックス回路基板 【解決手段】接合材の特性、形状など
	特開 2001-203299 H01L23/12	接合強度向上、欠陥防止	アルミニウム板とそれを用いたセラミックス回路基板 【解決手段】接合部の層構造・層構成 【要旨】Al 板の一主面上にろう材層を設けたことを特徴とするセラミックス回路基板用の Al 板である。ろう材層を Cu、Si、Ge のいずれか 1 種以上の元素と含有する Al 合金から構成し、さらに Mg を 0.05～3 質量%含有する。さらに好ましくは、Al 板の厚さが 200～1000μm で、ろう材層厚みが 10～40μm とする。
	特公平 7-36467 H05K3/06	熱的特性の向上	セラミックス回路基板の製造法 【解決手段】接合工程
	特開 2001-62586 B23K35/28,310	接合強度向上、欠陥防止	Al 回路板用ろう材とそれを用いたセラミックス回路基板 【解決手段】接合材の特性・成分
	特開 2001-79684 B23K35/28,310	接合強度向上、欠陥防止	Al 系金属ろう材とそれを用いたセラミックス回路基板 【解決手段】接合材の特性・成分
	特開 2001-121287 B23K35/28,310	接合強度向上、欠陥防止	Al 系金属用ろう材とそれを用いたセラミックス回路基板 【解決手段】接合材の特性・成分
セラミックスと金属の拡散・圧着	特開平 7-336016 H05K3/06 (重複)	熱的特性の向上	回路基板の製造方法 【解決手段】接合工程
	特開 2000-335983 C04B37/02 (重複)	経済性向上、工程の簡略化	接合体の製造方法 【解決手段】接合条件・制御
	特開 2000-349405 H05K1/03,610	経済性向上、工程の簡略化	回路基板及びその製造方法 【解決手段】基体の特性、基体の選択
	特開 2001-85808 H05K1/09	経済性向上、工程の簡略化	回路基板 【解決手段】接合部の層構造・層構成 【要旨】セラミックス基板と Al または Al 合金からなる Al 回路とを、Al と Cu とを主成分とする層を経て接合する。

表 2.9.3-1 電気化学工業の技術要素別保有特許(3)

技術要素	特許番号	開発課題	名称および解決手段要旨
セラミックスと金属の焼結	特開平 10-167804 C04B35/00	接合強度向上、欠陥防止	セラミツクス基板及びそれを用いた回路基板とその製造方法 【解決手段】基体の寸法・形状・構造
	特開 2001-144433 H05K3/38	機械的特性の向上	セラミツクス回路基板 【解決手段】接合材の特性、形状など
セラミックスと金属の接着	特許 2757216 C09J4/02	接合強度向上、欠陥防止	接着剤組成物 【解決手段】接合材の特性・成分
	特許 2757217 C09J4/02	接合強度向上、欠陥防止	接着剤組成物 【解決手段】接合材の特性・成分
	特許 2757218 C09J4/02	接合強度向上、欠陥防止	接着剤組成物 【解決手段】接合材の特性・成分
	特開平 6-256738 C09J111/02,JDN ●	化学的特性の向上	ポリクロロプレンラテツクス組成物 【解決手段】接合材の特性・成分
	特開平 6-336579 C09J109/10,JDN ●	熱的特性の向上	ポリクロロプレンラテツクス及びその組成物 【解決手段】接合材の特性・成分
	特開平 7-109385 C08L11/02,LBE ●	接合強度向上、欠陥防止	ポリクロロプレンラテツクス組成物 【解決手段】接合材の特性・成分
	特開平 7-292048 C08F299/06,MRX	接合強度向上、欠陥防止	硬化性樹脂組成物 【解決手段】接合材の特性・成分
	特開 2001-62588 B23K35/28,310	接合強度向上、欠陥防止	Ａ１回路板用ろう材とそれを用いたセラミックス回路基板 【解決手段】接合材の特性・成分
その他	特許 2891559 C04B37/00 (共願)	経済性向上、工程の簡略化	工具用高硬度積層体の製造方法 【解決手段】中間材の特性・形状など
	特開平 9-96092 E04F15/12 ●	接合強度向上、欠陥防止	凸部を有する床面及びその施工方法 【解決手段】接合材の特性・成分

2.9.4 技術開発拠点

電気化学工業におけるセラミックスの接合技術の開発を行っている事業所、研究所などを以下に示す。

群馬県：渋川工場、加工技術研究所
新潟県：青海工場
東京都：中央研究所
福岡県：大牟田工場

2.9.5 研究開発者

電気化学工業における発明者数と出願件数の年次推移を図2.9.5-1に、発明者数と出願件数の関係を図2.9.5-2に示す。90年代を通して、セラミックスの接合の研究開発を堅実に進めてきたといえるが、後半になってさらに発明者数、出願件数共増加傾向にある。

図 2.9.5-1 電気化学工業における発明者数と出願件数の年次推移

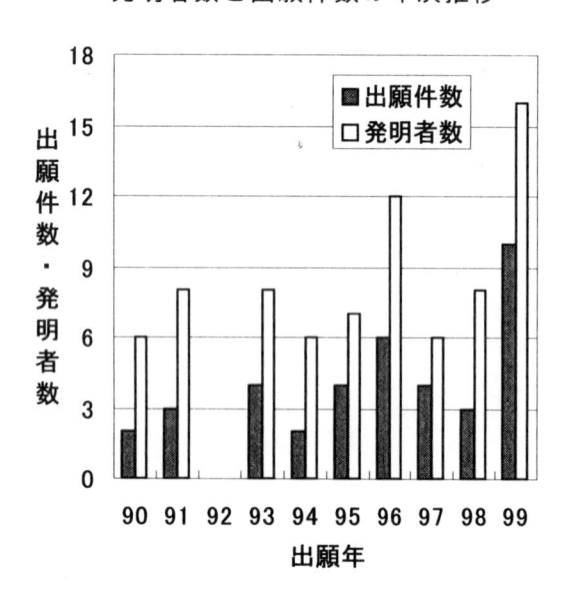

図 2.9.5-2 電気化学工業における発明者数と出願件数の関係

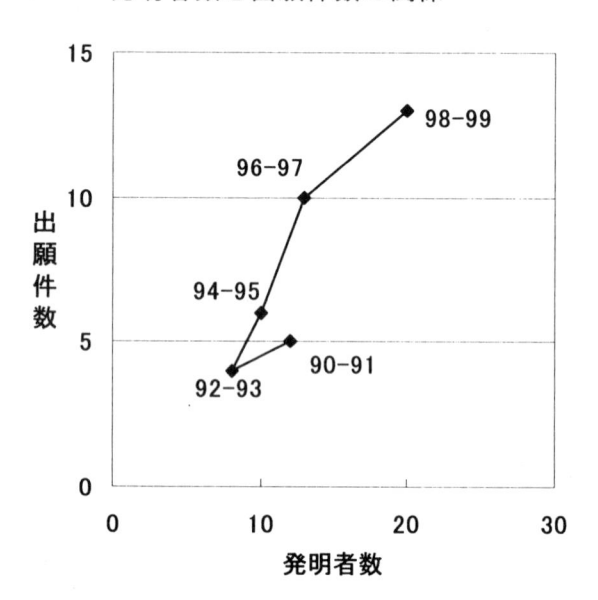

2.10 村田製作所

2.10.1 企業の概要

1)	商号	株式会社 村田製作所
2)	設立年月日	1950年12月
3)	資本金	676億7,900万円
4)	従業員	4,802名（2001年3月31日現在）
5)	事業内容	電子部品および関連製品の製造・販売
6)	技術・資本 提携関係	技術提携／- 資本提携／-
7)	事業所	本社／長岡京　工場／長岡、八日市、野州、横浜
8)	関連会社	国内／福井村田製作所、出雲村田製作所、富山村田製作所、小松村田製作所、金沢村田製作所、岡山村田製作所ほか 海外／Murata Electronics North America、Murata Electronic Singapore、Murata Manufacturing
9)	業績推移	2000年3月期／売上高 3,949億6,100万円、経常利益 513億1,300万円、純利益 337億600万円 2001年3月期／売上高 4,834億7,200万円、経常利益 832億7,100万円、純利益 535億2,200万円
10)	主要製品	コンデンサ、抵抗器、圧電製品、高周波デバイス、モジュール製品ほか
11)	主な取引先	電機会社ほか
12)	技術移転窓口	-

2.10.2 セラミックスの接合技術に関連する製品

村田製作所のセラミックスの接合技術に関連する製品を表2.10.2-1に示す。コンデンサ、フィルタ、センサなど重要電子部品を取り扱っている。

表 2.10.2-1 村田製作所におけるセラミックスの接合技術に関連する製品

製品	製品名	出典
コンデンサ	チップ積層セラミックコンデンサ	http://www.iijnet.or.jp/murata/
	積層セラミックコンデンサ	http://www.iijnet.or.jp/murata/
	超高周波用マイクロチップコンデンサ	http://www.iijnet.or.jp/murata/
	セラミックコンデンサ（円板タイプ）	http://www.iijnet.or.jp/murata/
	高圧用セラミックコンデンサ	http://www.iijnet.or.jp/murata/
	高周波電力用セラミックコンデンサ	http://www.iijnet.or.jp/murata/
	セラミックトリマコンデンサ	http://www.iijnet.or.jp/murata/
セラミックフィルタ	移動体通信用セラミックスフィルタ	http://www.iijnet.or.jp/murata/
	AM用セラミックフィルタ	http://www.iijnet.or.jp/murata/
	FM用セラミックフィルタ	http://www.iijnet.or.jp/murata/
	TV/VTR用セラミックフィルタ	http://www.iijnet.or.jp/murata/
センサ	圧電セラミックス	http://www.iijnet.or.jp/murata/
	圧電ジャイロ	http://www.iijnet.or.jp/murata/
	赤外線センサ	http://www.iijnet.or.jp/murata/
	磁気識別センサ	http://www.iijnet.or.jp/murata/
ノイズ対策部品/EMI除去フィルタ(エミフィル)	-	http://www.iijnet.or.jp/murata/

2.10.3 技術開発課題対応保有特許の概要

村田製作所における技術要素と解決手段を図2.10.3-1に示す。技術要素別保有特許を表2.10.3-1に示す。セラミックスとセラミックスとの焼結に対して、幅広い解決手段が提案されている。一方セラミックスと金属のろう付けにも関心が払われており、これに対しては、接合材の特性・形状によって対応しようとされている。

図 2.10.3-1 村田製作所における技術要素と解決手段

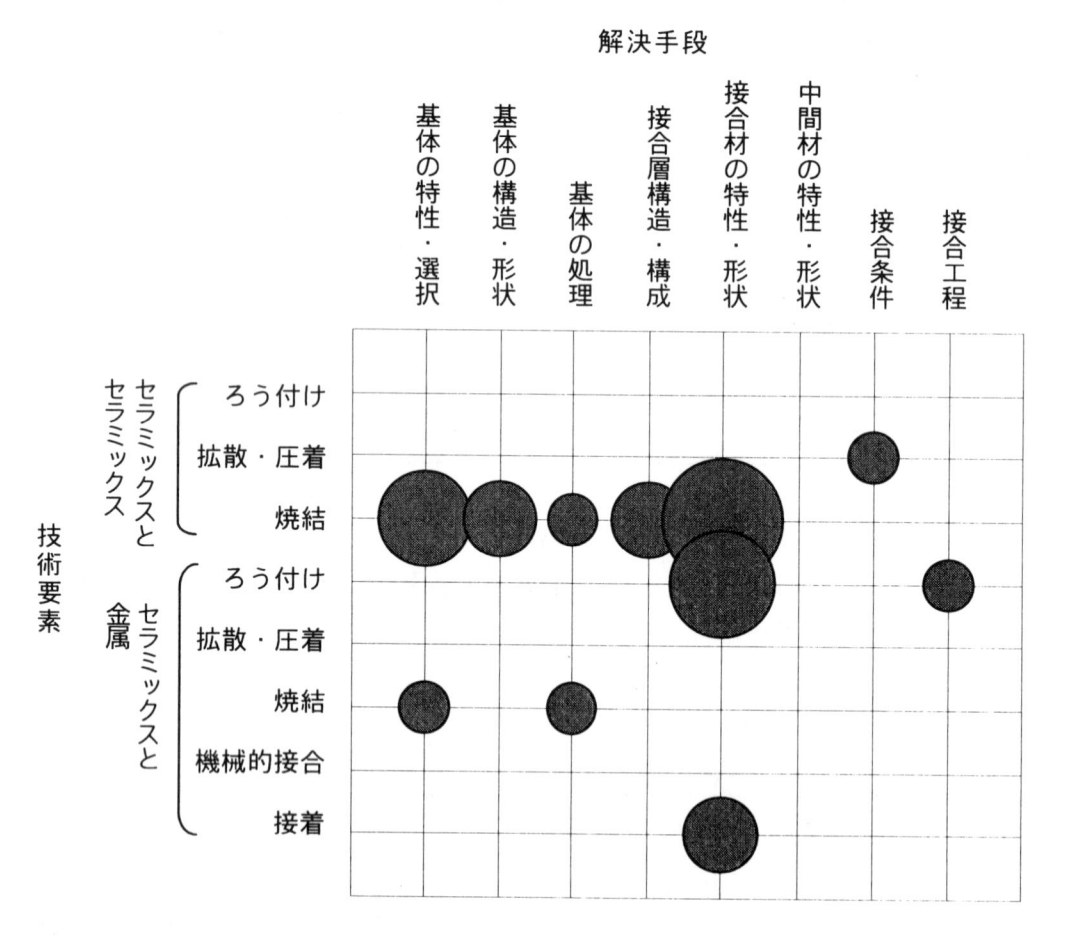

1991～2001 年 10 月公開の権利存続中または係属中の特許

表2.10.3-1 村田製作所の技術要素別保有特許(1)

技術要素	特許番号	開発課題	名称および解決手段要旨
セラミックスとセラミックスの拡散・圧着	特開平6-164013 H01L41/24	応力の緩和	圧電体と基板の加熱接合方法 【解決手段】接合条件・制御
セラミックスとセラミックスの焼結	特許3180402 C04B37/02	接合強度向上、欠陥防止	イットリウム安定化ジルコニアとランタンクロマイトの接合構造 【解決手段】接合材の特性、形状など 【要旨】イットリウム安定化ジルコニアとランタンクロマイトを接合するに当たって、イットリウム安定化ジルコニアとランタンマンガナイトの重量比が0.1～10.0の範囲の混合物を接合材として用いて共焼結する。
	特許3185360 C04B37/00	機械的特性の向上	イットリウム安定化ジルコニア相互の接合構造 【解決手段】接合材の特性、形状など
	特開平6-208933 H01G4/40,321	接合強度向上、欠陥防止	複合磁器 【解決手段】接合部の層構造・層構成
	特開平8-31693 H01G4/40	接合強度向上、欠陥防止	LC複合部品およびその製造方法 【解決手段】接合部の層構造・層構成
	特開平8-31704 H01G17/00	接合強度向上、欠陥防止	複合電子セラミック部品およびその製造方法 【解決手段】接合材の特性、形状など 【要旨】磁性体、誘電体、絶縁体、抵抗体などセラミック材料組成の異なる2種類以上の成形体を準備し、成形体の間に、一方の成形体のセラミック材料と同一組成でかつこのセラミック材料より仮焼温度の低いセラミックス材料を含有する成形体層を介在させて焼成した複合電子セラミック部品。
	特許2535617 B32B18/00	適用範囲の拡大	異種材料複合セラミックグリーンシートとその製造方法 【解決手段】基体の寸法・形状・構造
	特許3106596 H01M8/02	接合強度向上、欠陥防止	電解質材と酸化物導電体の接合体 【解決手段】基体の特性、基体の選択
	特開平6-196770 H01L41/24	接合強度向上、欠陥防止	圧電素子の製造方法 【解決手段】接合材の特性・成分
	特開平6-236705 H01B1/16	経済性向上、工程の簡略化	導電ペースト 【解決手段】接合材の特性・成分
	特許3067496 B28B3/08	接合強度向上、欠陥防止	セラミックグリーンシート積層体の圧着成形方法 【解決手段】基体の寸法・形状・構造
	特開平8-167537 H01G4/12,364 (重複)	電気的・磁気的特性向上	積層セラミック電子部品の製造方法 【解決手段】基体の処理
	特開2000-37800 B32B5/16	機械的特性の向上	複合積層体およびその製造方法 【解決手段】基体の特性、基体の選択
	特開2000-25157 B32B18/00	経済性向上、工程の簡略化	複合積層体およびその製造方法 【解決手段】基体の特性、基体の選択
セラミックスと金属のろう付け	特公平7-108825 C04B37/02	応力の緩和	窒化アルミニウム基板のメタライズ構造及び窒化アルミニウム基板と金属板の接合構造 【解決手段】基体の処理
	特許2861357 B23K1/19	接合強度向上、欠陥防止	窒化アルミニウム－銅接合方法 【解決手段】接合材の特性、形状など 【要旨】窒化アルミニウム基板と銅板とを接合するにあたって、チタン粉末を金属粉末合計重量に対して2～10重量部を添加し、残部が銀粉末、銅粉末および有機ビヒクルよりなるろう材を使用して、窒化アルミニウムと銅とをろう付けした後、500℃以下の温度域を2℃/min以下の速度で冷却する。
	特許2715686 C04B37/02	精度の維持向上	セラミック－金属接合体の製造方法 【解決手段】接合材の特性、形状など

表 2.10.3-1 村田製作所の技術要素別保有特許(2)

技術要素	特許番号	開発課題	名称および解決手段要旨
セラミックスと金属のろう付け	特許 3070176 C04B37/02	応力の緩和	窒化アルミニウム基板と銅板の接合方法 【解決手段】接合工程 【要旨】窒化アルミニウム基板と銅板を活性金属を含むろう材を用いて接合するにあたって、真空中で窒化アルミニウム基板と銅板をろう付けした後、この接合体を水素を含む雰囲気中で300～750℃で熱処理する。
	特許 2998379 H01B1/22	接合強度向上、欠陥防止	導電ペースト組成物 【解決手段】接合材の特性、形状など
	特開平 5-229879 C04B37/02	接合強度向上、欠陥防止	窒化アルミニウム複合基板 【解決手段】接合材の特性、形状など 【要旨】金属板とその表面に形成された金属と窒化アルミニウムとの混合体膜とから構成された窒化アルミニウム複合基板において、金属-窒化アルミニウム混合体膜をAl、Ag、Cu、Cr、Niのうち少なくとも1種以上の金属と窒化アルミニウムから形成し、かつ金属板との接合面側で金属成分リッチとすると共に外面側で窒化アルミニウム成分リッチとなるようにこの混合体膜を構成する金属成分と窒化アルミニウム成分の存在比を混合体膜の厚み方向に連続的あるいは段階的に変化させる。
セラミックスと金属の焼結	特開平 8-167537 H01G4/12,364 (重複)	電気的・磁気的特性向上	積層セラミック電子部品の製造方法 【解決手段】基体の処理
	特開平 9-55332 H01G4/12,358	電気的・磁気的特性向上	積層セラミックコンデンサの製造方法 【解決手段】基体の特性、基体の選択
セラミックスと金属の接着	特開平 7-18240 C09J201/00,JBC	接合強度向上、欠陥防止	接着剤 【解決手段】接合材の特性・成分
	特開平 8-222408 H01C7/04	電気的・磁気的特性向上	セラミック電子部品 【解決手段】接合材の特性・成分
その他	特許 3170868 H01M8/02	接合強度向上、欠陥防止	固体電解質型燃料電池 【解決手段】基体の寸法・形状・構造
	特開平 6-232472 H01L41/24	応力の緩和	圧電素子の製造方法 【解決手段】基体の処理

2.10.4 技術開発拠点
　村田製作所におけるセラミックスの接合技術の開発を行っている事業所、研究所などを以下に示す。

京都府：長岡事業所

2.10.5 研究開発者
　村田製作所における発明者数と出願件数の年次推移を図2.10.5-1に、発明者数と出願件数の関係を図2.10.5-2に示す。90年代の後半からの出願は少ない。

図 2.10.5-1 村田製作所における発明者数と出願件数の年次推移

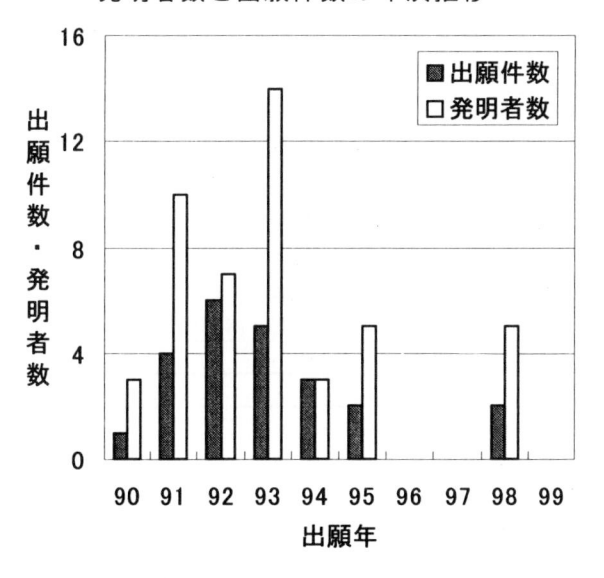

図 2.10.5-2 村田製作所における発明者数と出願件数の関係

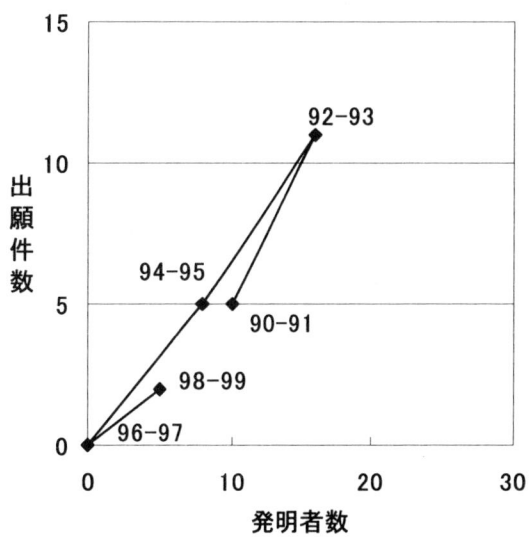

2.11 新日本製鐵

2.11.1 企業の概要

1）	商号	新日本製鐵 株式会社
2）	設立年月日	1950年4月
3）	資本金	4,195億2,400万円
4）	従業員	18,918名（2001年3月31日現在）
5）	事業内容	製鉄、エンジニアリング、都市開発、化学・非鉄素材、エレクトロニクス・情報通信、電力製品の製造・販売
6）	技術・資本提携関係	技術提携／Pohang Iron & Steel 資本提携／-
7）	事業所	本社／東京　工場／東京、北九州、室蘭、釜石、姫路、光、東海、堺、君津、大分
8）	関連会社	国内／北海製鉄、大阪製鋼、日鐵建材工業、日鉄鋼管、日鉄ライフ、新日鐵化学、新日鐵情報通信システムほか 海外／Nippon Steel U.S.A、Nippon Steel Australia、Nippon Steel development Canada、Siam Nippon Steel Pipeほか
9）	業績推移	2000年3月期／売上高 1兆8,108億4,200万円、経常利益 426億600万円、純利益 2億6,600万円 2001年3月期／売上高 1兆8,487億1,000万円、経常利益 787億7,600万円、純利益 183億5,500万円
10）	主要製品	条鋼、鋼板、鋼管、特殊鋼、鋼材二次製品、銑鉄・鋼塊、製鉄プラント、FA・物流プラント、鋳型、エネルギー設備プラント、化学プラント、集合住宅、コールタール、コークス、アルミ製品、ファインセラミックス製品、炭素繊維複合材、シリコンウエハ、システムソリューション、各種コンピュータ及び関連機器ほか
11）	主な取引先	商事会社　自動車会社ほか
12）	技術移転窓口	-

2.11.2 セラミックスの接合技術に関連する製品

　新日本製鐵の場合には、製鐵プラントの配管部分で高温にさらされる部位などへの適用を中心としてセラミックスの接合が考慮されることが多く、セラミックスの接合体としての製品は販売されていない。

2.11.3 技術開発課題対応保有特許の概要

　新日本製鐵における技術要素と解決手段を図2.11.3-1に示す。技術要素別保有特許を表2.11.3-1に示す。セラミックスと金属との機械的接合に関するものが多く、解決手段として基体の構造・形状に対する工夫によって解決を図っているものが多い。一方、機械的接合法以外の接合方法に対しては接合材の特性・形状による解決手段を中心とするものが多い。

図 2.11.3-1 新日本製鉄における技術要素と解決手段

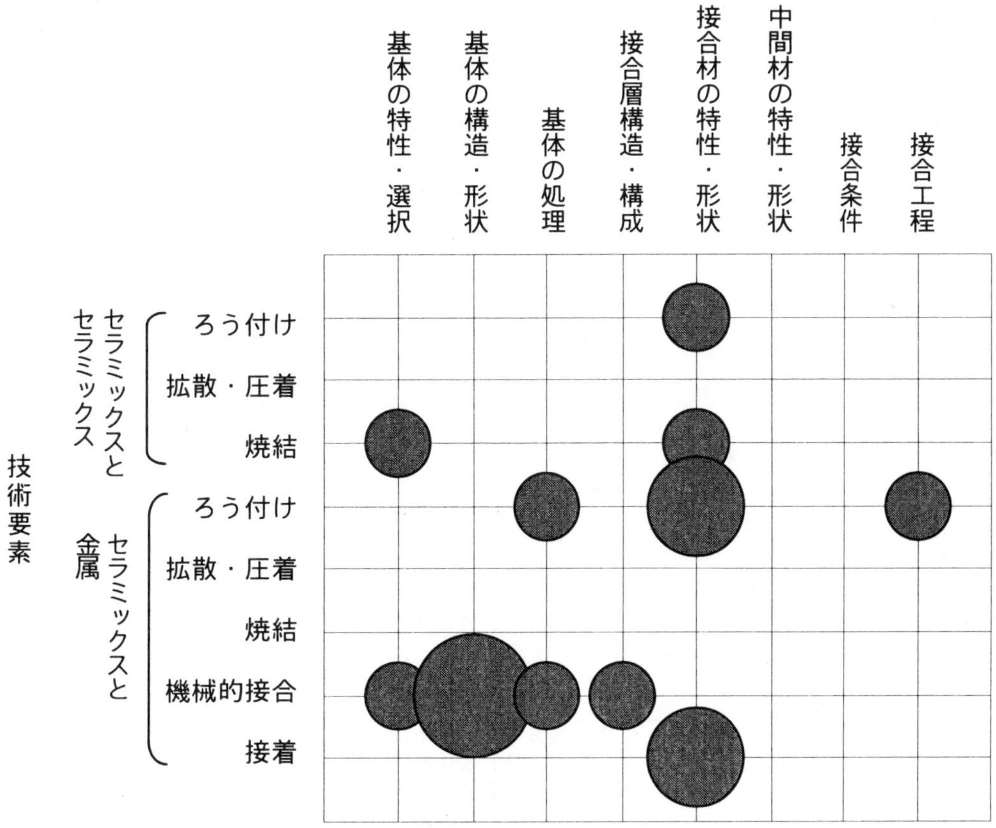

1991～2001 年 10 月公開の権利存続中または係属中の特許

表2.11.3-1 新日本製鉄の技術要素別保有特許(1)

技術要素	特許番号	開発課題	名称および解決手段要旨
セラミックスとセラミックスのろう付け	特開平 6-40775 C04B37/00,ZAA	電気的・磁気的特性向上	酸化物超電導材料の接合体及びその作製方法 【解決手段】接合材の特性、形状など
セラミックスとセラミックスの拡散・圧着	特許 2618155 C04B37/00	化学的特性の向上	セラミックスの接合体とその製造方法 【解決手段】接合条件・制御 【要旨】ALON-BN系セラミックスからなる被接合体とサイアロン系セラミックスからなる被接合体の接合面を研磨した後、被接合体の接合面を突き合わせ、接合面の加圧力を 0.1～50kgf/cm2 とし、窒素雰囲気中で 5～10℃/min の昇温速度で加熱し、1600±50℃および 1750±50℃ の各々の温度域で 1～30 分間保持した後、5～10℃/min の冷却速度で室温まで冷却する。
セラミックスとセラミックスの焼結	特開平 7-277846 C04B37/00	経済性向上、工程の簡略化	セラミックス複合焼結構造体及びその製造方法 【解決手段】基体の特性、基体の選択 【要旨】電気的性質が異なる層を 2 層以上用いて一体とした構造体において、成形時に圧着することによって接合する。
	特開平 8-259327 C04B35/52	経済性向上、工程の簡略化	高炉用カーボンブロックの接着方法 【解決手段】接合材の特性、形状など 【要旨】少なくとも一対のカーボンブロックの対向端面のいずれか一方あるいは両方に、炭素質原料、湿潤黒鉛および合成樹脂などからなる樹脂モルタルを塗布し、端面に対して直角の方向から加圧しつつ還元雰囲気の下で 1300℃以上の焼成温度で加熱焼成する。
セラミックスと金属のろう付け	特公平 8-5727 C04B37/02 (共願)	応力の緩和	セラミックスと金属との接合方法 【解決手段】接合工程
	特開平 8-91970 C04B41/90	経済性向上、工程の簡略化	セラミックス表面に銅合金層を形成させる方法 【解決手段】基体の処理
	特開平 11-60344 C04B37/02	精度の維持向上	セラミックス部材とその製造方法 【解決手段】接合材の特性、形状など
	特開平 9-242514 F01L1/14 (共願)	機械的特性の向上	タペットの製造方法 【解決手段】接合材の特性・成分
セラミックスと金属の機械的接合	特許 2694028 C04B37/02	接合強度向上、欠陥防止	複合管及び粉粒体吹込みノズル 【解決手段】基体の特性、基体の選択 【要旨】金属管の内側にセラミックス管を挿入固着した金属とセラミックスの複合管において、金属管を一方向性形状記憶合金で構成するとともに、金属管の内側に銅、鉛、プラスチックなどの軟質材で筒状に構成された緩衝層を介装してセラミックス管を挿入し、金属管の形状回復力でセラミックス管を固着する。
	特許 2747757 C04B37/02	接合強度向上、欠陥防止	セラミックススリーブを内装した円筒部品 【解決手段】基体の処理
	特開平 7-12231 F16J10/00	機械的特性の向上	セラミックス2軸シリンダ 【解決手段】基体の寸法・形状・構造
	特開平 8-247667 F27D3/18	熱的特性の向上	複合管および粉粒体吹き込みノズル 【解決手段】基体の寸法・形状・構造
	特開平 9-3520 C21C5/48	機械的特性の向上	二重管式粉体吹き込みノズル 【解決手段】接合部の層構造・層構成
	特許 3119981 B23P11/00	機械的特性の向上	セラミックス部材と金属部材の結合体及びその結合方法 【解決手段】基体の寸法・形状・構造

表 2.11.3-1 新日本製鉄の技術要素別保有特許(2)

技術要素	特許番号	開発課題	名称および解決手段要旨
セラミックスと金属の接着	特開平 6-227869 C04B35/66 (共願)	機械的特性の向上	製鋼炉用熱間吹付補修材 【解決手段】接合材の特性・成分
	特許 2869881 C04B35/66 (共願)	接合強度向上、欠陥防止	窯炉補修用吹付材 【解決手段】接合材の特性・成分
その他	特許 2612381 C04B37/00	経済性向上、工程の簡略化	長尺なセラミックス棒状体の製造方法 【解決手段】基体の寸法・形状・構造
	特許 2552959 C09J161/06,JEQ (共願)	熱的特性の向上	耐火性接着剤組成物 【解決手段】接合材の特性、形状など
	特開平 9-3521 C21C5/48	機械的特性の向上	粉体吹き込みノズル 【解決手段】接合部の層構造・層構成
	特許 3130167 C04B35/66 (共願)	経済性向上、工程の簡略化	耐火れんが築炉用の非水系モルタル緩衝材 【解決手段】接合材の特性・成分

2.11.4 技術開発拠点

新日本製鐵におけるセラミックスの接合技術の開発を行っている事業所、研究所などを以下に示す。

東京都：技術開発本部/本社
愛知県：名古屋製鉄所
千葉県：技術開発本部、君津製鉄所
大阪府：堺製鉄所
福岡県：八幡製鉄所
兵庫県：広畑製鉄所
神奈川県：相模原技術開発部

2.11.5 研究開発者

新日本製鐵における発明者数と出願件数の年次推移を図2.11.5-1に、発明者数と出願件数の関係を図2.11.5-2に示す。95年までは発明者数、出願件数共多いが、最近はほとんど出願されていない。

図 2.11.5-1 新日本製鉄における発明者数と出願件数の年次推移

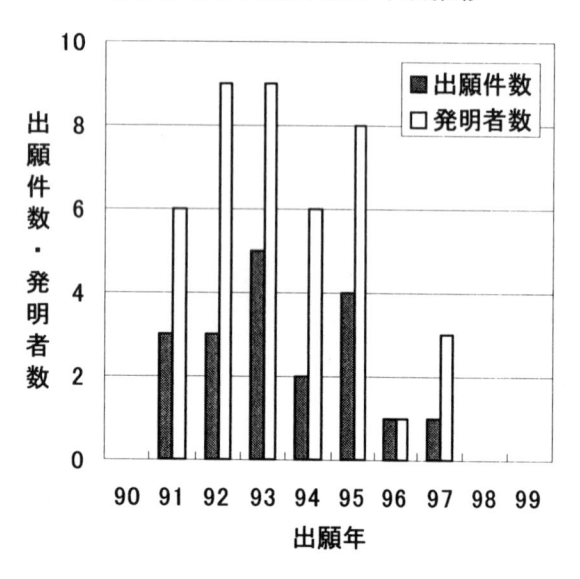

図 2.11.5-2 新日本製鉄における発明者数と出願件数の関係

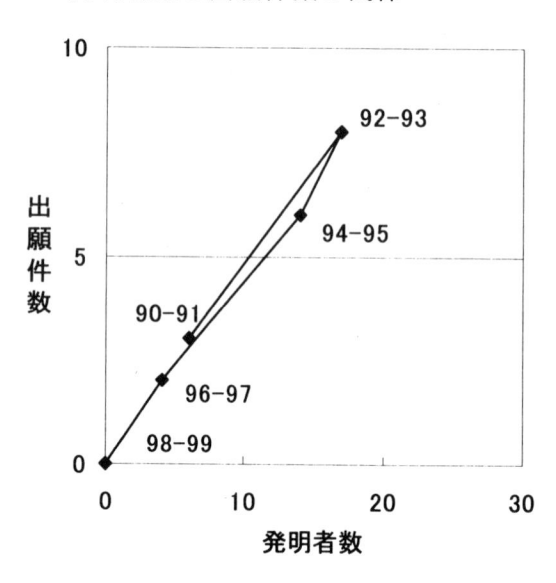

2.12 住友ベークライト

2.12.1 企業の概要

1)	商号	住友ベークライト 株式会社
2)	設立年月日	1932年1月
3)	資本金	268億2,700万円
4)	従業員	1,788名（2001年3月31日現在）
5)	事業内容	半導体、回路・電子部品材料、工業資材、医療・建材・包装関連製品の製造・販売
6)	技術・資本提携関係	技術提携／ダニスコ・フレキシブル、ジーメンス、イソボルタ・エスターライヒッシェ・イゾリールシュトフヴェルケ、ベーリンガー・マンハイム、クラリアント・インターナショナル、ダイネックス・テクノロジーズ、サーモディスクス、トランスパック 資本提携／-
7)	事業所	本社／東京　工場／尼崎、静岡、宇都宮、津
8)	関連会社	国内／住友化学工業、秋田住友ベーク、住友デュレズ、アートライト工業ほか 海外／Sumitomo Bakelite Singapore、SB Flex Philippinesほか
9)	業績推移	2000年3月期／売上高 1,245億2,500万円、経常利益 140億1,300万円、純利益 62億1,400万円 2001年3月期／売上高 1,214億7,800万円、経常利益 120億7,300万円、純利益 71億9,300万円
10)	主要製品	エポキシ樹脂成形材料、キャリアテープ、電子部品材料、医療用具、農業用フィルム、ビニル樹脂シートほか
11)	主な取引先	-
12)	技術移転窓口	-

2.12.2 セラミックスの接合技術に関連する製品

住友ベークライトのセラミックスの接合技術に関連する製品を表2.12.2-1に示す。表に示すようにセラミックスの接合材が中心である。

表 2.12.2-1 住友ベークライトにおけるセラミックスの接合技術に関連する製品

製品	製品名	出典
半導体用材料	半導体封止用エポキシ樹脂成形材料	http://www.sumibe.co.jp/
	半導体用液状封止樹脂	http://www.sumibe.co.jp/
	ダイボンディング用ペースト	http://www.sumibe.co.jp/
	半導体組立用接着テープ	http://www.sumibe.co.jp/
回路製品・電子部品材料	電気・電子部品絶縁封止用液状エポキシ樹脂	http://www.sumibe.co.jp/
	フェノール樹脂銅張積層板	http://www.sumibe.co.jp/
	エポキシ樹脂銅張積層板	http://www.sumibe.co.jp/
	多層プリント配線板用材料	http://www.sumibe.co.jp/
	熱硬化性積層板	http://www.sumibe.co.jp/

2.12.3 技術開発課題対応保有特許の概要

　住友ベークライトにおける技術要素と解決手段を図2.12.3-1に示す。技術要素別保有特許を表2.12.3-1に示す。セラミックスと金属の接着に特化しているが、解決手段に関しても接合材の特性・形状に特化している。

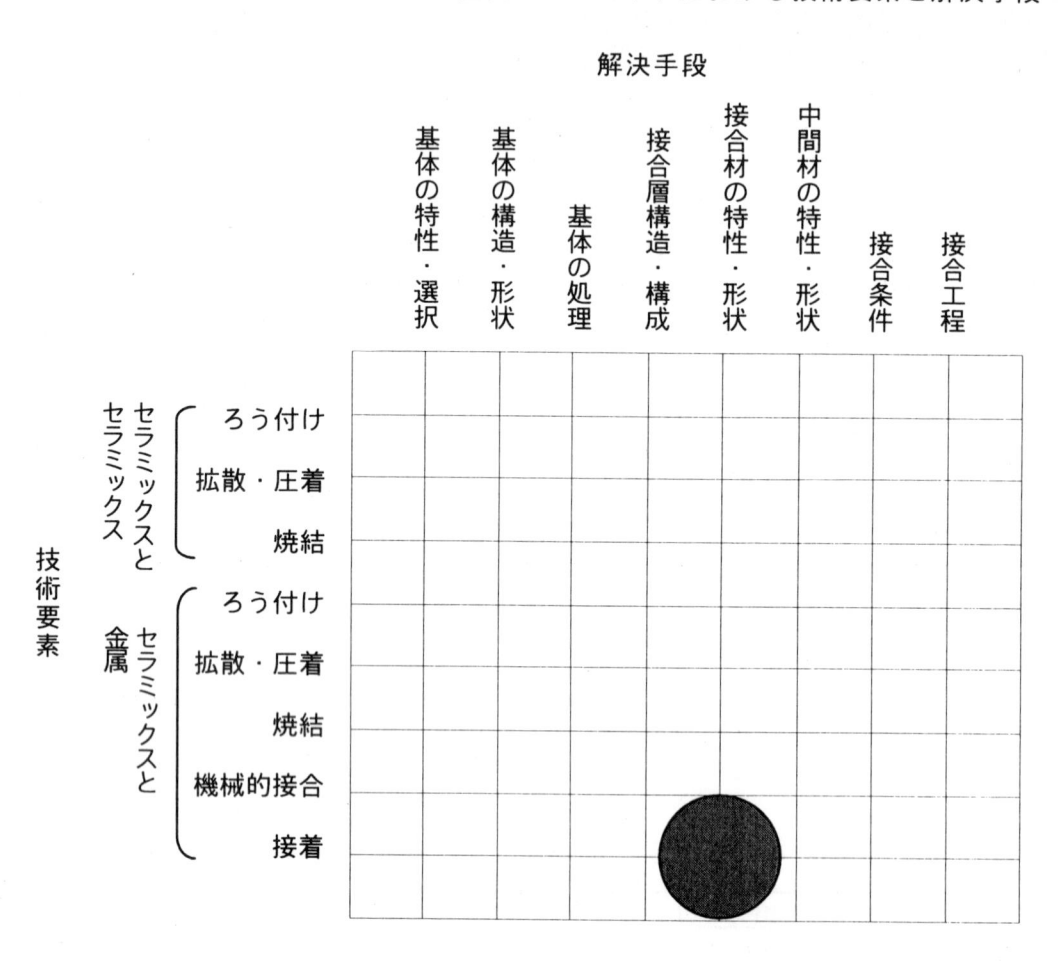

図 2.12.3-1 住友ベークライトにおける技術要素と解決手段

1991〜2001 年 10 月公開の権利存続中または係属中の特許

表2.12.3-1 住友ベークライトの技術要素別保有特許

技術要素	特許番号	開発課題	名称および解決手段要旨
セラミックスと金属の接着	特許 2716608 C09J179/08	熱的特性の向上	熱圧着可能なフィルム状接着剤 【解決手段】接合材の特性・成分
	特許 2716609 C09J179/08	熱的特性の向上	熱圧着可能なフィルム状接着剤 【解決手段】接合材の特性・成分
	特許 2740064 C09J179/08	熱的特性の向上	熱圧着可能なフィルム状接着剤 【解決手段】接合材の特性・成分
	特許 2721445 C09J7/02	熱的特性の向上	エレクトロニクス用フィルム接着剤 【解決手段】接合材の特性・成分
	特許 2716611 C09J179/08	接合強度の向上および欠陥防止	熱圧着可能な高熱伝導性フィルム状接着剤 【解決手段】接合材の特性・成分
	特許 2787842 H01L21/52	応力の緩和	半導体用導電性樹脂ペースト 【解決手段】接合材の特性・成分
	特許 2798565 C09J163/04	応力の緩和	半導体用導電性樹脂ペースト 【解決手段】接合材の特性・成分
	特許 2716635 C08G59/40	接合強度向上、欠陥防止	導電性樹脂ペースト 【解決手段】接合材の特性・成分
	特開平 7-154069 H05K3/38 (共願)	接合強度向上、欠陥防止	プリント配線板用接着剤及びこの接着剤を用いたプリント配線板の製造方法 【解決手段】接合材の特性・成分
	特開平 7-170065 H05K3/38	接合強度向上、欠陥防止	プリント配線板用接着剤及びこの接着剤を用いたプリント配線板の製造方法 【解決手段】接合材の特性・成分
その他	特許 2603375 H01L21/52	接合強度の向上および欠陥防止	半導体用導電性樹脂ペースト 【解決手段】接合材の特性・成分
	特許 2641349 C08L63/00	応力の緩和	絶縁樹脂ペースト 【解決手段】接合材の特性・成分
	特許 2596663 C08G59/56	応力の緩和	半導体用導電性樹脂ペースト 【解決手段】接合材の特性・成分
	特許 3127947 B32B18/00	接合強度の向上および欠陥防止	複合成形物 【解決手段】基体の成分、基体の選択
	特許 3207330 B32B18/00	機械的特性の向上	複合成形物 【解決手段】基体の寸法・形状・構造
	特開平 8-207205 B32B18/00	機械的特性の向上	複合成形物 【解決手段】基体の成分、基体の選択
	特許 3032140 B32B18/00	接合強度の向上および欠陥防止	複合成形物 【解決手段】基体の寸法・形状・構造
	特開平 9-125036 C09J163/00	機械的特性の向上	固体撮像装置用接着剤 【解決手段】接合材の特性・成分

2.12.4 技術開発拠点

住友ベークライトにおけるセラミックスの接合技術の開発を行っている事業所、研究所などを以下に示す。

東京都：本社

2.12.5 研究開発者

住友ベークライトにおける発明者数と出願件数の年次推移を図2.12.5-1に、発明者数と出願件数の関係を図2.12.5-2に示す。90-91年に、発明者数および出願件数のピークを迎えた後減少し、90年代後半に入ると出願はみられない。

図 2.12.5-1 住友ベークライトにおける発明者数と出願件数の年次推移

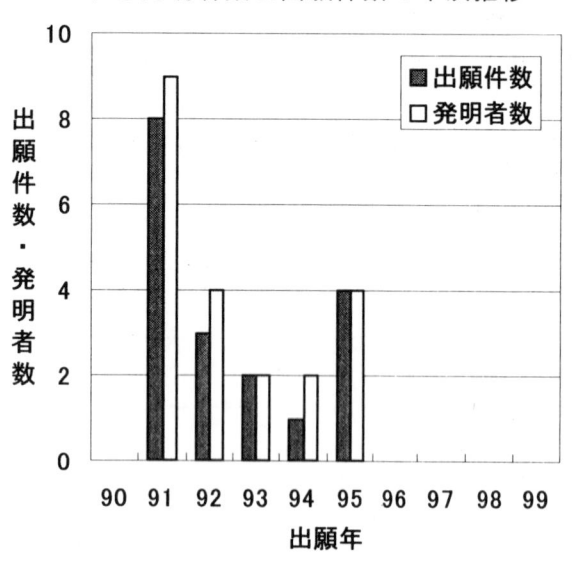

図 2.12.5-2 住友ベークライトにおける発明者数と出願件数の関係

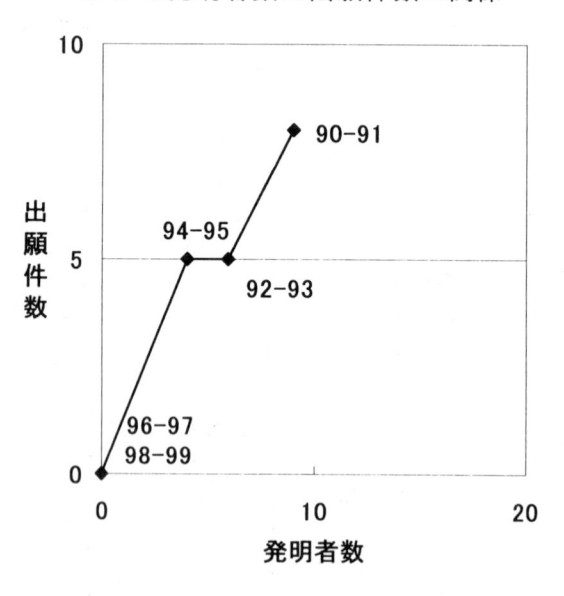

2.13 住友電気工業

2.13.1 企業の概要

1)	商号	住友電気工業 株式会社
2)	設立年月日	1911年8月
3)	資本金	962億3,000万円
4)	従業員	9,161名（2001年3月31日現在）
5)	事業内容	電線ケーブル、機器、産業用素材、情報関連製品の製造・販売
6)	技術・資本	技術提携／ピレリーケーブルズ、ルーセントテクノロジィズ、ディビダーグシステムズ、インターナショナル、ロード、ケナメタルほか 資本提携／-
7)	事業所	本社／大阪　工場／大阪、伊丹、横浜、鹿沼
8)	関連会社	国内／栃木住友電工、住友電設、東海ゴム工業、住友電工ブレーキシステム、住電エレクトロニクスほか 海外／スミトモエレクトリック　ワイヤリング　システムズ、スミトモエレクトリック　ユー・エス・エー、エスイーアイ　インターコネクト　プロダクツほか
9)	業績推移	2000年3月期／売上高 7,236億9,500万円、経常利益 248億8,600万円、純利益 164億1,200万円 2001年3月期／売上高 8,370億6,500万円、経常利益 408億1,100万円、純利益 270億4,300万円
10)	主要製品	導電製品、送配電用・通信用電線ケーブル、電子・電機用電線、電線ケーブル用機器、ＰＣ鋼線、データリンク・半導体レーザ等の光通信関連機器ほか
11)	主な取引先	-
12)	技術移転窓口	兵庫県伊丹市昆陽北1-1-1　知的財産部(0727-71-0501)

2.13.2 セラミックスの接合技術に関連する製品

住友電気工業のセラミックスの接合技術に関連する製品を表2.13.2-1に示す。

工具や機械部品への適用製品が中心となっている。

表 2.13.2-1 住友電気工業におけるセラミックスの接合技術に関連する製品

製品	製品名	出典
焼結機械部品	エンジン部品	http://www.sei.co.jp/
切削工具	イゲタロイ	http://www.sei.co.jp/
	スミボロン	http://www.sei.co.jp/
	スミダイヤ	http://www.sei.co.jp/
通信用セラミックパッケージ	セラミックフィールドスルー型	http://www.sei.co.jp/
	ガラス封止型コネクタ付き	http://www.sei.co.jp/
	PLCパッケージ	http://www.sei.co.jp/
	ヒートシンク	http://www.sei.co.jp/

2.13.3 技術開発課題対応保有特許の概要

住友電気工業における技術要素と解決手段を図2.13.3-1に示す。技術要素別保有特許を表2.13.3-1に示す。セラミックスと金属とのろう付けおよび焼結に対するものが多く、ろう付けは基体の構造・形状、中間材の特性・形状などの幅広い解決手段が採られ、また焼結は接合層構造・構成による解決手段を中心としている。

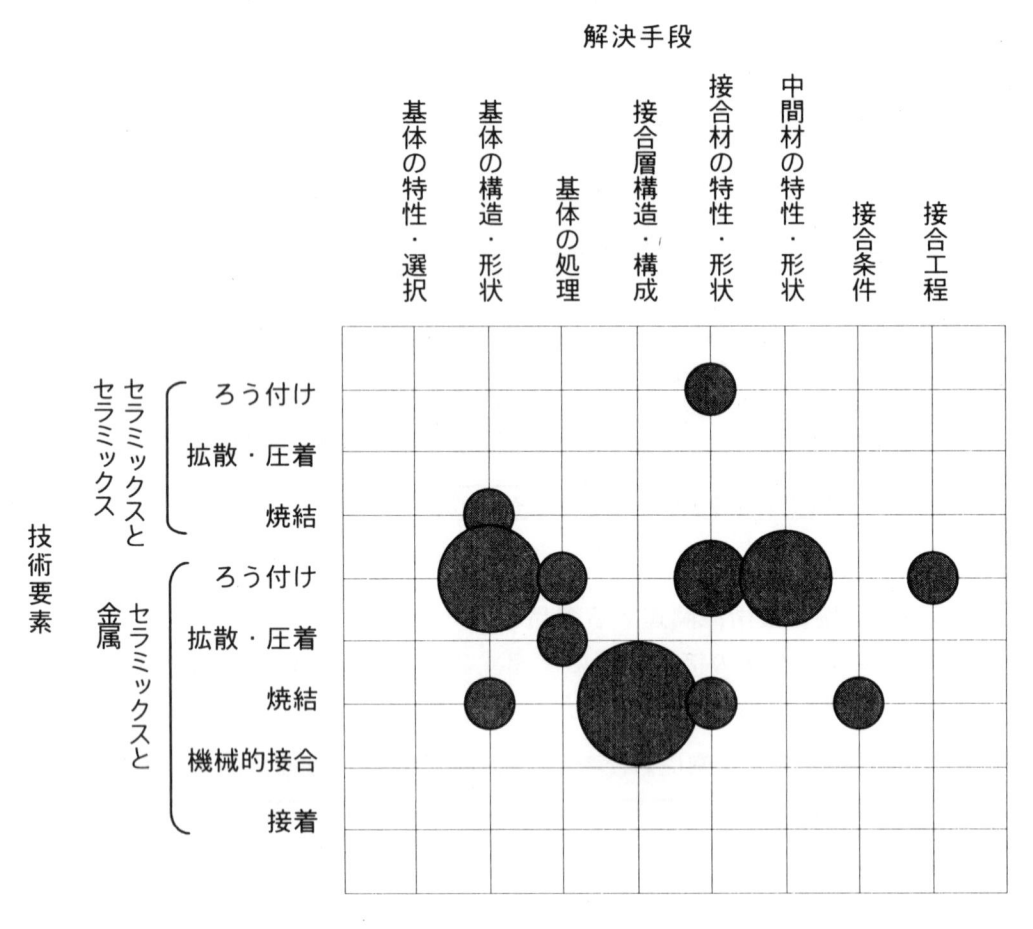

図2.13.3-1 住友電気工業における技術要素と解決手段

1991～2001年10月公開の権利存続中または係属中の特許

表2.13.3-1 住友電気工業の技術要素別保有特許(1)

技術要素	特許番号	開発課題	名称および解決手段要旨
セラミックスとセラミックスのろう付け	特開平 11-79872 C04B41/88	機械的特性の向上	メタライズ窒化ケイ素系セラミックス、その製造方法及びその製造に用いるメタライズ組成物 【解決手段】接合材の特性、形状など
セラミックスとセラミックスの焼結	特開平 9-11005 B23B27/14 (重複)(共願)	機械的特性の向上	積層構造焼結体及びその製造方法 【解決手段】基体の寸法・形状・構造
セラミックスと金属のろう付け	特許 2751473 C04B37/02	接合強度向上、欠陥防止	高熱伝導性絶縁基板及びその製造方法 【解決手段】中間材の特性・形状など
	特許 2822497 B22F7/08	経済性向上、工程の簡略化	板金プレートと焼結部品の接合方法及び接合体 【解決手段】基体の寸法・形状・構造
	特許 2876705 B23B27/14	接合強度向上、欠陥防止	ダイヤモンドコーティング工具 【解決手段】中間材の特性・形状など 【要旨】金属ホルダー上にろう付けした硬質セラミックス基板上にダイヤモンドをコーティングしたダイヤモンドコーティング工具において、硬質セラミックス基板の組成を、金属とのろう付け部が TiC、ダイヤモンドコーティング膜との界面が SiC または Si_3N_4 であり、中間層の組成が TiC と SiC または Si_3N_4 の複合相からなるようにする。 SiC 0.52mm SiC-13mol%TiC 0.33mm TiC 0.46mm
	特許 2520971 H01L21/60,311	機械的特性の向上	ボンディングツール 【解決手段】接合工程
	特許 2642008 C04B37/02 (共願)	電気的・磁気的特性向上	絶縁部材及びそれを用いた電気部品 【解決手段】中間材の特性・形状など
	特開平 7-99268 H01L23/12,301	熱的特性の向上	半導体用高熱伝導性セラミックスパッケージ 【解決手段】基体の寸法・形状・構造
	特開平 8-177417 F01L1/14	適用範囲の拡大	摺動部品およびその製造方法 【解決手段】基体の処理
	特開平 11-188510 B23B27/18	機械的特性の向上	硬質焼結体切削工具 【解決手段】接合材の特性、形状など
	特開平 11-268967 C04B37/02	接合強度向上、欠陥防止	セラミックスと金属の接合体及びその製造方法 【解決手段】基体の寸法・形状・構造
	特開 2000-128654 C04B37/02	熱的特性の向上	窒化ケイ素複合基板 【解決手段】基体の寸法・形状・構造 【要旨】熱伝導率が 90W/m・K 以上、3点曲げ強度が 700MPa 以上の窒化珪素セラミック基板を用い、その片方の主面上に接合された金属層の厚さを tc、金属層の厚さを tm としたとき、tc と tm とが関係式 $2tm \leq tc \leq 20tm$ を満たすように設定する。また、窒化珪素セラミック基板の両方の主面上に金属層を接合する場合には、両主面上の金属層の合計厚さを ttm とするとき、tc と ttm とが関係式 $ttm \leq tc \leq 10ttm$ の関係を満たすようにする。
	特開平 11-320218 B23B27/18	機械的特性の向上	硬質焼結体工具及びその製造方法 【解決手段】接合材の特性、形状など
セラミックスと金属の拡散・圧着	特開平 8-232612 F01L1/14	機械的特性の向上	摺動部品およびその製造方法 【解決手段】基体の処理
セラミックスと金属の焼結	特開平 7-137199 B32B18/00 (共願)	機械的特性の向上	積層構造焼結体及びその製造方法 【解決手段】接合部の層構造・層構成 【要旨】加圧窒素雰囲気中で金属珪素粉末と窒素に化学的連鎖反応を生じさせ、この反応熱と窒素圧力とを利用して、金属、セラミックス焼結体、または周期律表 IIIa、IVa、Va、VIa 属の金属と C、N、O、B との化合物の1種以上を硬質層とし、鉄族金属を結合層としたサーメットで構成された複数層を瞬時に一体焼結する。

表 2.13.3-1 住友電気工業の技術要素別保有特許(2)

技術要素	特許番号	開発課題	名称および解決手段要旨
セラミックスと金属の焼結	特開平 8-91951 C04B37/02	機械的特性の向上	アルミニウムと窒化ケイ素の接合体およびその製造方法 【解決手段】接合条件・制御 【要旨】アルミニウムを主成分とする粉末状またはバルク状の母材と、窒化珪素系焼結体からなる部材とを型内に充填し、加圧下で加熱して接合する。
	特開平 9-194909 B22F7/08	高温特性の向上	複合材料およびその製造方法 【解決手段】接合部の層構造・層構成
	特開平 9-275166 H01L23/15	接合強度向上、欠陥防止	窒化アルミニウム基材を用いた半導体装置用部材及びその製造方法 【解決手段】接合部の層構造・層構成
	特開 2000-58631 H01L21/68	精度の維持向上	半導体製造用保持体およびその製造方法 【解決手段】接合部の層構造・層構成
	特開 2000-323619 H01L23/14	接合強度向上、欠陥防止	セラミックを用いた半導体装置用部材及びその製造方法 【解決手段】接合部の層構造・層構成 【要旨】半導体装置用部材において、焼結体からなるセラミック基材上に高融点金属を含むペーストを塗布し、焼成して高融点金属層を形成する。次にこの高融点金属層を介してセラミック基材とアルミニウムを主体とする導体層とを接合する。
	特開平 7-82059 C04B41/90	機械的特性の向上	高熱伝導性基板およびその製造方法 【解決手段】接合材の特性・成分
	特開平 9-11005 B23B27/14 (重複)(共願)	機械的特性の向上	積層構造焼結体及びその製造方法 【解決手段】基体の寸法・形状・構造
その他	特開平 7-156003 B23B27/20	機械的特性の向上	多結晶ダイヤモンド工具及びその製造方法 【解決手段】接合工程
	特開平 7-157375 C04B37/04	機械的特性の向上	ガラス・セラミックス複合体およびその製造方法 【解決手段】中間材の特性・形状など

2.13.4 技術開発拠点

住友電気工業におけるセラミックスの接合技術の開発を行っている事業所、研究所などを以下に示す。

兵庫県：播磨研究所、伊丹研究所、伊丹工場

2.13.5 研究開発者

住友電気工業における発明者数と出願件数の年次推移を図2.13.5-1に、発明者数と出願件数の関係を図2.13.5-2に示す。91年92年を除いては、発明者数、出願件数共ほぼ一定している。

図 2.13.5-1 住友電気工業における発明者数と出願件数の年次推移

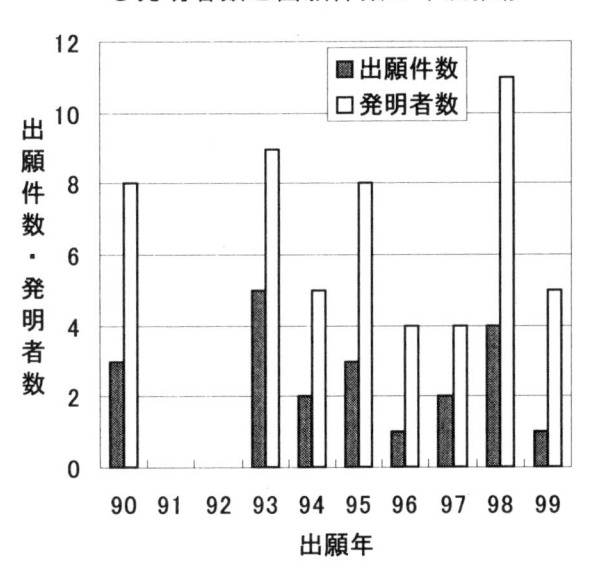

図 2.13.5-2 住友電気工業における発明者数と出願件数の関係

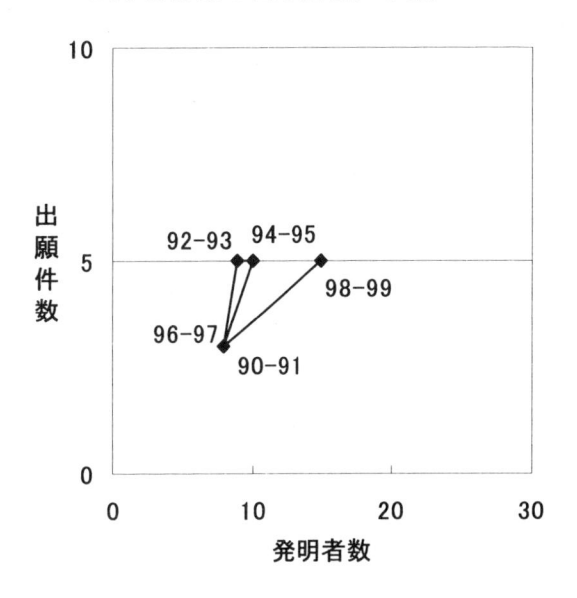

2.14 三菱重工業

2.14.1 企業の概要

1)	商号	三菱重工業 株式会社
2)	設立年月日	1950年1月
3)	資本金	2,654億5,400万円
4)	従業員	37,934名（2001年3月31日現在）
5)	事業内容	船舶・海洋、原動機、機械・鉄構、航空・宇宙関連製品等の製造・販売
6)	技術・資本	技術提携／モス・マリタイム、ワルチラ・スイッツランド、レイセオン、フィアットアヴィオほか 資本提携／-
7)	事業所	本社／東京　工場／相模原、西春日井、名古屋、三原、栗東、長崎、神戸、下関、横浜、広島、高砂、小牧
8)	関連会社	国内／関門ドックサービス、長崎船舶工事、ダイヤ精密鋳造、三菱重工工事、エムエイチアイエアロスペースほか 海外／MITSUBISHI CATERPILLAR FORKLIFT AMERICA、Mitsubishi Heavy Industries Climate Controlほか
9)	業績推移	2000年3月期／売上高 2兆4,538億2,500万円、経常利益 △ 910億4,400万円、純利益 △ 1,265億8,600万円 2001年3月期／売上高 2兆6,377億3,300万円、経常利益 465億1,600万円、純利益 150億8,700万円
10)	主要製品	各種船舶、海洋構造物、ボイラ、原子力装置、各種化学プラント、各種航空機、宇宙機器、建設機械、農業用機械、工作機械ほか
11)	主な取引先	-
12)	技術移転窓口	-

2.14.2 セラミックスの接合技術に関連する製品

　三菱重工業では、自社のプラントや機械装置などに組み込まれたものとしてセラミックスの接合技術は活用されていると思われるが、製品の形では現れていない。

2.14.3 技術開発課題対応保有特許の概要

　三菱重工業における技術要素と解決手段を図2.14.3-1に示す。技術要素別保有特許を表2.14.3-1に示す。セラミックスと金属とのろう付けに関するものが多く、解決手段としては接合材の特性・形状に関するものが最も多い。

図2.14.3-1 三菱重工業における技術要素と解決手段

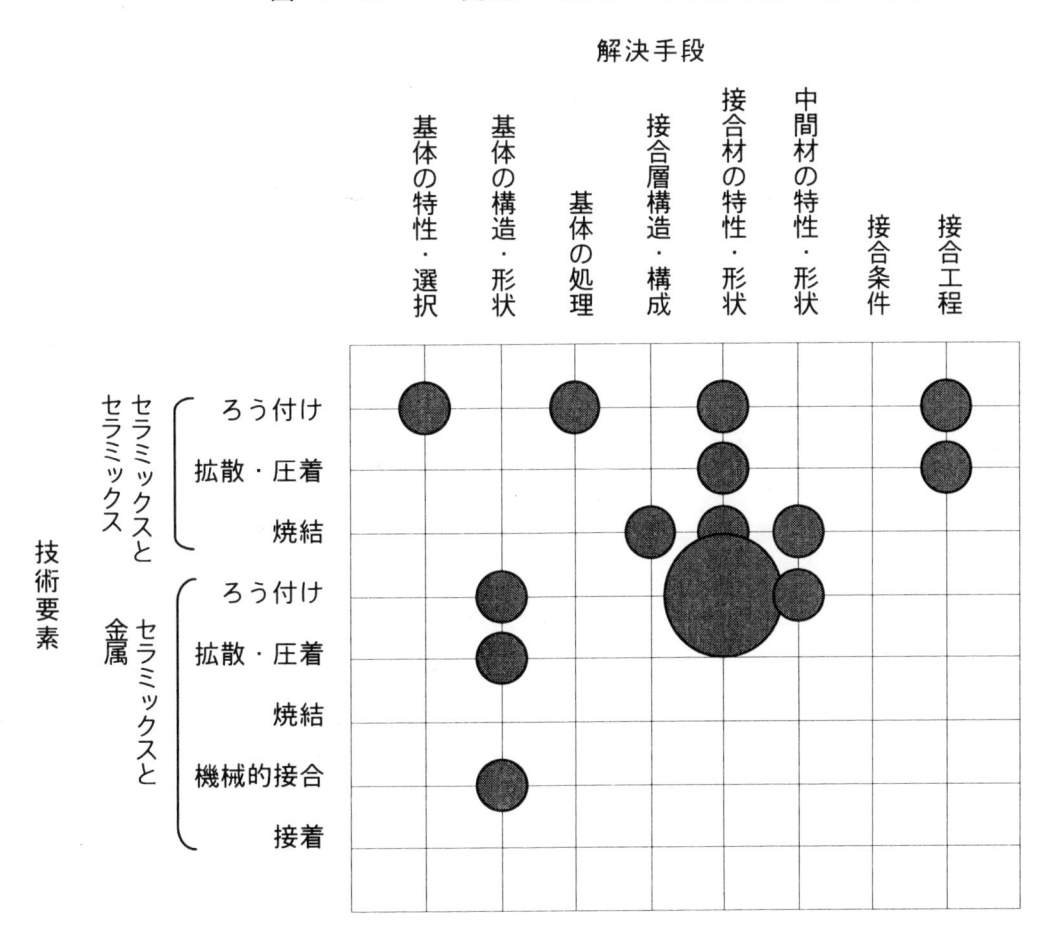

1991～2001年 10月公開の権
利存続中または係属中の特許

表2.14.3-1 三菱重工業の技術要素別保有特許

技術要素	特許番号	開発課題	名称および解決手段要旨
セラミックスとセラミックスのろう付け	特許 3064113 C04B37/00	化学的特性の向上	ZrO2セラミックスの接合方法 【解決手段】基体の処理
	特開平 8-59358 C04B37/00(重複)	接合強度向上、欠陥防止	ベータアルミナ管とセラミックスとの接合方法 【解決手段】接合工程
	特許 3100295 C04B37/00	機械的特性の向上	セラミックス材料からなる固体電解質の接合方法 【解決手段】接合材の特性、形状など
	特開平 9-157053 C04B37/00	適用範囲の拡大	SiGeとMoSi2の接合方法 【解決手段】基体の成分、基体の選択 【要旨】SiGe と MoSi$_2$ を接合するにあたり、両者の間に SiGe 側から Ge、W、Zr-Ni 合金の順ではさみ込み、真空中で Zr-Ni 合金の融点以上に加熱する。
セラミックスとセラミックスの拡散・圧着	特開平 8-59358 C04B37/00(重複)	接合強度向上、欠陥防止	ベータアルミナ管とセラミックスとの接合方法 【解決手段】接合工程
	特開平 8-40780 C04B37/00	応力の緩和	セラミックエレメントの接合方法、接合部材及び接合装置 【解決手段】接合材の特性、形状など
セラミックスとセラミックスの焼結	特許 2984395 C04B37/00	接合強度向上、欠陥防止	窒化物系セラミックス接合体及びその接合方法 【解決手段】中間材の特性・形状など
	特許 3004374 C04B37/00	経済性向上、工程の簡略化	窒化ケイ素接合体 【解決手段】接合部の層構造・層構成
	特開 2001-48640 C04B35/18	化学的特性の向上	セラミックス焼結体 【解決手段】接合材の特性、形状など
セラミックスと金属のろう付け	特許 2858583 C04B37/02(共願)	機械的特性の向上	酸化ジルコニウム系セラミックと金属の接合方法 【解決手段】接合材の特性、形状など
	特許 3004379 C04B37/02	接合強度向上、欠陥防止	セラミックスと金属の接合方法 【解決手段】接合材の特性、形状など
	特開平 8-67575 C04B37/02	接合強度向上、欠陥防止	ベータ型アルミナと金属の接合方法 【解決手段】接合材の特性、形状など 【要旨】ベータ型 Al$_2$O$_3$ と金属との間に、熱膨張係数がベータ型 Al$_2$O$_3$ の 90～130%である材料を1種以上挟み、各材料を Ti を主成分とするろう材でろう付する。
	特開平 8-48579 C04B37/02	化学的特性の向上	アルミナとNbの接合方法 【解決手段】基体の寸法・形状・構造
	特開平 8-119760 C04B37/02	接合強度向上、欠陥防止	SiCのろう付方法 【解決手段】接合材の特性、形状など 【要旨】SiC 部材にメタライズ処理を施した後、Sn-Au 系ろう材を用いて金属部材と SiC 部材とをろう付する。
	特開平 8-239278 C04B37/02	接合強度向上、欠陥防止	炭化珪素部材と金属部材のろう付方法 【解決手段】中間材の特性・形状など
	特開平 9-227245 C04B37/02	機械的特性の向上	プラズマ対向材の製造方法 【解決手段】接合材の特性、形状など 【要旨】c/c コンポジットからなるアーマ材と銅からなる冷却部材とを接合する際に、アーマ材と冷却部材との間に、炭素繊維シートと Ag-Cu-Ti ろう材とを挿入し、真空中において、870℃に加熱し、10 分間保持することによって、炭素繊維とろう材との混合層である複合層を生成する。
セラミックスと金属の拡散・圧着	特開平 9-2880 C04B37/00	接合強度向上、欠陥防止	セラミックス構造物の接合方法 【解決手段】基体の寸法・形状・構造
セラミックスと金属の機械的接合	特開平 8-48578 C04B37/02	接合強度向上、欠陥防止	アルミナ管とNb管の接合方法 【解決手段】基体の寸法・形状・構造
その他	特許 2755814 C04B37/00	接合強度向上、欠陥防止	セラミック部材の接合方法 【解決手段】中間材の特性・形状など

2.14.4 技術開発拠点

　三菱重工業におけるセラミックスの接合技術の開発を行っている事業所、研究所などを以下に示す。

愛知県：名古屋航空宇宙システム製作所、産業機器事業部
広島県：広島製作所
長崎県：長崎研究所、長崎造船所
東京都：本社
兵庫県：高砂研究所、高砂事業所

2.14.5 研究開発者

　三菱重工業における発明者数と出願件数の年次推移を図2.14.5-1に、発明者数と出願件数の関係を図2.14.5-2に示す。94-95年に発明者数、出願件数共ピークがあったが、96年以降は減少している。

図 2.14.5-1 三菱重工業における発明者数と出願件数の年次推移

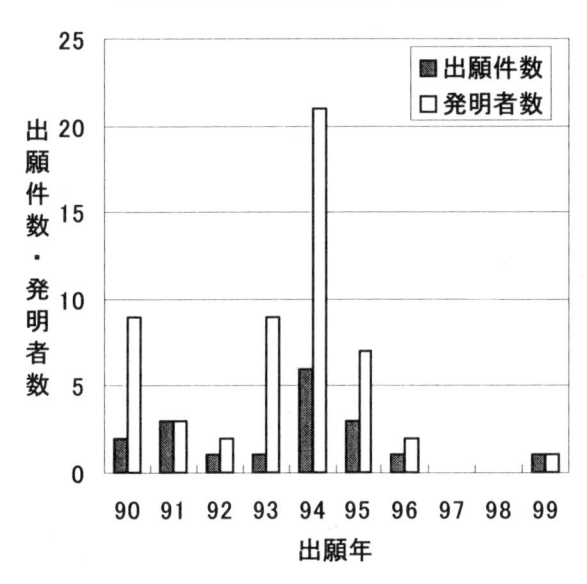

図 2.14.5-2 三菱重工業における発明者数と出願件数の関係

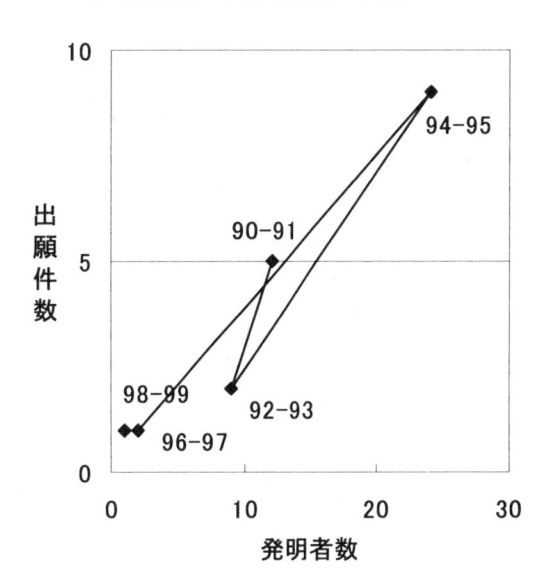

2.15 いすゞ自動車

2.15.1 企業の概要

1）	商号	いすゞ自動車 株式会社
2）	設立年月日	1937年4月
3）	資本金	903億2,900万円
4）	従業員	12,597名（2001年3月31日現在）
5）	事業内容	自動車等の製造・販売
6）	技術・資本提携関係	技術提携／富士重工、ゼネラル モーターズ 資本提携／ゼネラル モーターズ
7）	事業所	本社／東京　工場／川崎、栃木、藤沢、北海道
8）	関連会社	国内／自動車部品工業、自動車鋳物、日本フルハーフ、テーデーエフほか 海外／スバル イスズ オートモーティブ、ゼネラル モーターズほか
9）	業績推移	2000年3月期／売上高 8,631億2,300万円、経常利益 △554億1,200万円、純利益 △1,038億6,100万円 2001年3月期／売上高 8,298億9,000万円、経常利益 △105億7,800万円、純利益 △579億3,800万円
10）	主要製品	大型トラック・バス、小型トラック、商用車ほか
11）	主な取引先	-
12）	技術移転窓口	-

2.15.2 セラミックスの接合技術に関連する製品

いすゞ自動車のセラミックスの接合技術に関連する製品を表2.15.2-1に示す。自動車のエンジン部品としてセラミックスの接合体が使われる例は多いが、それらは、大半が部品メーカからの調達品であり、いすゞ自動車としてセラミックスの接合体を販売することは少ないと思われる。

表2.15.2-1 いすゞ自動車におけるセラミックスの接合技術に関連する製品

製品	出典
セラミックDPF	http://www.isuzu.co.jp/

2.15.3 技術開発課題対応保有特許の概要

いすゞ自動車における技術要素と解決手段を図2.15.3-1に示す。技術要素別保有特許を表2.15.3-1に示す。セラミックスと金属のろう付けに関し、接合材の特性・形状および中間材の特性・形状に対する工夫を解決手段とするものが多い。

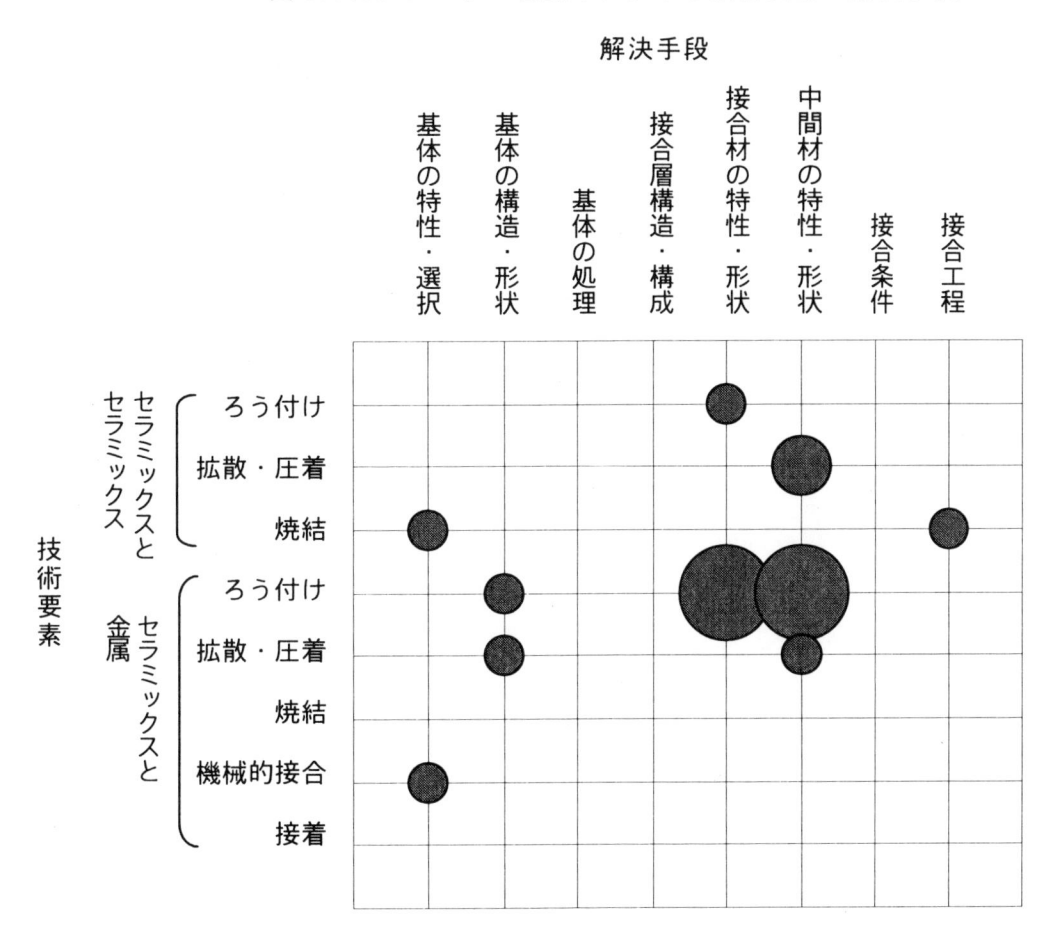

図 2.15.3-1 いすゞ自動車における技術要素と解決手段

1991～2001 年 10 月公開の権利存続中または係属中の特許

表2.15.3-1 いすゞ自動車の技術要素別保有特許(1)

技術要素	特許番号	開発課題	名称および解決手段要旨
セラミックスとセラミックスのろう付け	特許2940084 C04B37/00	接合強度向上、欠陥防止	セラミック複合体の製造方法 【解決手段】接合材の特性、形状など 【要旨】所定の形状に形成したセラミック焼結体の表面にろう材として金属酸化物を含むペーストまたは金属粉末を塗布あるいは金属箔を配置し、次いでペーストまたは金属粉末あるいは金属箔上に珪素粉末を含んだ組成物を配置してセラミック複合体素材を形成する。そしてこのセラミック複合体素材を窒素雰囲気中で焼成する。
セラミックスとセラミックスの拡散・圧着	特許2522124 C04B37/00	接合強度向上、欠陥防止	セラミックスとセラミックスとの接合方法 【解決手段】中間材の特性・形状など 【要旨】セミックスとセラミックスとの間に、クローム薄膜層を形成したニッケル板からなる接合板をクローム薄膜層が両セラミックスに対向するように配設し、所定の真空状態で加熱、加圧する。
	特許2522125 C04B37/02 (重複)	接合強度向上、欠陥防止	セラミックスと金属又はセラミックスとの接合方法 【解決手段】中間材の特性・形状など
セラミックスとセラミックスの焼結	特許2811840 B28B3/02	接合強度向上、欠陥防止	ピストン等のセラミック部品の製造方法 【解決手段】接合工程 【要旨】モノリスセラミック材から薄板を形成し、モノリスセラミック材と同質のセラミックウイスカーとバインダーとの混合材をこの薄板の面に対応して押圧状態に保持して成形体を製作する。次いで、薄板と成形体とを互いに押圧状態に維持して再焼成する。
	特開平8-276537 B32B18/00	接合強度向上、欠陥防止	積層形低熱伝導材料 【解決手段】基体の特性、基体の選択
セラミックスと金属のろう付け	特許2528718 C04B37/02 (共願)	熱的特性の向上	セラミックスと金属の接合方法 【解決手段】接合材の特性、形状など 【要旨】セラミックスと金属との間のセラミックス側に厚さ1.0～1.7mmのニッケル板とした応力緩衝材を介在させ、セラミックスとニッケル板との間にチタン-銅系のろう材を配設し、これらを真空中、無加圧下においてろう材中の銅の拡散温度以上の温度で所定時間加熱する。
	特許2940030 C04B37/02	熱的特性の向上	セラミックスと金属の接合方法 【解決手段】中間材の特性・形状など
	特許2940070 C04B37/02	経済性向上、工程の簡略化	セラミックスと金属との接合方法 【解決手段】中間材の特性・形状など
	特許3041531 C04B37/02 (共願)	接合強度向上、欠陥防止	セラミックスと金属の接合方法 【解決手段】中間材の特性・形状など
	特許3041383 C04B37/02 (共願)	接合強度向上、欠陥防止	セラミックスと金属の接合方法 【解決手段】中間材の特性・形状など
	特開平6-249105 F02M61/18,360	接合強度向上、欠陥防止	燃料噴射ノズルの製造方法 【解決手段】基体の寸法・形状・構造
	特開平6-285620 B23K1/14	接合強度向上、欠陥防止	ろう付け接合体及びその接合方法 【解決手段】中間材の特性・形状など
	特開平6-321647 C04B37/02	接合強度向上、欠陥防止	セラミックスとニッケルとの接合方法 【解決手段】接合材の特性、形状など
	特開平6-321648 C04B37/02	接合強度向上、欠陥防止	セラミックスとニッケルとの接合方法 【解決手段】接合材の特性、形状など
	特開平7-25677 C04B37/02	接合強度向上、欠陥防止	セラミックスとニッケル又はニッケル系合金との接合方法 【解決手段】接合材の特性、形状など
	特開平8-319884 F02F3/00,302	熱的特性の向上	遮熱ピストン 【解決手段】接合材の特性・成分

表 2.15.3-1 いすゞ自動車の技術要素別保有特許(2)

技術要素	特許番号	開発課題	名称および解決手段要旨
セラミックスと金属の拡散・圧着	特許 2522125 C04B37/02 (重複)	接合強度向上、欠陥防止	セラミツクスと金属又はセラミツクスとの接合方法 【解決手段】中間材の特性・形状など
	特開平 6-92749 C04B37/02	経済性向上、工程の簡略化	摺動部品の製造方法 【解決手段】基体の寸法・形状・構造
セラミックスと金属の機械的接合	特許 2917566 F02F3/26	機械的特性の向上	燃焼室の構造及びその製造法 【解決手段】基体の特性、基体の選択
その他	特許 3060498 C04B37/02	接合強度向上、欠陥防止	金属とセラミックスの結合体及びその製造方法 【解決手段】中間材の特性・形状など
	特許 3074775 C04B37/02	接合強度向上、欠陥防止	セラミツクスと金属との結合構造及びその結合法 【解決手段】基体の寸法・形状・構造
	特開平 9-92451 H05B6/10,331	適用範囲の拡大	高周波誘導加熱接着方法 【解決手段】接合材の特性・成分

2.15.4 技術開発拠点

いすゞ自動車におけるセラミックスの接合技術の開発を行っている事業所、研究所などを以下に示す。

神奈川県：川崎工場、藤沢工場
北海道：北海道工場

2.15.5 研究開発者

いすゞ自動車における発明者数と出願件数の年次推移を図2.15.5-1に、発明者数と出願件数の関係を図2.15.5-2に示す。90年代にある程度の研究開発がなされた後、現在は大幅に減少している。

図 2.15.5-1 いすゞ自動車における発明者数と出願件数の年次推移

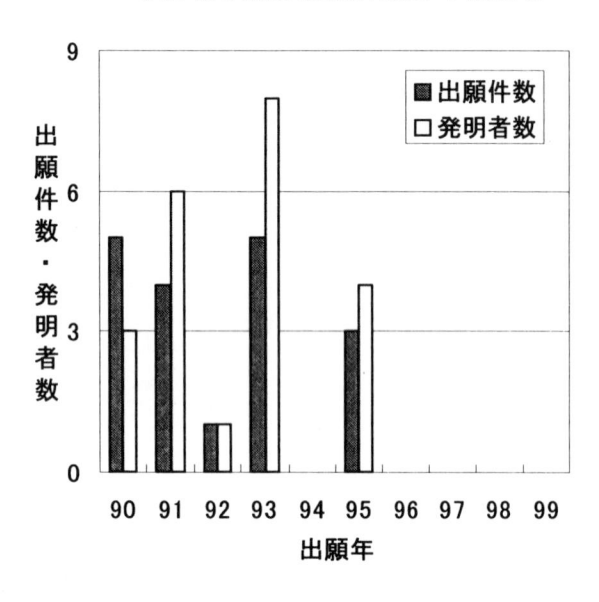

図 2.15.5-2 いすゞ自動車における発明者数と出願件数の関係

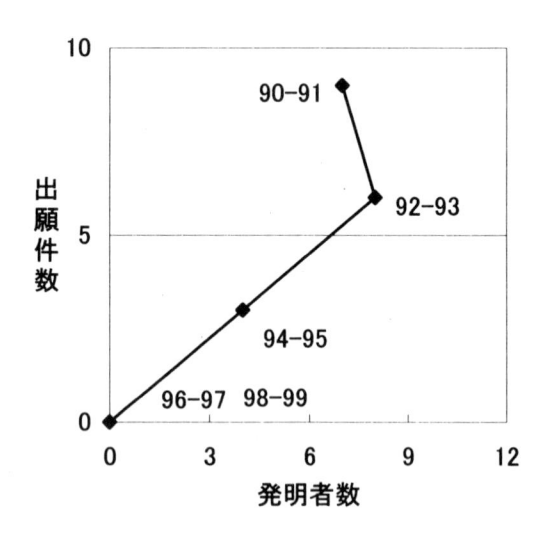

2.16 イビデン

2.16.1 企業の概要

1)	商号	イビデン 株式会社
2)	設立年月日	1912年11月
3)	資本金	238億800万円
4)	従業員	2,024名（2001年3月31日現在）
5)	事業内容	電子関連製品、セラミック、建材、樹脂、食品等の製造・販売
6)	技術・資本提携関係	技術提携／住友金属工業、日本特殊陶業 資本提携／-
7)	事業所	本社／大垣　工場／大垣、青柳・河間（大垣）、大垣北、衣浦（高浜）
8)	関連会社	国内／イビデン電子工業、イビデン精密、イビケン、イビデンエンジニアリング、イビデン樹脂ほか 海外／イビデンU.S.A.、イビデングラファイトオブアメリカほか
9)	業績推移	2000年3月期／売上高 1,238億2,000万円、経常利益 97億800万円、純利益 54億2,300万円 2001年3月期／売上高 1,308億7,700万円、経常利益 101億8,300万円、純利益 39億7,600万円
10)	主要製品	プリント配線板、ファインセラミックス製品、メラミン化粧板ほか
11)	主な取引先	-
12)	技術移転窓口	-

2.16.2 セラミックスの接合技術に関連する製品

イビデンのセラミックスの接合技術に関連する製品を表2.16.2-1に示す。基板を中心として、医療機器などへも展開を図っているのが特徴的である。

表 2.16.2-1 イビデンにおけるセラミックスの接合技術に関連する製品

製品	製品名	出典
基板	ビルドアップ基板	http://www.ibiden.co.jp/
	環境調和型基板	http://www.ibiden.co.jp/
	部分金メッキ仕様基板	http://www.ibiden.co.jp/
	BVH基板	http://www.ibiden.co.jp/
自動車関連製品	メタル触媒・排気管用断熱材	http://www.ibiden.co.jp/
	低騒音液マニカバー	http://www.ibiden.co.jp/
	DPF	http://www.ibiden.co.jp/
医療機器関連製品	歯科用モータ	http://www.ibiden.co.jp/

2.16.3 技術開発課題対応保有特許の概要

イビデンにおける技術要素と解決手段を図2.16.3-1に示す。技術要素別保有特許を表2.16.3-1に示す。セラミックスと金属との接着に対して接着剤の特性・形状に関する解決手段を取るものが多い。

図 2.16.3-1 イビデンにおける技術要素と解決手段

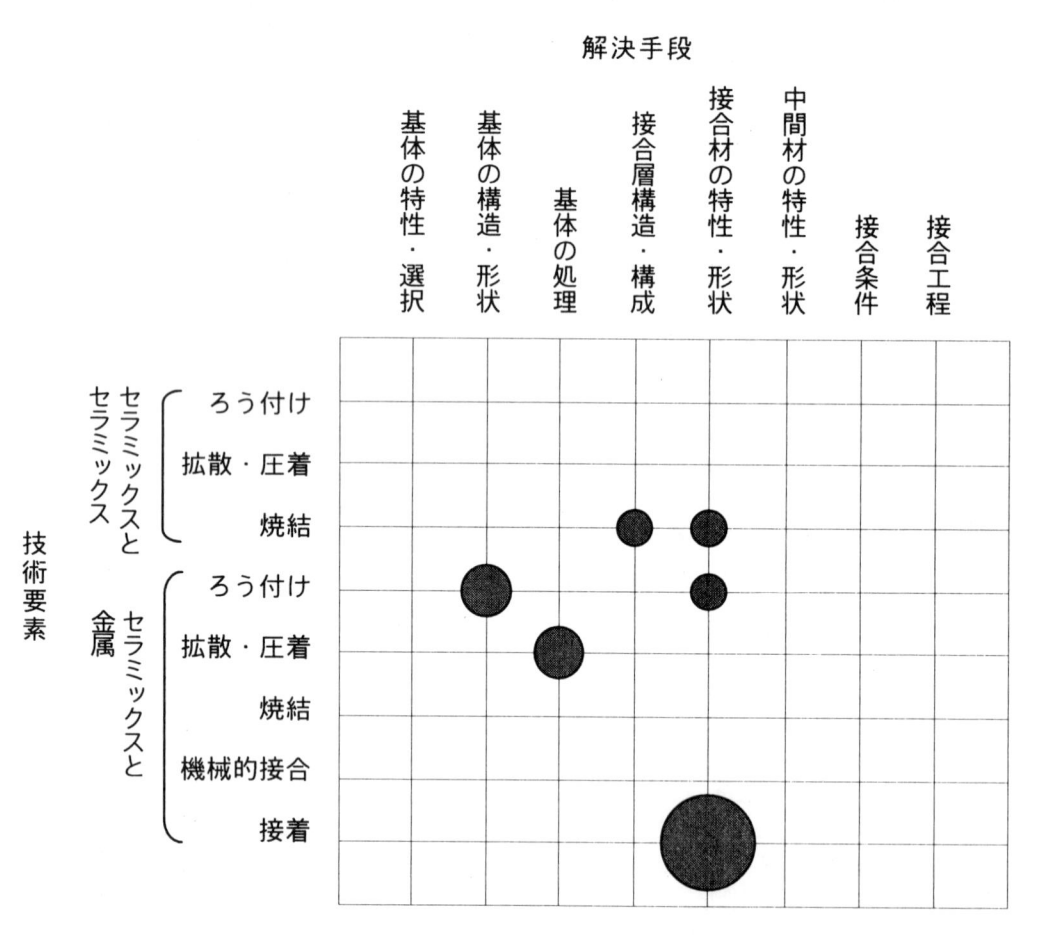

1991～2001 年 10 月公開の権
利存続中または係属中の特許

表2.16.3-1 イビデンの技術要素別保有特許

技術要素	特許番号	開発課題	名称および解決手段要旨
セラミックスとセラミックスの焼結	特許2828213 C01G29/00,ZAA (共願)	経済性向上、工程の簡略化	超伝導体およびその製造方法 【解決手段】接合部の層構造・層構成
	特許3121497 F01N3/02,301 (共願)	耐久性の向上	セラミック構造体 【解決手段】接合材の特性・成分
セラミックスと金属のろう付け	特開平5-319945 C04B37/02	耐久性の向上	金属板接合セラミック基板製造用ろう材 【解決手段】接合材の特性、形状など
	特開平5-319946 C04B37/02	耐久性の向上	金属板接合セラミック基板 【解決手段】基体の寸法・形状・構造 【要旨】金属板接合セラミック基板のセラミック基板と金属板との接合面内に接合部分と非接合部分をほぼ均一に存在させ、かつ接合面に対する被接合部分の面積比率を0.01～50%とする。
	特開平6-172051 C04B37/02	耐久性の向上	金属板接合セラミック基板とその製造方法 【解決手段】基体の寸法・形状・構造
セラミックスと金属の拡散・圧着	特許3157520 C04B37/02	接合強度向上、欠陥防止	窒化アルミニウム基板の製造方法 【解決手段】基体の処理 【要旨】窒化アルミニウム基材の表面にAl₂O₃、Y₂O₃およびSiO₂から選ばれた一つの酸化物の薄膜をプラズマ溶射により形成し、酸化物の薄膜に銅板を重ね合わせて、銅と酸化銅の共晶温度以上、銅の融点未満の温度まで加熱することにより、薄膜を介して窒化アルミニウム基材に銅板を接合する。
	特開2000-226270 C04B37/02	接合強度向上、欠陥防止	窒化アルミニウム基板 【解決手段】基体の処理 【要旨】窒化アルミニウム基材の表面にAl₂O₃、Y₂O₃およびSiO₂から選ばれた一つの酸化物の薄膜を形成した後に、銅板を重ね合わせ、銅と酸化銅の共晶温度以上、銅の融点未満の温度まで両者を加熱して酸化銅と銅との共晶を形成して接合する。
セラミックスと金属の接着	特許2877992 H05K3/38	接合強度向上、欠陥防止	配線板用接着剤とこの接着剤を用いたプリント配線板の製造方法およびプリント配線板 【解決手段】接合材の特性・成分
	特許2834912 H05K3/38	接合強度向上、欠陥防止	配線板用接着剤とこの接着剤を用いたプリント配線板の製造方法およびプリント配線板 【解決手段】接合材の特性・成分
	特許2877993 H05K3/38	接合強度向上、欠陥防止	配線板用接着剤とこの接着剤を用いたプリント配線板の製造方法およびプリント配線板 【解決手段】接合材の特性・成分
	特許3152508 H05K3/38	熱的特性の向上	配線板用接着剤とこの接着剤を用いたプリント配線板の製造方法およびプリント配線板 【解決手段】接合材の特性・成分
	特許3076680 H05K3/18	経済性向上、工程の簡略化	配線板用接着剤とこの接着剤を用いたプリント配線板の製造方法およびプリント配線板 【解決手段】接合材の特性・成分
	特許3115435 H05K3/18	接合強度向上、欠陥防止	接着剤およびプリント配線板 【解決手段】接合材の特性・成分
	特開平6-240221 C09J163/00,JFP	接合強度向上、欠陥防止	無電解めっき用接着剤およびプリント配線板 【解決手段】接合材の特性・成分
その他	特開平6-90083 H05K3/38	接合強度向上、欠陥防止	セラミックスDBC基板の製造方法 【解決手段】基体の処理
	特許3208438 H05K3/38	接合強度向上、欠陥防止	金属層を備えたセラミックス基板とその製造方法 【解決手段】基体の処理
	特開2000-279729 B01D39/20	接合強度向上、欠陥防止	セラミックフィルタユニット及びその製造方法、セラミックフィルタ 【解決手段】基体の成分、基体の選択

2.16.4 技術開発拠点

イビデンにおけるセラミックスの接合技術の開発を行っている事業所、研究所などを以下に示す。

岐阜県：技術開発本部、生産技術部門、大垣事業場、青柳事業場、河間事業場、大垣北
　　　　事業場

2.16.5 研究開発者

イビデンにおける発明者数と出願件数の年次推移を図2.16.5-1に、発明者数と出願件数の関係を図2.16.5-2に示す。92年をピークに、90年代の後半は大幅に減少している。

図 2.16.5-1 イビデンにおける発明者数と出願件数の年次推移

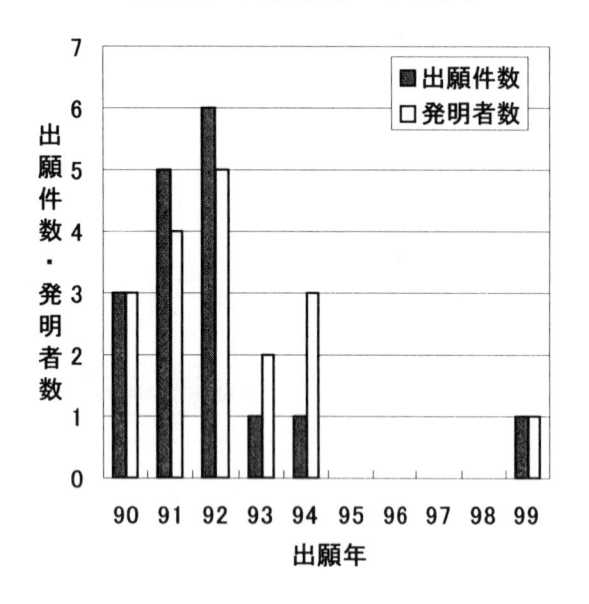

図 2.16.5-2 イビデンにおける発明者数と出願件数の関係

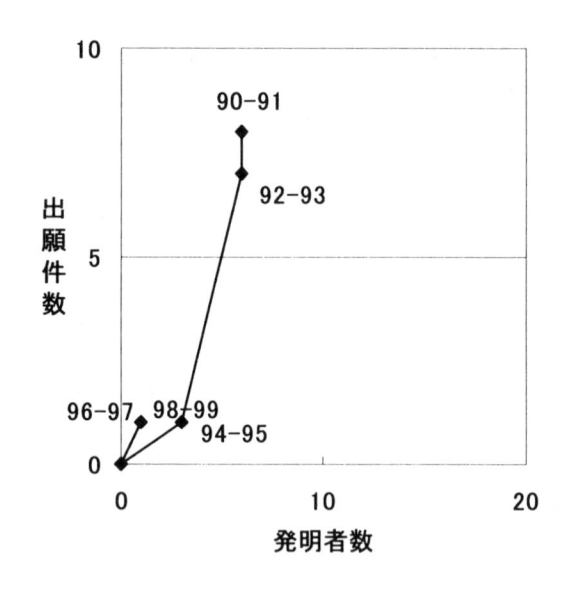

2.17 東芝セラミックス

2.17.1 企業の概要

1)	商号	東芝セラミックス 株式会社
2)	設立年月日	1928年4月
3)	資本金	187億97万円
4)	従業員	1,676名（2001年3月31日現在）
5)	事業内容	シリコンウェーハ、半導体製造用部材、耐火物等の製造・販売
6)	技術・資本提携関係	技術提携／エムハート・グラス・マシナリ、ストッピンク 資本提携／-
7)	事業所	本社／東京　工場／小国（山形）、刈谷、秦野、東金
8)	関連会社	国内／東芝、新潟東芝セラミックス、徳山東芝セラミックス、東海セラミックス、東芝モノフラックスほか 海外／東芝セラミックスアメリカほか
9)	業績推移	2000年3月期／売上高 727億8,346万円、経常利益 △1億2,937万円、純利益 △4億7,419万円 2001年3月期／売上高 865億8,966万円、経常利益 65億7,266万円、純利益 9億4,125万円
10)	主要製品	各種シリコンウェーハ、半導体用石英ガラス・セラミックフィルター、各種耐火物
11)	主な取引先	-
12)	技術移転窓口	-

2.17.2 セラミックスの接合技術に関連する製品

東芝セラミックスにおけるセラミックスの接合技術に関連する製品を表2.17.2-1に示す。総合的セラミックスメーカとして、原材料としてのセラミックスの販売が中心である。

表 2.17.2-1 東芝セラミックスにおけるセラミックスの接合技術に関連する製品

製品	製品名	出典
プレキャスト品	TOCAST BLOCK	http://www.tocera.co.jp/
連続鋳造用高級耐火物	-	http://www.tocera.co.jp/

2.17.3 技術開発課題対応保有特許の概要

東芝セラミックスにおける技術要素と解決手段を図2.17.3-1に示す。技術要素別保有特許を表2.17.3-1に示す。セラミックスとセラミックスの焼結に関するものが多く、接合材の特性・形状を中心に幅広い解決手段が採られている。

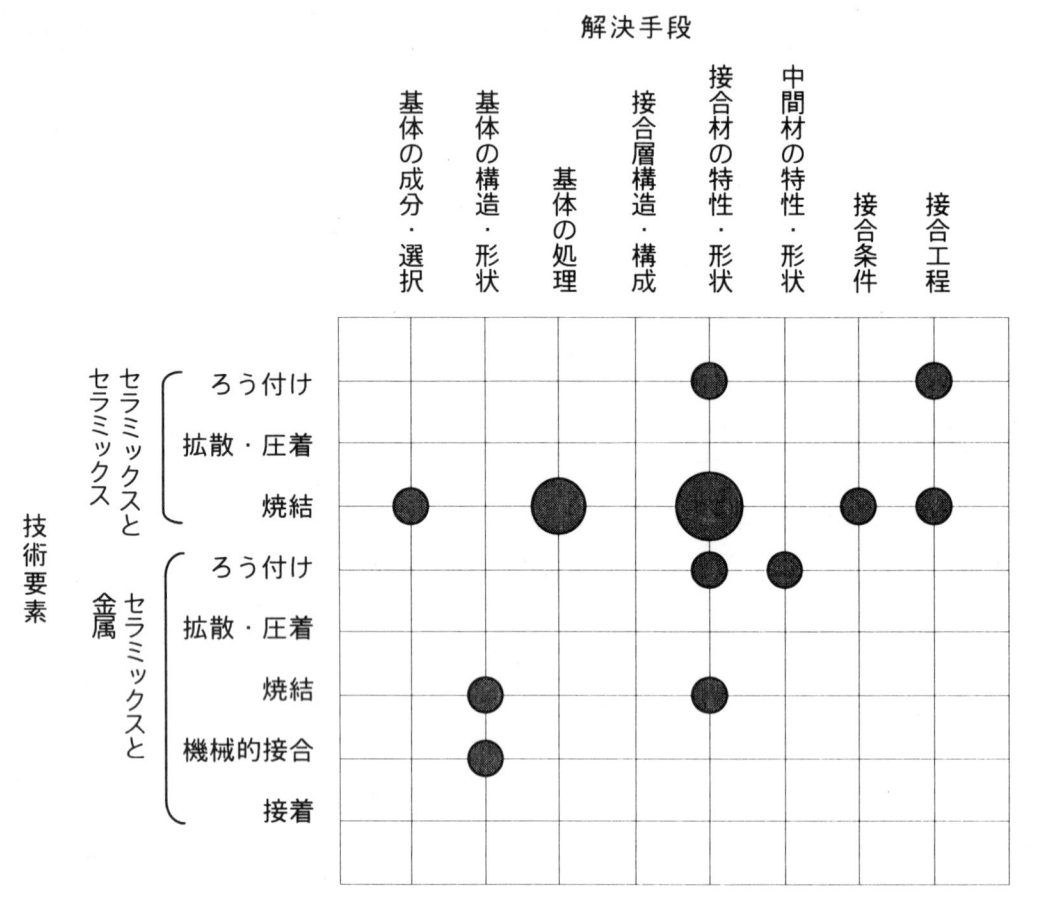

図 2.17.3-1 東芝セラミックスにおける技術要素と解決手段

1991～2001 年 10 月公開の権
利存続中または係属中の特許

表2.17.3-1 東芝セラミックスの技術要素別保有特許(1)

技術要素	特許番号	開発課題	名称および解決手段要旨
セラミックスとセラミックスのろう付け	特許3090742 C04B37/00	接合条件の拡張	石英部材の溶接方法および装置 【解決手段】接合工程
	特開2000-86366 C04B37/00	接合強度向上、欠陥防止	溶融シリカ質耐火物接合体およびその溶接方法 【解決手段】接合材の特性、形状など
セラミックスとセラミックスの焼結	特開平10-130059 C04B35/591	経済性向上、工程の簡略化	高純度窒化珪素体の製造方法 【解決手段】基体の処理
	特開平11-71184 C04B37/00	機械的特性の向上	AlN焼結体用接合剤、その製造方法及びそれを用いたAlN焼結体の接合方法 【解決手段】接合材の特性、形状など 【要旨】AlN焼結体を接合するにあたり、AlN焼結体用接合剤に有機溶剤を添加してペースト状とし、これをAlN焼結体の接合部に塗布しまたはこれをシート状に成形してAlN焼結体の接合部間に介装し、窒素ガス雰囲気において1850℃を超える温度で熱処理する。
	特開2000-26172 C04B37/00	接合強度向上、欠陥防止	接合アルミナセラミック物品の製造方法 【解決手段】接合条件・制御 【要旨】α-Al2O3 と γ-Al2O3 とを混合し比表面積 15～100m²/g に調製した Al₂O₃ 粉末を原料とし、複数の加圧成形体あるいはその仮焼体を作製し、これらを成形圧力を超える圧力の加圧によって接合した後、接合体を1300℃以上の温度で焼成する。
	特開2000-239074 C04B37/00	接合強度向上、欠陥防止	窒化アルミニウム焼結体用接合剤、それを用いる窒化アルミニウム焼結体の接合方法、並びにそれを用いるプレートヒータ及び静電チャックの製造方法 【解決手段】接合材の特性、形状など
	特開2001-10872 C04B37/00	精度の維持向上	セラミック接合体とその製造方法 【解決手段】接合材の特性、形状など 【要旨】粒界成分が酸化イットリウムアルミニウム相のAlN焼結体からなる板の片面に周面を外方へ拡開したテーパー面とする凹部を形成するとともに、板と同様のAlN焼結体からなる管また棒の一端部の外周に、板のテーパー面と係合可能なテーパー面を形成し、両テーパー面間にAlNと酸化イットリウムアルミニウムを主成分とする接合材層を介在させて接合する。
	特開2001-163680 C04B37/00	接合強度向上、欠陥防止	SiC焼結体の接合体、それを利用した半導体製造用部材、及びその製造方法 【解決手段】接合工程 【要旨】半導体製造用部材としてのSiC焼結体の複合体で、嵩密度 3.0g/cm³ 以上の常圧焼結 SiC 焼結体同士が、嵩密度 3.0g/cm³ 以上のSiCからなる接合部を介して接合されている。
	特許2916690 B32B18/00	接合強度向上、欠陥防止	セラミック真空吸着ハンドの製造方法 【解決手段】基体の処理
	特開平5-319933 C04B35/584	機械的特性の向上	半導体製造治具用CVDコート繊維強化窒化けい素材料 【解決手段】基体の成分、基体の選択
セラミックスと金属のろう付け	特許2986167 C04B37/02 (共願)	機械的特性の向上	セラミックス-金属接合体およびその製造方法 【解決手段】中間材の特性・形状など
	特開平10-182257 C04B37/02	応力の緩和	セラミックス-金属接合部材 【解決手段】接合材の特性、形状など
セラミックスと金属の焼結	特許2984169 C04B37/00	熱的特性の向上	セラミックス接合用コンパウンド及びセラミック接合体 【解決手段】接合材の特性、形状など
	特開2001-110877 H01L21/68	電気的・磁気的特性向上	金属端子を有するセラミック-金属複合部品、及びその製造方法 【解決手段】基体の寸法・形状・構造
セラミックスと金属の機械的接合	特許2888350 C04B37/02	熱的特性の向上	セラミック部材と金属部材の接合構造 【解決手段】基体の寸法・形状・構造

表 2.17.3-1 東芝セラミックスの技術要素別保有特許(2)

技術要素	特許番号	開発課題	名称および解決手段要旨
その他	特許 3085589 C04B37/00	接合強度向上、欠陥防止	炭化珪素質成形体の接着方法 【解決手段】接合材の特性、形状など
	特許 3017372 C04B37/00	接合強度向上、欠陥防止	セラミック接合用コンパウンド 【解決手段】接合材の特性、形状など
	特開 2000-72576 C04B41/88	接合強度向上、欠陥防止	シリコン含浸炭化珪素部材の製造方法 【解決手段】基体の寸法・形状・構造
	特許 2506503 C04B38/00,303	接合強度向上、欠陥防止	積層セラミック多孔体 【解決手段】基体の成分、基体の選択
	特開平 10-298524 C09J161/06 (共願)	接合強度向上、欠陥防止	接着剤組成物 【解決手段】接合材の特性・成分

2.17.4 技術開発拠点

東芝セラミックスにおけるセラミックスの接合技術の開発を行っている事業所、研究所などを以下に示す。

愛知県：刈谷工場
山形県：小国工場
神奈川県：秦野工場・開発研究所
千葉県：東金工場
東京都：本社

2.17.5 研究開発者

東芝セラミックスにおける発明者数と出願件数の年次推移を図2.17.5-1に、発明者数と出願件数の関係を図2.17.5-2に示す。90年代半ばを除いて、発明者数、出願件数共ほぼ一定している。

図 2.17.5-1 東芝セラミックスにおける発明者数と出願件数の年次推移

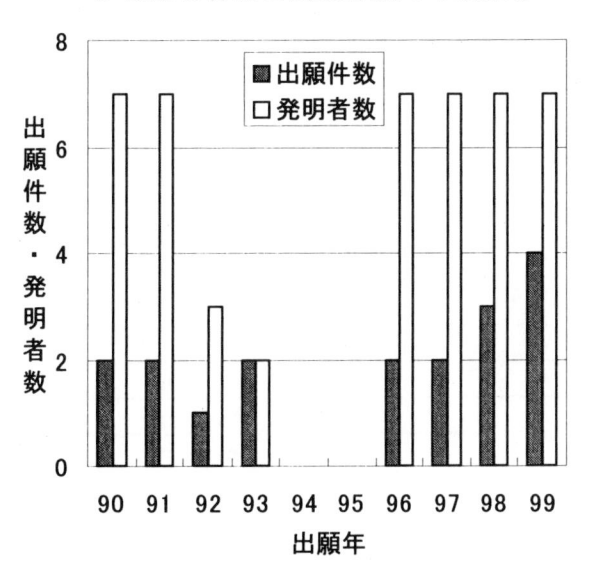

図 2.17.5-2 東芝セラミックスにおける発明者数と出願件数の関係

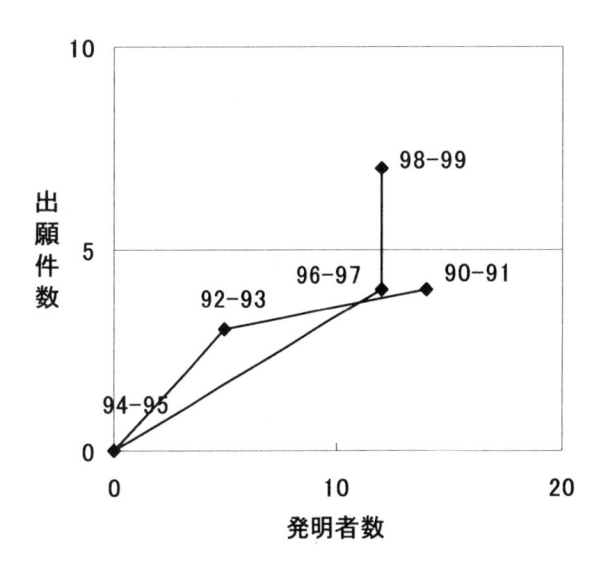

2.18 住友大阪セメント

2.18.1 企業の概要

1)	商号	住友大阪セメント 株式会社
2)	設立年月日	1907年11月
3)	資本金	416億5,400万円
4)	従業員	1,532名（2001年3月31日現在）
5)	事業内容	セメント、鉱産品、建材、光電子・新材料等の製造・販売
6)	技術・資本提携関係	技術提携／- 資本提携／-
7)	事業所	本社／東京　工場／栃木、岐阜、伊吹、赤穂、高知
8)	関連会社	国内／八戸セメント、秋芳鉱業、エステック、スミテックほか 海外／-
9)	業績推移	2000年3月期／売上高 1,598億7,300万円、経常利益 67億5,700万円、純利益 10億4,400万円 2001年3月期／売上高 1,564億5,600万円、経常利益 115億4,100万円、純利益 18億3,000万円
10)	主要製品	各種セメント、石灰石他鉱産品、コンクリート2次製品、光通信部品ほか
11)	主な取引先	-
12)	技術移転窓口	-

2.18.2 セラミックスの接合技術に関連する製品

住友大阪セメントのセラミックスの接合技術に関連する製品を表2.18.2-1に示す。窯業メーカとして、光ファイバーなどにも展開しており、その関係で光の変調器などの分野を手がけているものと思われる。

表2.18.2-1 住友大阪セメントにおけるセラミックスの接合技術に関連する製品

製品	製品名	出典
プレキャスト品	TOCAST BLOCK	http://www.soc.co.jp/
連続鋳造用高級耐火物	-	http://www.soc.co.jp/
ヒーターツール	SiCヒーターツール	http://www.soc.co.jp/
	半導体基板実装用SiCヒーターツール	http://www.soc.co.jp/
静電チャック	Al2O3系静電チャック	http://www.soc.co.jp/
	Al2O4系静電チャック	http://www.soc.co.jp/
	高純度アルミナ-SiC超微粒子複合材料静電チャック	http://www.soc.co.jp/
変調器	LN強度変調器　チャープ型	http://www.soc.co.jp/
	LN強度変調器　ゼロチャープ型	http://www.soc.co.jp/
	LN二電極型強度変調器	http://www.soc.co.jp/
	LN位相変調器	http://www.soc.co.jp/
	LN偏波変調器	http://www.soc.co.jp/
	チャープコントロール用LN変調器	http://www.soc.co.jp/
	RZ伝送用LN変調器	http://www.soc.co.jp/
	導波路型アッテネータ	http://www.soc.co.jp/

2.18.3 技術開発課題対応保有特許の概要

住友大阪セメントにおける技術要素と解決手段を図2.18.3-1に示す。技術要素別保有特許を表2.18.3-1に示す。セラミックスの接合に関し機械的接合および接着を除く各技術要素に満遍なく出願されており、解決手段としては、基体の構造・形状、接合層構造・構成、接合材の特性・形状に関する工夫を解決手段とするものが多い。

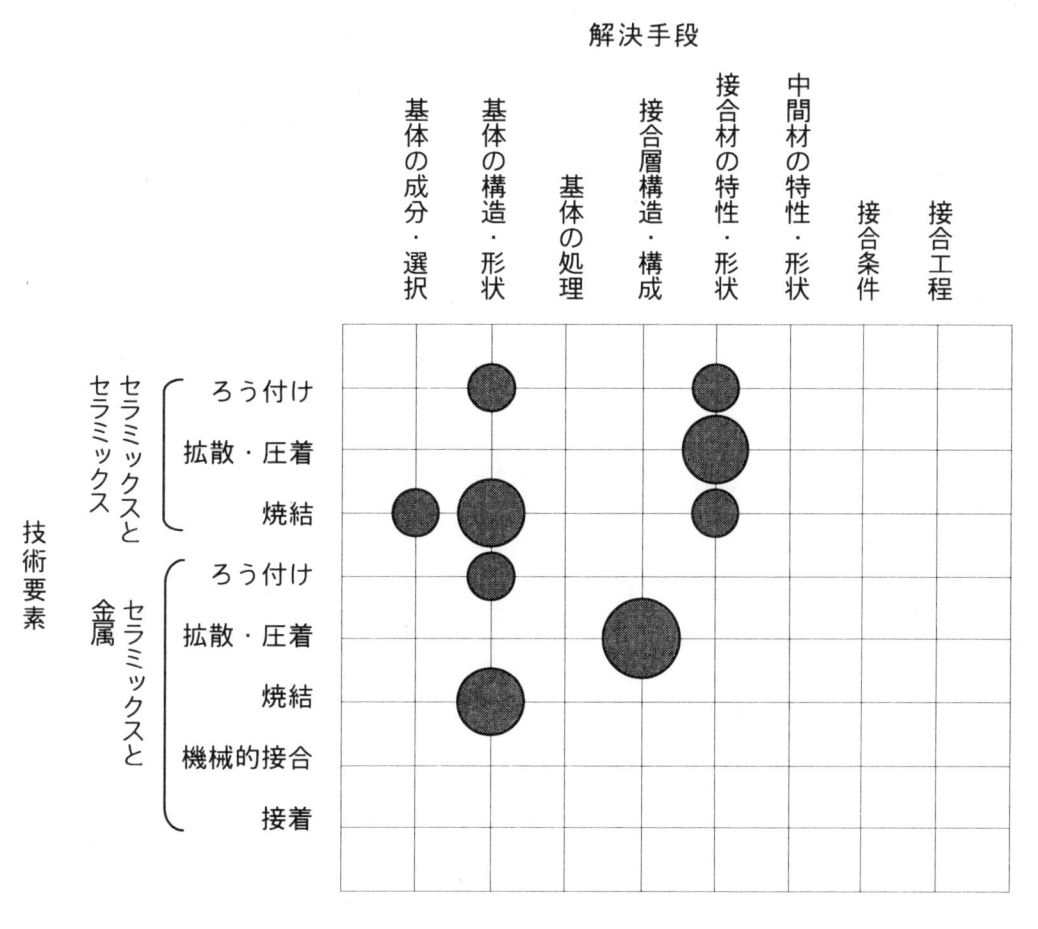

図2.18.3-1 住友大阪セメントにおける技術要素と解決手段

1991～2001年10月公開の権
利存続中または係属中の特許

表2.18.3-1 住友大阪セメントの技術要素別保有特許

技術要素	特許番号	開発課題	名称および解決手段要旨
セラミックスとセラミックスのろう付け	特許3154770 C04B37/00	熱的特性の向上	窒化けい素セラミックス接合体 【解決手段】接合材の特性、形状など
	特開2000-348853 H05B3/18	耐久性の向上	セラミックスヒータ 【解決手段】基体の寸法・形状・構造
セラミックスとセラミックスの拡散・圧着	特許3192683 C04B37/00	接合強度向上、欠陥防止	セラミックス材料の接合方法 【解決手段】接合材の特性、形状など 【要旨】セラミックス材料の接合面に、0.5～10μmの粒径を有する無機スペーサ層形成用粉末を塗布するか、接合面の間に予めシート状に形成された1枚の無機材料を介在させて加熱圧着する
	特開2000-348852 H05B3/14	化学的特性の向上	ヒーター及びその製造方法 【解決手段】接合材の特性、形状など
セラミックスとセラミックスの焼結	特開平11-251038 H05B3/14 (共願)	耐久性の向上	セラミックスヒータ 【解決手段】基体の寸法・形状・構造
	特開平11-278950 C04B37/00	機械的特性の向上	接合用接着剤及び接合体 【解決手段】接合材の特性、形状など
	特開2000-277239 H05B3/14 (重複)	耐久性の向上	セラミックスヒータ 【解決手段】基体の寸法・形状・構造 【要旨】セラミックヒータにおいて、セラミックス焼結体製の基体と、この基体の接合面の全領域を覆うセラミックス焼結体製の被覆板とは、その接合界面に周期表第IIIa属元素から選ばれた少なくとも2種の元素と、アルミニウムと、珪素とを含むオキシナイトライドガラス層が形成されるように接合する。
	特開2000-277592 H01L21/68 (重複)	耐久性の向上	基板保持装置 【解決手段】基体の寸法・形状・構造
	特許3038425 C04B35/622	機械的特性の向上	積層セラミックス薄板の製造方法 【解決手段】基体の成分、基体の選択
セラミックスと金属のろう付け	特許2945466 C04B37/02	機械的特性の向上	セラミックス管と金属との気密接合構造 【解決手段】基体の寸法・形状・構造
セラミックスと金属の拡散・圧着	特許2818210 C04B37/02	機械的特性の向上	アルミナセラミックスと鉄・ニッケル系合金との接合体およびその接合方法 【解決手段】接合部の層構造・層構成 【要旨】セラミックスと金属との接合体において、セラミックス側から、高チタン含有の接合層、Fe-Ni-Tiを主成分とする第1合金層、Ag-Ti合金層、Fe-Ni-Tiを主成分とする第2合金層の順で接合層を形成する。
	特許2848867 C04B37/02	機械的特性の向上	アルミナセラミックスと鉄・ニッケル系合金との接合体およびその接合方法 【解決手段】接合部の層構造・層構成 【要旨】アルミナセラミックスと鉄-ニッケル系合金との接合体において、セラミックス側から、高チタン含有の接合層、Fe-Ni-Mn-Tiを主成分とする第1合金層、Ag-Mn-Ti合金層、Fe-Ni-Mn-Tiを主成分とする第2合金層をそれぞれ所定の厚さに形成する。
	特許2851881 C04B37/02	機械的特性の向上	アルミナセラミックスと鉄・ニッケル系合金との接合体およびその接合方法 【解決手段】接合部の層構造・層構成
セラミックスと金属の焼結	特開2000-277239 H05B3/14 (重複)	耐久性の向上	セラミックスヒータ 【解決手段】基体の寸法・形状・構造
	特開2000-277592 H01L21/68 (重複)	耐久性の向上	基板保持装置 【解決手段】基体の寸法・形状・構造
その他	特許3154771 C04B37/00	接合条件の拡張	窒化けい素セラミックス接合剤 【解決手段】接合材の特性、形状など

2.18.4 技術開発拠点

住友大阪セメントにおけるセラミックスの接合技術の開発を行っている事業所、研究所などを以下に示す。

千葉県：新規技術研究所
大阪府：セメント・コンクリート研究所、建材工場

2.18.5 研究開発者

住友大阪セメントにおける発明者数と出願件数の年次推移を図2.18.5-1に、発明者数と出願件数の関係を図2.18.5-2に示す。97年まで発明者数、出願件数とも少なかったが、98年以降両者共増加傾向にある。

図 2.18.5-1 住友大阪セメントにおける発明者数と出願件数の年次推移

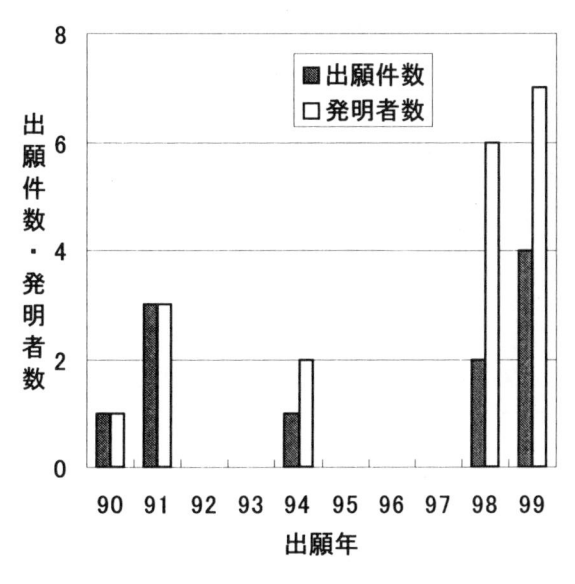

図 2.18.5-2 住友大阪セメントにおける発明者数と出願件数の関係

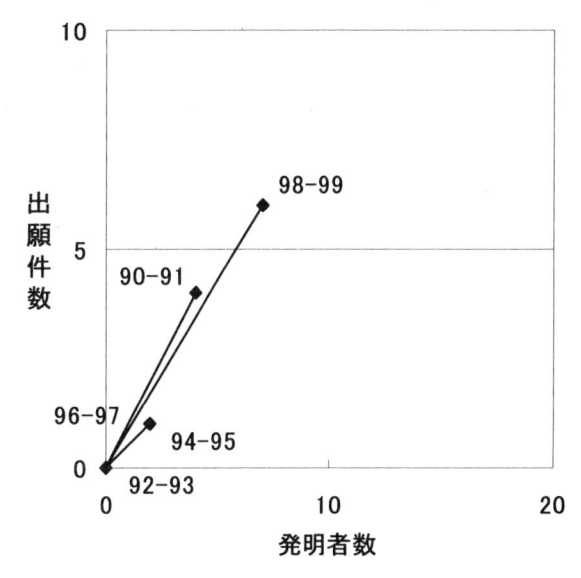

2.19 日立化成工業

2.19.1 企業の概要

1)	商号	日立化成工業 株式会社
2)	設立年月日	1962年10月
3)	資本金	150億2,884万円
4)	従業員	4,304名（2001年3月31日現在）
5)	事業内容	半導体、配線材料、無機・有機化学材料、合成樹脂加工品の製造・販売
6)	技術・資本提携関係	技術提携／- 資本提携／-
7)	事業所	本社／東京　工場／山崎、五井、下館、五所宮
8)	関連会社	国内／新神戸電機、日本電解、日立化成ポリマー、日立化成品、ニューロン ほか 海外／Hitachi Chemical Research Center, Hitachi Chemical America
9)	業績推移	2000年3月期／売上高 2,495億7,000万円、経常利益 154億2,000万円、純利益 78億6,000万円 2001年3月期／売上高 2,579億6,000万円、経常利益 209億1,600万円、純利益 79億1,100万円
10)	主要製品	層間絶縁膜、銅張積層板、ワニス、カーボン製品、粘着フィルムほか
11)	主な取引先	-
12)	技術移転窓口	-

2.19.2 セラミックスの接合技術に関連する製品

　日立化成工業の接合技術に関連する製品を表2.19.2-1に示す。日立化成工業は、化学製品のメーカーとしてセラミックス製品の販売が主で、接合体としての製品は少ない。

表 2.19.2-1 日立化成工業におけるセラミックスの接合技術に関連する製品

製品	出典
燃料電池用カーボンセパレータ	http://www.hitachi-chem.co.jp/

2.19.3 技術開発課題対応保有特許の概要

日立化成工業における技術要素と解決手段を図2.19.3-1に示す。技術要素別保有特許を表2.19.3-1に示す。化学メーカであることから、接着剤に関する特許が最も多い。

図 2.19.3-1 日立化成工業における技術要素と解決手段

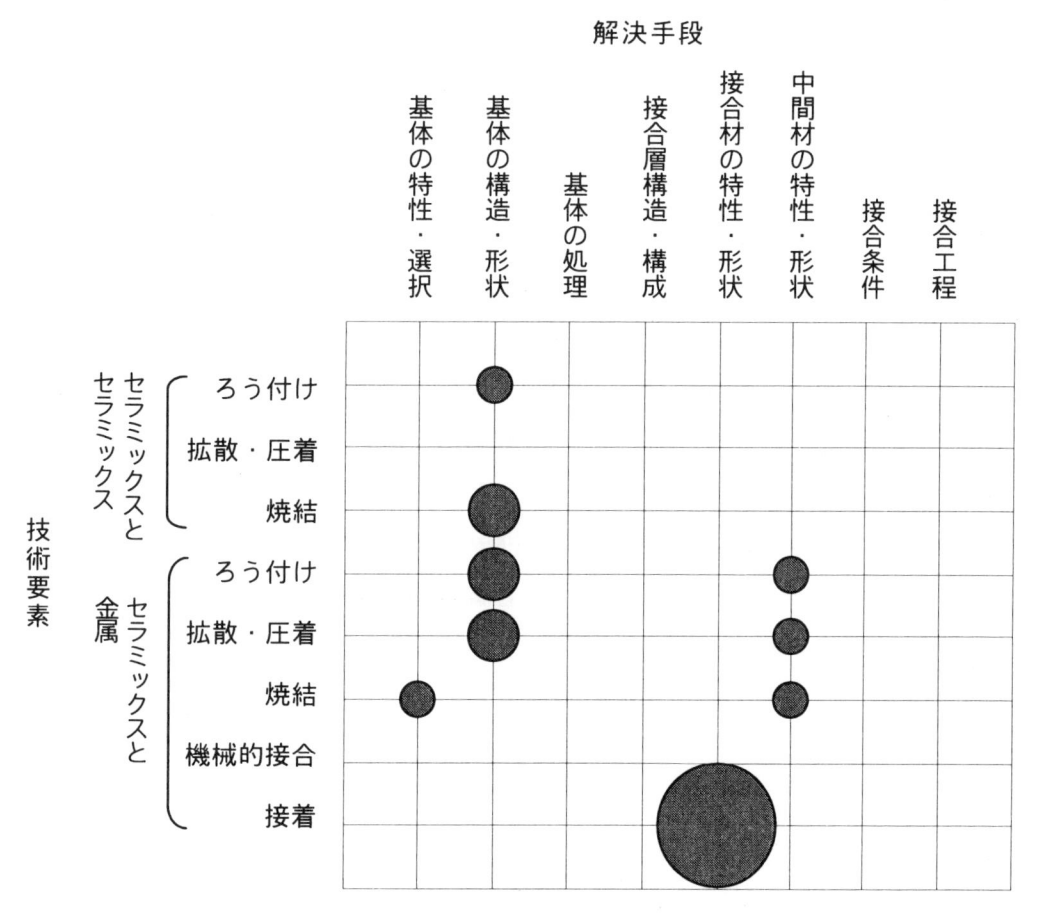

1991～2001 年 10 月公開の権利存続中または係属中の特許

表2.19.3-1 日立化成工業の技術要素別保有特許(1)

技術要素	特許番号	開発課題	名称および解決手段要旨
セラミックスとセラミックスのろう付け	特開平 8-217557 C04B37/00	電気的・磁気的特性向上	Bi系超電導接合体の製造法 【解決手段】基体の寸法・形状・構造
セラミックスとセラミックスの焼結	特開平 8-175880 C04B37/00	電気的・磁気的特性向上	Bi系超電導接合体の製造法 【解決手段】基体の寸法・形状・構造 【要旨】Bi系超電導体同士を接合するにあたって、接合するBi系超電導体の間にBi、Sr、Ca、BaおよびCuを主成分とする超電導前駆体を介在させ、基材上に形成されたBi系超電導体結晶が分解および/または溶融せず、かつ介在する超電導前駆体の一部が溶融し、その後超電導前駆体全体が結晶化する温度で加熱して接合する。
	特開平 8-231279 C04B37/00	電気的・磁気的特性向上	Bi系超電導接合体の製造法 【解決手段】基体の寸法・形状・構造

145

表 2.19.3-1 日立化成工業の技術要素別保有特許(2)

技術要素	特許番号	開発課題	名称および解決手段要旨
セラミックスと金属のろう付け	特開平 8-59376 C04B41/88 (重複)	接合強度向上、欠陥防止	銅合金溶浸炭素材料及びその製造法並びに銅合金溶浸炭素材料を用いたプラズマ対向材 【解決手段】基体の寸法・形状・構造
	特開平 8-81290 C04B41/88 (重複)	接合強度向上、欠陥防止	銅合金被覆炭素材料及びその製造法並びに銅合金被覆炭素材料を用いたプラズマ対向材 【解決手段】基体の寸法・形状・構造
	特開平 9-118575 C04B41/88	接合強度向上、欠陥防止	銅合金被覆炭素材料、その製造法及プラズマ対向材 【解決手段】中間材の特性・形状など 【要旨】炭素材料上にチタンを含む銅合金の被覆層を形成し、炭素材料と銅合金との界面には炭化チタンを存在させる。銅合金の被覆層は、チタン濃度が炭素材料との界面から銅合金の表面に向かって断続的あるいは連続的に減少している層であるか、またはそのような銅合金の被覆層あるいは均一なチタン濃度の銅合金の被覆層上にさらに銅の被覆層を形成する。
セラミックスと金属の拡散・圧着	特開平 8-59376 C04B41/88 (重複)	接合強度向上、欠陥防止	銅合金溶浸炭素材料及びその製造法並びに銅合金溶浸炭素材料を用いたプラズマ対向材 【解決手段】基体の寸法・形状・構造
	特開平 8-81290 C04B41/88 (重複)	接合強度向上、欠陥防止	銅合金被覆炭素材料及びその製造法並びに銅合金被覆炭素材料を用いたプラズマ対向材 【解決手段】基体の寸法・形状・構造
	特開平 10-25173 C04B37/02	熱的特性の向上	炭素材料金属接合体その製造法及びプラズマ対向材 【解決手段】中間材の特性・形状など
セラミックスと金属の焼結	特開平 6-328618 B32B15/04 (共願)	接合強度向上、欠陥防止	セラミックス超電導複合体及びその製造法 【解決手段】中間材の特性・成分
	特開平 9-66582 B32B18/00	機械的特性の向上	セラミック複合金属はく張積層板 【解決手段】基体の特性、基体の選択
セラミックスと金属の接着	特許 2697169 C09J179/08	熱的特性の向上	接着剤 【解決手段】接合材の特性・成分
	特開平 5-320610 C09J163/00	熱的特性の向上	接着剤組成物、該接着剤組成物を用いたフィルム状接着剤の製造方法、並びに該接着剤を用いた電極の接続体、及び接着剤付金属箔 【解決手段】接合材の特性・成分
	特開平 6-145639 C09J179/08	接合強度向上、欠陥防止	導電性接着フィルム、接着法、導電性接着フイルム付き支持部材及び半導体装置 【解決手段】接合材の特性・成分
	特許 3055388 C08G73/10	接合強度向上、欠陥防止	接着フィルム 【解決手段】接合材の特性・成分
	特許 3109707 C09J9/00	熱的特性の向上	耐熱性接着剤及びそれを含む半導体パッケージ 【解決手段】接合材の特性・成分
	特開平 10-273629 C09J7/00	熱的特性の向上	回路接続用接着剤及び回路板の製造法 【解決手段】接合材の特性・成分
	特開平 10-279898 C09J7/02	接合強度向上、欠陥防止	熱硬化性接着シート 【解決手段】接合材の特性・成分
	特開平 11-140392 C09J7/02	接合強度向上、欠陥防止	熱硬化性接着シート 【解決手段】接合材の特性・成分
	特開 2000-96023 C09J163/00	接合強度向上、欠陥防止	樹脂ペースト組成物及びこれを用いた半導体装置 【解決手段】接合材の特性・成分
	特開 2001-3015 C09J7/02	機械的特性の向上	熱硬化性接着フィルム 【解決手段】接合材の特性・成分
	特開 2001-11107 C08F2/44	接合強度向上、欠陥防止	樹脂ペースト組成物及びこれを用いた半導体装置 【解決手段】接合材の特性・成分
その他	特許 2917645 B32B15/04	応力の緩和	銅張積層板の製造方法 【解決手段】基体の特性、基体の選択

2.19.4 技術開発拠点

日立化成工業におけるセラミックスの接合技術の開発を行っている事業所、研究所などを以下に示す。

茨城県：総合研究所、山崎工場

2.19.5 研究開発者

日立化成工業における発明者数と出願件数の年次推移を図2.19.5-1に、発明者数と出願件数の関係を図2.19.5-2に示す。92年をピークに研究者数が減少傾向にはあるが、セラミックスの接合の研究開発には一定の力は注がれている。

図 2.19.5-1 日立化成工業における発明者数と出願件数の年次推移

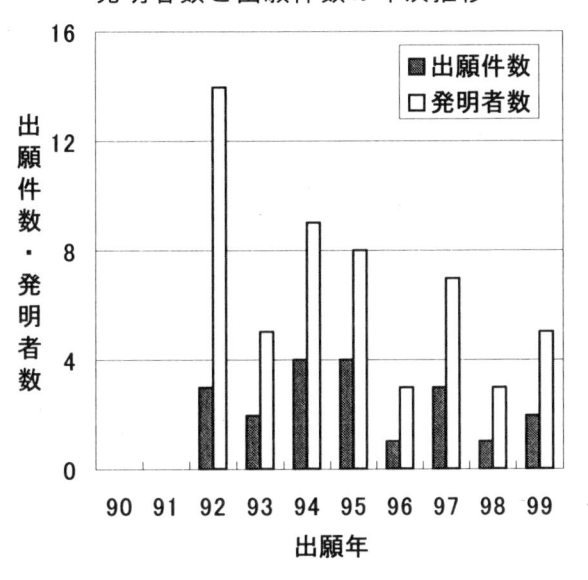

図 2.19.5-2 日立化成工業における発明者数と出願件数の関係

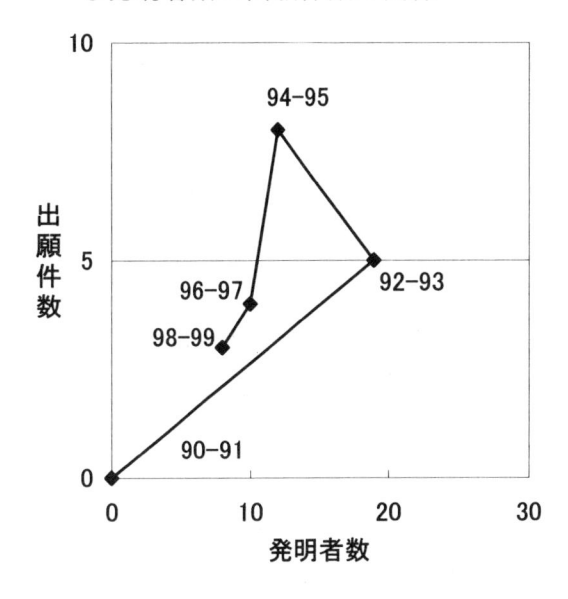

2.20 工業技術院(2001年4月独立行政法人産業技術総合研究所となる。)

2.20.1 研究所の概要

1)	研究所名	独立行政法人産業技術総合研究所
2)	設立年月	2001年4月
3)	研究者数	2,500名
4)	研究内容	・産業技術融合領域研究所
		・計量研究所
		・機械技術研究所
		・物質工学工業技術研究所
		・生命工学技術研究所
		・電子技術総合研究所
		・資源環境技術総合研究所
		・地質調査所
5)	研究拠点	・北海道センター
		・東北センター
		・筑波センター
		・臨海副都心センター
		・中部センター
		・関西センター
		・四国センター
		・九州センター
6)	技術移転窓口	茨城県つくば市梅園1-1-1　つくば中央第2 産総研イノベーションズ(0298-61-5210)

2.20.2 セラミックスの接合技術に関連する製品

　工業技術院は、その組織の役割から、製品は販売されていない。

2.20.3 技術開発課題対応保有特許の概要

　工業技術院における技術要素と解決手段を図2.20.3-1に示す。技術要素別保有特許を表2.20.3-1に示す。セラミックスとセラミックスとの拡散に対して基体の特性・選択および接合条件を解決手段とするものが相対的には多いといえる。全体的には、どこかに特化しているとまではいえない。

図 2.20.3-1 工業技術院における技術要素と解決手段

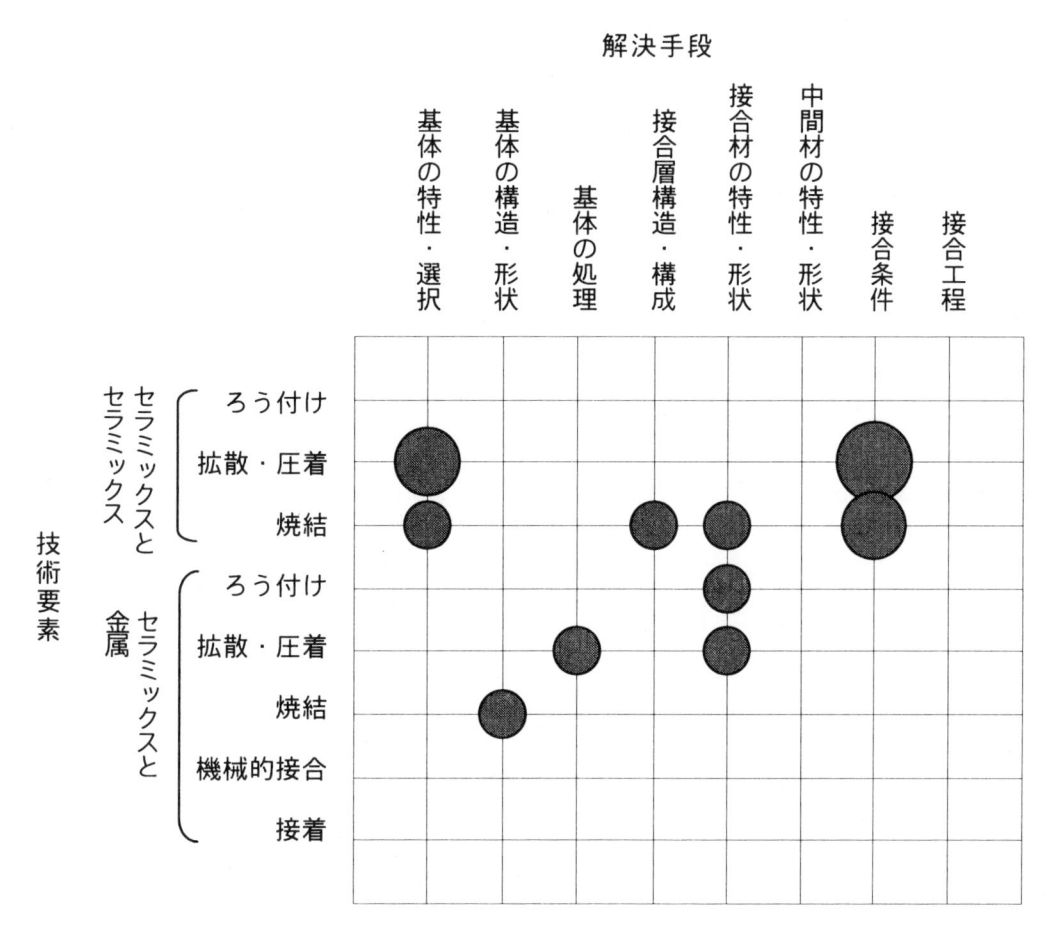

1991～2001 年 10 月公開の権利存続中または係属中の特許

表2.20.3-1 工業技術院の技術要素別保有特許

技術要素	特許番号	開発課題	名称および解決手段要旨
セラミックスとセラミックスの拡散・圧着	特許 2826672 C04B37/00 (共願)	大型化、簡易化	セラミックスの接合方法 【解決手段】接合条件・制御
	特公平 6-49617 C04B37/00 ●	大型化、簡易化	黒鉛と黒鉛とを接合する方法 【解決手段】接合条件・制御
	特公平 6-49619 C04B37/00 ●	大型化、簡易化	炭素材料と炭素材料とを接合する方法 【解決手段】接合条件・制御
	特許 2810965 B32B18/00 (共願)	機械的特性の向上	積層体、人工歯根および歯冠 【解決手段】基体の特性、基体の選択
	特許 2754193 B23K20/00,310 ●	機械的特性の向上	積層接合成形法 【解決手段】基体の特性、基体の選択
セラミックスとセラミックスの焼結	特公平 5-14383 H01R4/68,ZAA ●	電気的・磁気的特性向上	超電導セラミックスの接合方法 【解決手段】接合条件・制御
	特公平 5-14384 H01R4/68,ZAA	電気的・磁気的特性向上	超電導セラミックスの異方性接合の方法 【解決手段】接合条件・制御
	特許 2828213 C01G29/00,ZAA (共願)	経済性向上、工程の簡略化	超伝導体およびその製造方法 【解決手段】接合部の層構造・層構成
	特許 3072367 B28B11/00	機械的特性の向上	構造制御型複合セラミックスの製造方法 【解決手段】接合材の特性、形状など
	特許 2694242 C04B35/584 (共願)	接合強度向上、欠陥防止	高信頼性窒化ケイ素セラミックスとその製造方法 【解決手段】基体の特性、基体の選択
セラミックスと金属のろう付け	特許 3086871 G21C17/10,GDB	接合強度向上、欠陥防止	中性子検出器用気密シール装置 【解決手段】接合材の特性・成分
セラミックスと金属の拡散・圧着	特開平 9-263459 C04B37/02 (共願)	経済性向上、工程の簡略化	セラミックスと金属の接合方法 【解決手段】接合材の特性、形状など
	特公平 8-29457 B23P11/00 ●	接合強度向上、欠陥防止	セラミックスと金属材料との接合体の製造方法 【解決手段】基体の処理
セラミックスと金属の焼結	特許 3103887 C04B37/02 (共願)	接合強度向上、欠陥防止	セラミックス複合材クラッドの製造方法 【解決手段】基体の寸法・形状・構造
その他	特公平 6-47506 C04B37/00	経済性向上、工程の簡略化	超塑性セラミックス線材の接合方法 【解決手段】基体の寸法・形状・構造
	特許 3146239 B32B18/00 (共願)	接合強度向上、欠陥防止	複合成形体の製造方法および生体硬組織代替体 【解決手段】接合材の特性・成分

2.20.4 技術開発拠点

　工業技術院におけるセラミックスの接合技術の開発を行っている事業所、研究所などを以下に示す。

栃木県：産業技術総合研究所
神奈川県：産業技術総合研究所
愛知県：名古屋工業技術研究所
大阪府：産業技術総合研究所関西センター
兵庫県：産業技術総合研究所関西センター
香川県：四国工業技術研究所
佐賀県：九州工業技術研究所

2.20.5 研究開発者

　工業技術院における発明者数と出願件数の年次推移を図2.20.5-1に、発明者数と出願件数の関係を図2.20.5-2に示す。

図 2.20.5-1 工業技術院における発明者数と出願件数の年次推移

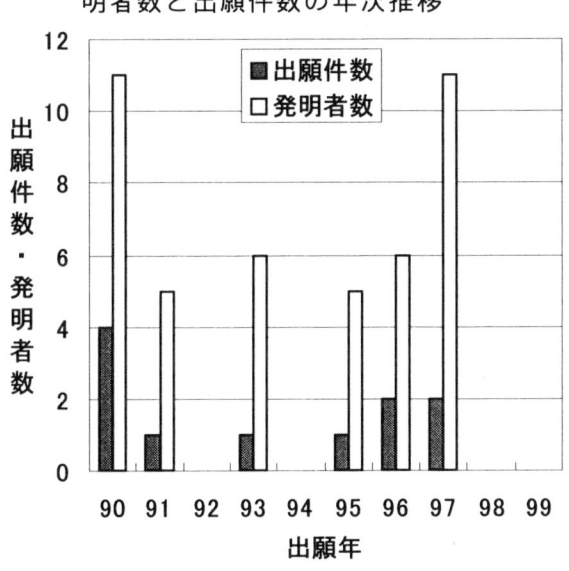

図 2.20.5-2 工業技術院における発明者数と出願件数の関係

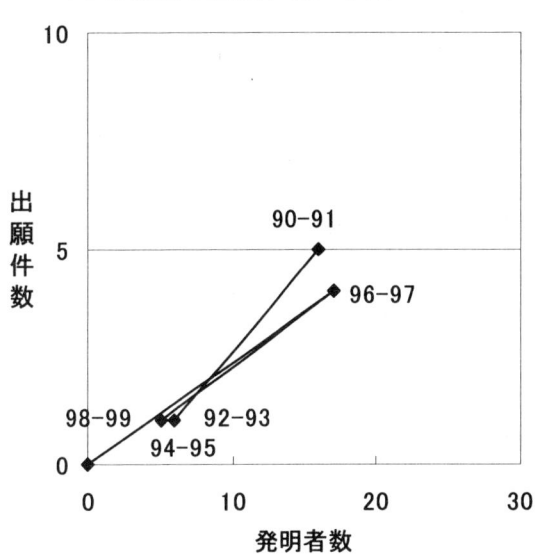

3．主要企業の技術開発拠点

3.1 セラミックスとセラミックスの接合
3.2 セラミックスと金属の接合

> 特許流通
> 支援チャート
>
> # 3．主要企業の技術開発拠点
>
> 窯業メーカー、電気機器メーカーなどが多くの研究開発要員を擁して、セラミックスの接合技術を支えている。

　各技術要素毎に、件数の多い企業について、公報に記載されている発明者名及び住所（事業所名等）を整理し、各企業が開発を行っている事業所、研究所などの技術開発拠点を紹介する。

3.1 セラミックスとセラミックスの接合

(1) ろう付け法

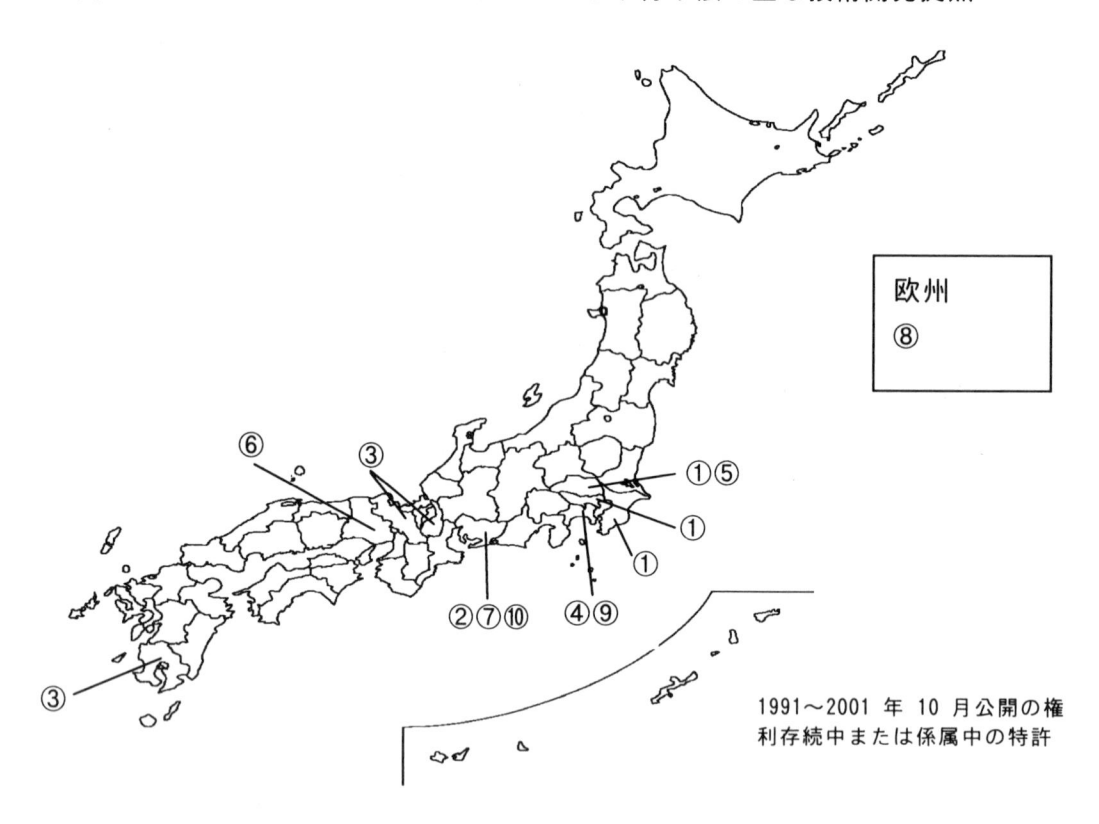

図3.1-1にセラミックスとセラミックスのろう付け法の主な技術開発拠点を示す。表3.1-1にセラミックスとセラミックスのろう付け法の主な技術開発拠点一覧を示す。

太平洋セメントの中央研究所(千葉県)、埼玉工場、日本碍子の中央研究所(愛知県)、京セラの総合研究所(鹿児島県)が主な開発拠点である。

図 3.1-1 セラミックスとセラミックスのろう付け法の主な技術開発拠点

1991～2001 年 10 月公開の権利存続中または係属中の特許

表 3.1-1 セラミックスとセラミックスのろう付け法の技術開発拠点一覧

NO.	企業名	特許数	事業所	住所	発明者数
1	太平洋セメント	9	埼玉工場など	埼玉県	3
			中央研究所	千葉県	7
			本社	東京都	5
2	日本碍子	7	中央研究所など	愛知県	10
3	京セラ	6	中央研究所など	京都府	1
			滋賀工場	滋賀県	1
			総合研究所など	鹿児島県	6
4	東芝	6	研究開発センターなど	神奈川県	10
5	三菱マテリアル	4	総合研究所など	埼玉県	9
6	三菱重工業	4	高砂研究所など	兵庫県	7
7	日本特殊陶業	4	総合研究所など	愛知県	11
8	コミツサリア タ レネルジー アトミーク	3	フランス		7
9	田中貴金属工業	3	技術開発センター	神奈川県	1
10	豊田中央研究所	3	本社	愛知県	6

(2) 拡散・圧着法

図3.1-2にセラミックスとセラミックスの拡散・圧着法の主な技術開発拠点を示す。

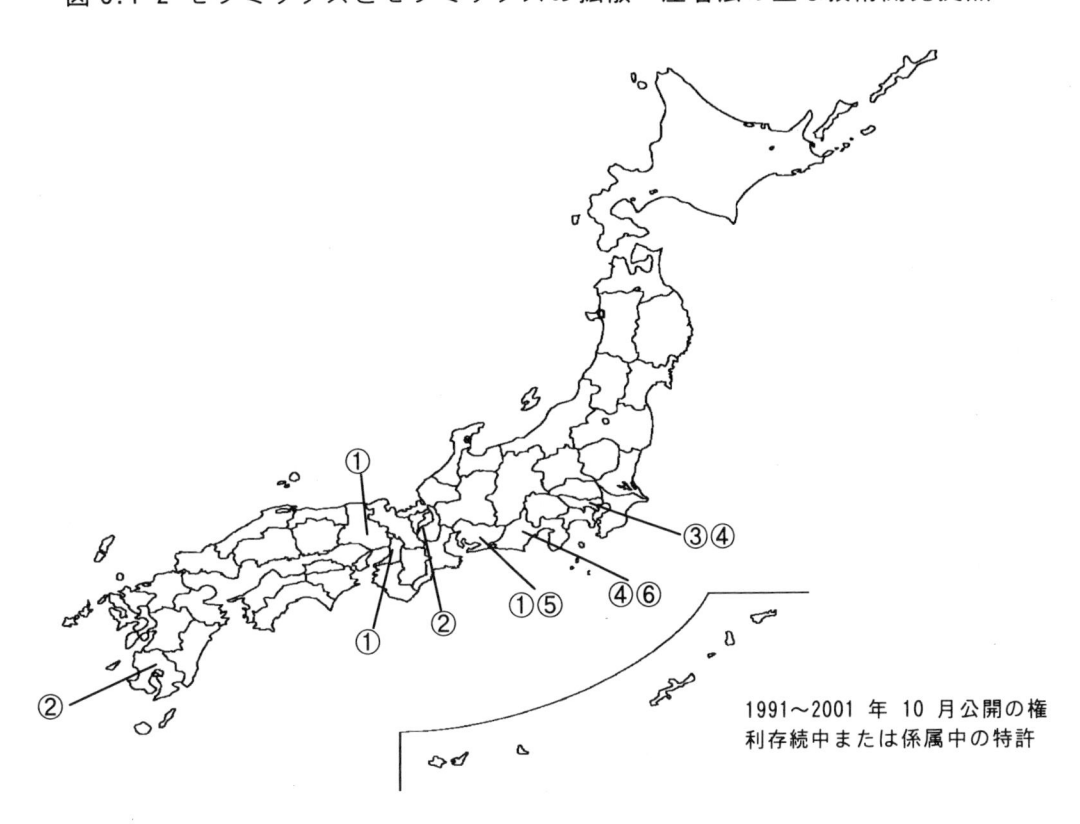

表3.1-2にセラミックスとセラミックスの拡散・圧着法の主な技術開発拠点一覧を示す。

工業技術院の名古屋工業技術研究所(愛知県)、産業技術総合研究所関西センター(大阪府)、日機装の東村山開発センター(東京都)、日本碍子の中央研究所(愛知県)が主な開発拠点である。

図 3.1-2 セラミックスとセラミックスの拡散・圧着法の主な技術開発拠点

1991～2001 年 10 月公開の権利存続中または係属中の特許

表 3.1-2 セラミックスとセラミックスの拡散・圧着法の主な技術開発拠点一覧

NO.	企業名	特許数	事業所	住所	発明者数
1	工業技術院	5	名古屋工業技術研究所	愛知県	7
			産業技術総合研究所関西センター	大阪府	4
			産業技術総合研究所関西センター	兵庫県	2
2	京セラ	4	滋賀工場	滋賀県	1
			総合研究所など	鹿児島県	4
3	ソニー	3	本社など	東京都	2
4	日機装	3	静岡開発センター	静岡県	2
			東村山開発センター	東京都	5
5	日本碍子	3	中央研究所など	愛知県	5
6	鈴木自動車工業	3	都田研究所	静岡県	2

(3) 焼結法

図3.1-3にセラミックスとセラミックスの焼結法の主な技術開発拠点を示す。表3.1-3にセラミックスとセラミックスの焼結法の主な技術開発拠点一覧を示す。

日本碍子の中央研究所(愛知県)、村田製作所の長岡事業所(京都府)、松下電器産業の半導体先行開発センター(大阪府)が主な開発拠点である。

図 3.1-3 セラミックスとセラミックスの焼結法の主な技術開発拠点

1991～2001 年 10 月公開の権利存続中または係属中の特許

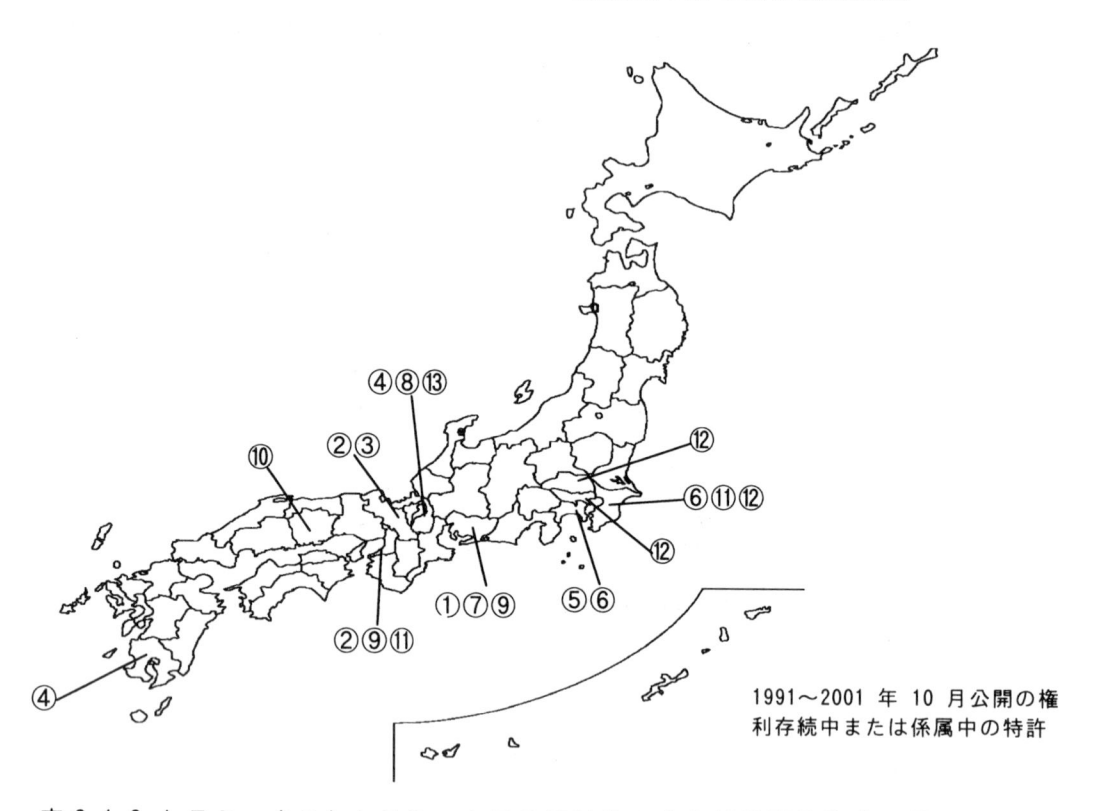

表 3.1-3 セラミックスとセラミックスの焼結法の主な技術開発拠点一覧

NO	企業名	特許数	事業所	住所	発明者数
1	日本碍子	23	中央研究所など	愛知県	28
2	松下電器産業	13	中央研究所	京都府	2
			半導体先行開発センターなど	大阪府	22
3	村田製作所	13	長岡事業所	京都府	27
4	京セラ	12	滋賀工場	滋賀県	5
			総合研究所など	鹿児島県	18
5	東芝	11	研究開発センターなど	神奈川県	13
6	東芝セラミックス	8	開発研究所など	神奈川県	12
			東金工場	千葉県	4
7	日本特殊陶業	8	総合研究所など	愛知県	19
8	オリベスト	6	本社	滋賀県	4
9	工業技術院長	5	名古屋工業技術研究所	愛知県	9
			産業技術総合研究所関西センター	大阪府	3
10	三井造船	5	玉野事業所	岡山県	4
11	住友大阪セメント	5	新規技術研究所	千葉県	7
			セメント・コンクリート研究所など	大阪府	2
12	太平洋セメント	5	埼玉工場など	埼玉県	1
			中央研究所	千葉県	11
			本社	東京都	5
13	東レ	5	滋賀事業場	滋賀県	3

3.2 セラミックスと金属の接合

(1) ろう付け法

　図3.2-1にセラミックスと金属のろう付け法の主な技術開発拠点を示す。表3.2-1にセラミックスと金属のろう付け法の主な技術開発拠点一覧を示す。東芝の研究開発センター(神奈川県)、日本特殊陶業の総合研究所(愛知県)、日本碍子の中央研究所(愛知県)が主な開発拠点である。

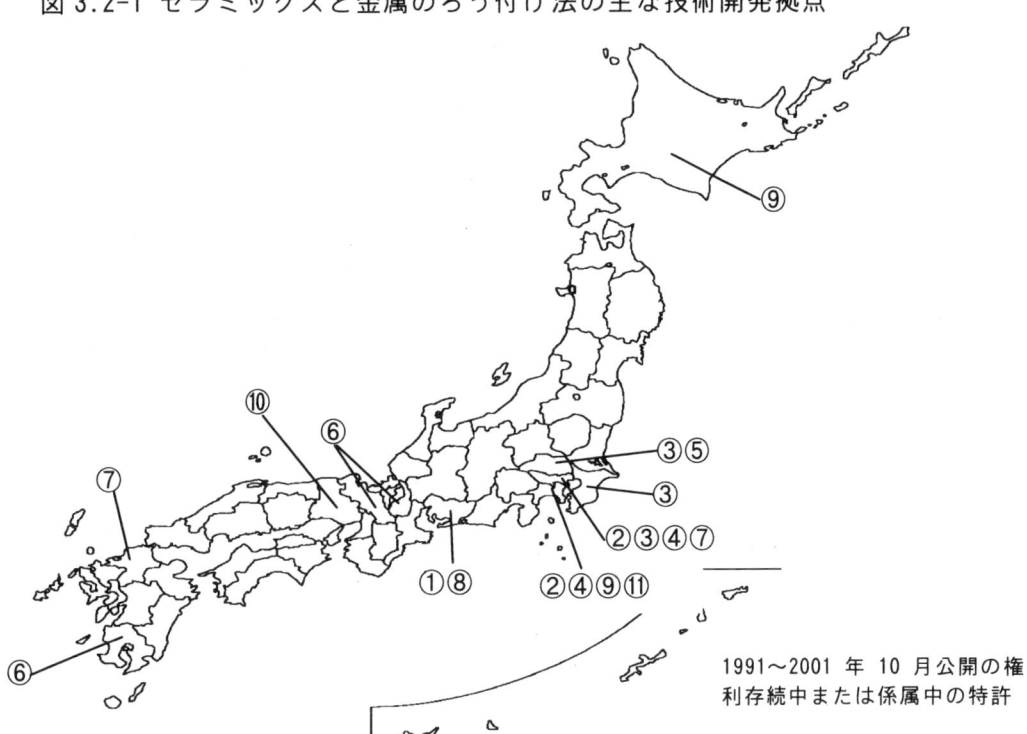

図 3.2-1 セラミックスと金属のろう付け法の主な技術開発拠点

1991～2001 年 10 月公開の権利存続中または係属中の特許

表 3.2-1 セラミックスと金属のろう付け法の主な技術開発拠点一覧

NO	企業名	特許数	事業所	住所	発明者数
1	日本特殊陶業	63	総合研究所など	愛知県	34
2	東芝	50	研究開発センターなど	神奈川県	41
			SI技術開発センター	東京都	9
3	太平洋セメント	37	埼玉工場など	埼玉県	3
			中央研究所	千葉県	11
			その他	東京都	11
4	同和鉱業	34	本社	東京都	20
			中央研究所	神奈川県	1
5	三菱マテリアル	32	総合研究所など	埼玉県	16
6	京セラ	28	中央研究所など	京都府	2
			滋賀工場	滋賀県	6
			総合研究所など	鹿児島県	18
7	電気化学工業	28	中央研究所	東京都	17
			大牟田工場	福岡県	9
8	日本碍子	24	中央研究所など	愛知県	22
9	いすゞ自動車	11	藤沢工場など	神奈川県	9
			北海道工場	北海道	1
10	住友電気工業	11	播磨研究所など	兵庫県	22
11	田中貴金属工業	8	技術開発センター	神奈川県	6

(2) 拡散・圧着法

図3.2-2にセラミックスと金属の拡散・圧着法の主な技術開発拠点を示す。表3.2-2にセラミックスと金属の拡散・圧着法の主な技術開発拠点一覧を示す。東芝の研究開発センター(神奈川県)、日本碍子の中央研究所(愛知県)が主な開発拠点である。

図3.2-2 セラミックスと金属の拡散・圧着法の主な技術開発拠点

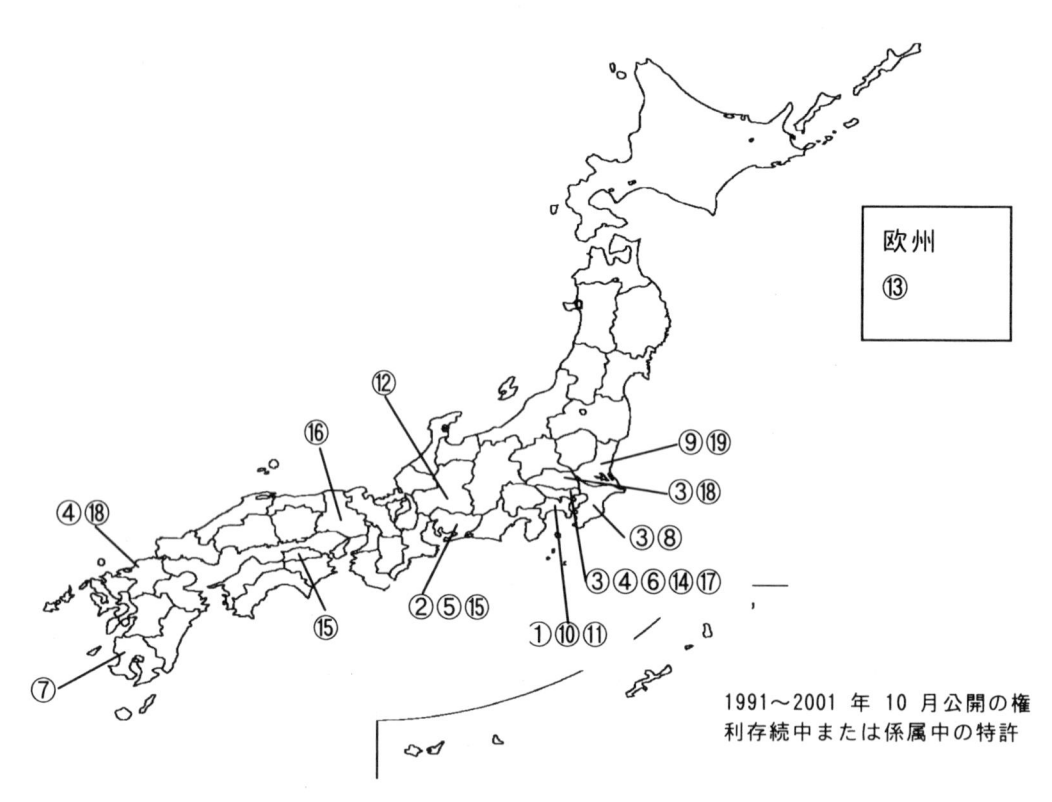

1991～2001年10月公開の権利存続中または係属中の特許

表3.2-2 セラミックスと金属の拡散・圧着法の主な技術開発拠点一覧

NO	企業名	特許数	事業所	住所	発明者数
1	東芝	11	研究開発センターなど	神奈川県	23
2	日本碍子	6	中央研究所など	愛知県	10
3	太平洋セメント	4	埼玉工場など	埼玉県	2
			中央研究所	千葉県	4
			本社	東京都	1
4	電気化学工業	4	中央研究所	東京都	3
			大牟田工場	福岡県	8
5	日本特殊陶業	4	総合研究所など	愛知県	3
6	科学技術庁金属材料技術研究所長	3	金属材料技術研究所	東京都	4
7	京セラ	3	総合研究所など	鹿児島県	5
8	住友大阪セメント	3	新規技術研究所	千葉県	3
9	日立化成工業	3	総合研究所など	茨城県	3
10	富士電機	3	川崎工場	神奈川県	1
11	いすゞ自動車	2	藤沢工場など	神奈川県	4
12	イビデン	2	技術開発本部など	岐阜県	1
13	プランゼー	2		オーストリア	4
14	旭光学工業	2	本社	東京都	2
15	工業技術院長	2	名古屋工業技術研究所	愛知県	4
			四国工業技術研究所	香川県	6
16	川崎重工業	2	神戸事業所	兵庫県	5
17	同和鉱業	2	本社	東京都	7
18	日立金属	2	熊谷工場	埼玉県	2
			九州工場	福岡県	2
19	日立製作所	2	日立事業所	茨城県	5

(3) 焼結法

図3.2-3にセラミックスと金属の焼結法の主な技術開発拠点を示す。表3.2-3にセラミックスと金属の焼結法の主な技術開発拠点一覧を示す。住友電気工業の播磨研究所(兵庫県)、松下電器産業の半導体先行開発センター(大阪府)、日本特殊陶業の総合研究所(愛知県)が主な開発拠点である。

図 3.2-3 セラミックスと金属の焼結法の主な技術開発拠点

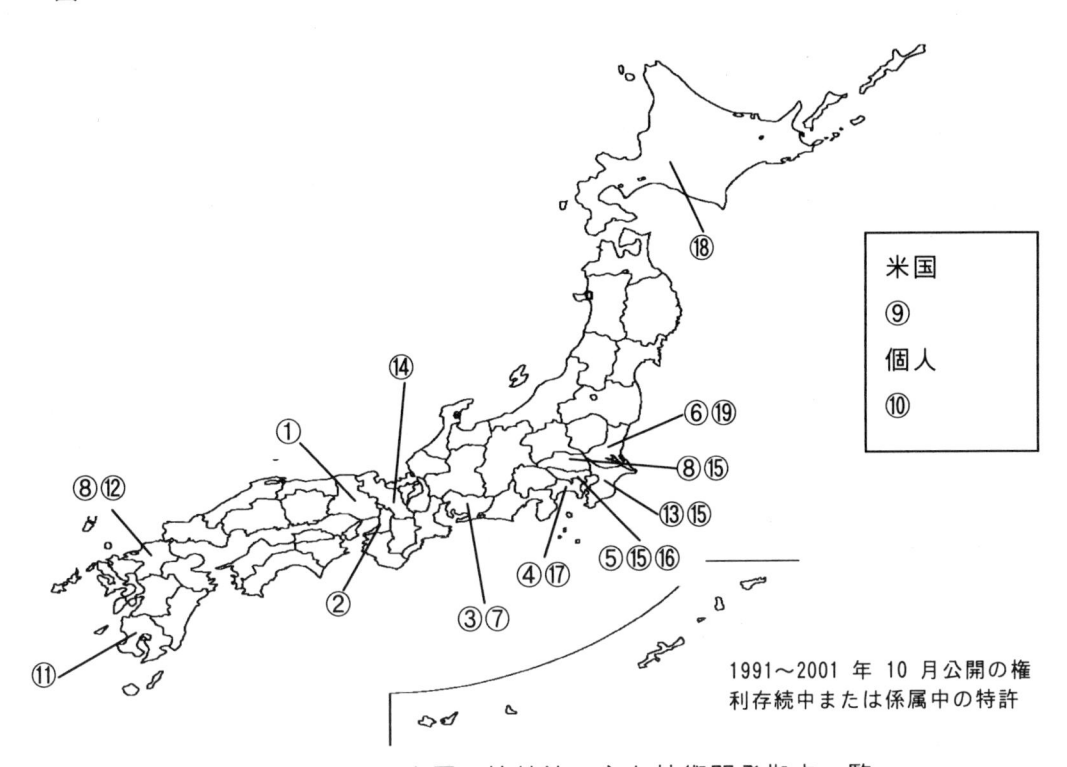

1991～2001 年 10 月公開の権利存続中または係属中の特許

表 3.2-3 セラミックスと金属の焼結法の主な技術開発拠点一覧

NO	企業名	特許数	事業所	住所	発明者数
1	住友電気工業	8	播磨研究所など	兵庫県	20
2	松下電器産業	5	半導体先行開発センターなど	大阪府	13
3	日本特殊陶業	5	総合研究所など	愛知県	10
4	いすゞセラミックス研究所	4	その他	神奈川県	2
5	旭光学工業	4	本社	東京都	3
6	日立製作所	4	日立事業所	茨城県	12
7	日本碍子	3	中央研究所など	愛知県	7
8	日立金属	3	熊谷工場	埼玉県	1
			九州工場	福岡県	2
9	ジエネラル エレクトリック	2	米国		3
10	宮本 欽生	2	個人		1
11	京セラ	2	総合研究所など	鹿児島県	3
12	黒崎窯業	2	本社	福岡県	3
13	住友大阪セメント	2	新規技術研究所	千葉県	7
14	村田製作所	2	長岡事業所	京都府	3
15	太平洋セメント	2	埼玉工場など	埼玉県	1
			中央研究所	千葉県	4
			本社	東京都	1
16	電気化学工業	2	中央研究所	東京都	7
17	東芝セラミックス	2	開発研究所など	神奈川県	6
18	日本製鋼所	2	室蘭製作所	北海道	2
19	日立化成工業	2	総合研究所など	茨城県	5

(4) 機械的接合法

　図3.2-4にセラミックスと金属の機械的接合法の主な技術開発拠点を示す。表3.2-4にセラミックスと金属の機械的接合法の主な技術開発拠点一覧を示す。

　日本碍子の中央研究所(愛知県)、日本特殊陶業の総合研究所(愛知県)が主な開発拠点である。新日本製鉄が4事業所に開発拠点を有している。

図3.2-4 セラミックスと金属の機械的接合法の主な技術開発拠点

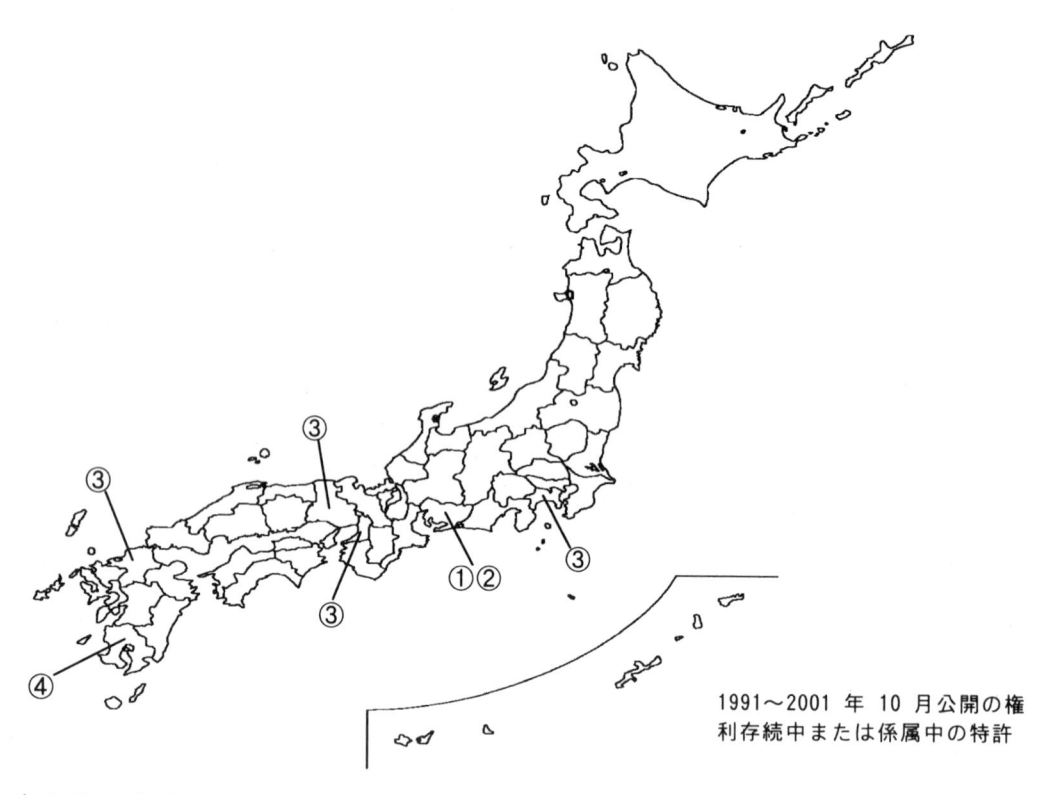

1991～2001年 10月公開の権利存続中または係属中の特許

表3.2-4 セラミックスと金属の機械的接合法の主な技術開発拠点一覧

NO	企業名	特許数	事業所	住所	発明者数
1	日本特殊陶業	11	総合研究所など	愛知県	10
2	日本碍子	7	中央研究所など	愛知県	14
3	新日本製鉄	6	相模原技術開発部	神奈川県	2
			堺製鉄所	大阪府	3
			八幡製鉄所	福岡県	3
			広畑製鉄所	兵庫県	6
4	京セラ	3	総合研究所など	鹿児島県	3

(5) 接着法

　図3.2-5にセラミックスと金属の接着法の主な技術開発拠点を示す。表3.2-5にセラミックスと金属の接着法の主な技術開発拠点一覧を示す。

　日立化成工業の総合研究所(茨城県)、東亜合成化学工業の名古屋事業所(愛知県)が主な開発拠点である。

図3.2-5 セラミックスと金属の接着法の主な技術開発拠点

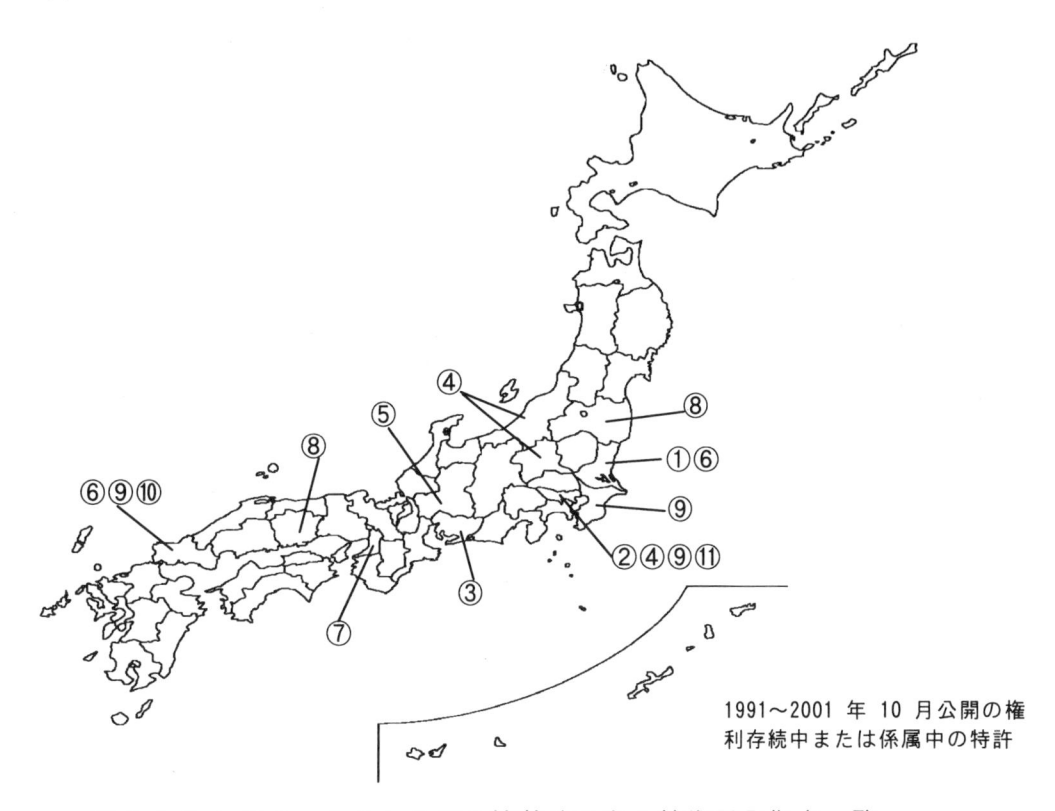

1991～2001年10月公開の権利存続中または係属中の特許

表3.2-5 セラミックスと金属の接着法の主な技術開発拠点一覧

NO	企業名	特許数	事業所	住所	発明者数
1	日立化成工業	11	総合研究所など	茨城県	28
2	住友ベークライト	10	本社	東京都	11
3	東亜合成化学工業	9	名古屋事業所	愛知県	12
4	電気化学工業	8	加工技術研究所など	群馬県	5
			青海工場	新潟県	4
			中央研究所	東京都	5
5	イビデン	7	技術開発本部など	岐阜県	5
6	徳山曹達	4	つくば研究所	茨城県	2
			徳山製造所	山口県	6
7	日東電工	4	本社	大阪府	11
8	品川白煉瓦	4	技術研究所	岡山県	11
			湯本工場	福島県	1
9	三井石油化学工業	3	岩国事業所	山口県	1
			千葉事業所	千葉県	1
			本社	東京都	2
10	住友金属エレクトロデバイス	3	本社	山口県	2
11	日清紡績	3	本社	東京都	6

資料

1. 工業所有権総合情報館と特許流通促進事業
2. 特許流通アドバイザー一覧
3. 特許電子図書館情報検索指導アドバイザー一覧
4. 知的所有権センター一覧
5. 平成13年度25技術テーマの特許流通の概要
6. 特許番号一覧

資料1．工業所有権総合情報館と特許流通促進事業

　特許庁工業所有権総合情報館は、明治20年に特許局官制が施行され、農商務省特許局庶務部内に図書館を置き、図書等の保管・閲覧を開始したことにより、組織上のスタートを切りました。
　その後、我が国が明治32年に「工業所有権の保護等に関するパリ同盟条約」に加入することにより、同条約に基づく公報等の閲覧を行う中央資料館として、国際的な地位を獲得しました。
　平成9年からは、工業所有権相談業務と情報流通業務を新たに加え、総合的な情報提供機関として、その役割を果たしております。さらに平成13年4月以降は、独立行政法人工業所有権総合情報館として生まれ変わり、より一層の利用者ニーズに機敏に対応する業務運営を目指し、特許公報等の情報提供及び工業所有権に関する相談等による出願人支援、審査審判協力のための図書等の提供、開放特許活用等の特許流通促進事業を推進しております。

1　事業の概要
(1) 内外国公報類の収集・閲覧
　下記の公報閲覧室でどなたでも内外国公報等の調査を行うことができる環境と体制を整備しています。

閲覧室	所在地	TEL
札幌閲覧室	北海道札幌市北区北7条西2-8　北ビル7F	011-747-3061
仙台閲覧室	宮城県仙台市青葉区本町3-4-18　太陽生命仙台本町ビル7F	022-711-1339
第一公報閲覧室	東京都千代田区霞が関3-4-3　特許庁2F	03-3580-7947
第二公報閲覧室	東京都千代田区霞が関1-3-1　経済産業省別館1F	03-3581-1101（内線3819）
名古屋閲覧室	愛知県名古屋市中区栄2-10-19　名古屋商工会議所ビルB2F	052-223-5764
大阪閲覧室	大阪府大阪市天王寺区伶人町2-7　関西特許情報センター1F	06-4305-0211
広島閲覧室	広島県広島市中区上八丁堀6-30　広島合同庁舎3号館	082-222-4595
高松閲覧室	香川県高松市林町2217-15　香川産業頭脳化センタービル2F	087-869-0661
福岡閲覧室	福岡県福岡市博多区博多駅東2-6-23　住友博多駅前第2ビル2F	092-414-7101
那覇閲覧室	沖縄県那覇市前島3-1-15　大同生命那覇ビル5F	098-867-9610

(2) 審査審判用図書等の収集・閲覧
　審査に利用する図書等を収集・整理し、特許庁の審査に提供すると同時に、「図書閲覧室（特許庁2F）」において、調査を希望する方々へ提供しています。【TEL：03-3592-2920】

(3) 工業所有権に関する相談
　相談窓口（特許庁 2F）を開設し、工業所有権に関する一般的な相談に応じています。

手紙、電話、e-mail等による相談も受け付けています。
【TEL：03-3581-1101(内線2121〜2123)】【FAX：03-3502-8916】
【e-mail：PA8102@ncipi.jpo.go.jp】

(4) 特許流通の促進
　特許権の活用を促進するための特許流通市場の整備に向け、各種事業を行っています。
(詳細は2項参照)【TEL：03-3580-6949】

2　特許流通促進事業

　先行き不透明な経済情勢の中、企業が生き残り、発展して行くためには、新しいビジネスの創造が重要であり、その際、知的資産の活用、とりわけ技術情報の宝庫である特許の活用がキーポイントとなりつつあります。

　また、企業が技術開発を行う場合、まず自社で開発を行うことが考えられますが、商品のライフサイクルの短縮化、技術開発のスピードアップ化が求められている今日、外部からの技術を積極的に導入することも必要になってきています。

　このような状況下、特許庁では、特許の流通を通じた技術移転・新規事業の創出を促進するため、特許流通促進事業を展開していますが、2001年4月から、これらの事業は、特許庁から独立をした「独立行政法人 工業所有権総合情報館」が引き継いでいます。

(1) 特許流通の促進
① 特許流通アドバイザー
　全国の知的所有権センター・TLO等からの要請に応じて、知的所有権や技術移転についての豊富な知識・経験を有する専門家を特許流通アドバイザーとして派遣しています。
　知的所有権センターでは、地域の活用可能な特許の調査、当該特許の提供支援及び大学・研究機関が保有する特許と地域企業との橋渡しを行っています。(資料2参照)

② 特許流通促進説明会
　地域特性に合った特許情報の有効活用の普及・啓発を図るため、技術移転の実例を紹介しながら特許流通のプロセスや特許電子図書館を利用した特許情報検索方法等を内容とした説明会を開催しています。

(2) 開放特許情報等の提供
① 特許流通データベース
　活用可能な開放特許を産業界、特に中小・ベンチャー企業に円滑に流通させ実用化を推進していくため、企業や研究機関・大学等が保有する提供意思のある特許をデータベース化し、インターネットを通じて公開しています。(http://www.ncipi.go.jp)

② 開放特許活用例集
　特許流通データベースに登録されている開放特許の中から製品化ポテンシャルが高い案

件を選定し、これら有用な開放特許を有効に使ってもらうためのビジネスアイデア集を作成しています。

③ 特許流通支援チャート

企業が新規事業創出時の技術導入・技術移転を図る上で指標となりうる国内特許の動向を技術テーマごとに、分析したものです。出願上位企業の特許取得状況、技術開発課題に対応した特許保有状況、技術開発拠点等を紹介しています。

④ 特許電子図書館情報検索指導アドバイザー

知的財産権及びその情報に関する専門的知識を有するアドバイザーを全国の知的所有権センターに派遣し、特許情報の検索に必要な基礎知識から特許情報の活用の仕方まで、無料でアドバイス・相談を行っています。(資料3参照)

(3) 知的財産権取引業の育成
① 知的財産権取引業者データベース

特許を始めとする知的財産権の取引や技術移転の促進には、欧米の技術移転先進国に見られるように、民間の仲介事業者の存在が不可欠です。こうした民間ビジネスが質・量ともに不足し、社会的認知度も低いことから、事業者の情報を収集してデータベース化し、インターネットを通じて公開しています。

② 国際セミナー・研修会等

著名海外取引業者と我が国取引業者との情報交換、議論の場(国際セミナー)を開催しています。また、産学官の技術移転を促進して、企業の新商品開発や技術力向上を促進するために不可欠な、技術移転に携わる人材の育成を目的とした研修事業を開催しています。

資料2．特許流通アドバイザー一覧 （平成14年3月1日現在）

○経済産業局特許室および知的所有権センターへの派遣

派遣先	氏名	所在地	TEL
北海道経済産業局特許室	杉谷 克彦	〒060-0807 札幌市北区北7条西2丁目8番地1北ビル7階	011-708-5783
北海道知的所有権センター (北海道立工業試験場)	宮本 剛汎	〒060-0819 札幌市北区北19条西11丁目 北海道立工業試験場内	011-747-2211
東北経済産業局特許室	三澤 輝起	〒980-0014 仙台市青葉区本町3－4－18 太陽生命仙台本町ビル7階	022-223-9761
青森県知的所有権センター ((社)発明協会青森県支部)	内藤 規雄	〒030-0112 青森市大字八ツ役字芦谷202-4 青森県産業技術開発センター内	017-762-3912
岩手県知的所有権センター (岩手県工業技術センター)	阿部 新喜司	〒020-0852 盛岡市飯岡新田3－35－2 岩手県工業技術センター内	019-635-8182
宮城県知的所有権センター (宮城県産業技術総合センター)	小野 賢悟	〒981-3206 仙台市泉区明通二丁目2番地 宮城県産業技術総合センター内	022-377-8725
秋田県知的所有権センター (秋田県工業技術センター)	石川 順三	〒010-1623 秋田市新屋町字砂奴寄4－11 秋田県工業技術センター内	018-862-3417
山形県知的所有権センター (山形県工業技術センター)	冨樫 富雄	〒990-2473 山形市松栄1－3－8 山形県産業創造支援センター内	023-647-8130
福島県知的所有権センター ((社)発明協会福島県支部)	相澤 正彬	〒963-0215 郡山市待池台1－12 福島県ハイテクプラザ内	024-959-3351
関東経済産業局特許室	村上 義英	〒330-9715 さいたま市上落合2－11 さいたま新都心合同庁舎1号館	048-600-0501
茨城県知的所有権センター ((財)茨城県中小企業振興公社)	齋藤 幸一	〒312-0005 ひたちなか市新光町38 ひたちなかテクノセンタービル内	029-264-2077
栃木県知的所有権センター ((社)発明協会栃木県支部)	坂本 武	〒322-0011 鹿沼市白桑田516－1 栃木県工業技術センター内	0289-60-1811
群馬県知的所有権センター ((社)発明協会群馬県支部)	三田 隆志	〒371-0845 前橋市鳥羽町190 群馬県工業試験場内	027-280-4416
	金井 澄雄	〒371-0845 前橋市鳥羽町190 群馬県工業試験場内	027-280-4416
埼玉県知的所有権センター (埼玉県工業技術センター)	野口 満	〒333-0848 川口市芝下1－1－56 埼玉県工業技術センター内	048-269-3108
	清水 修	〒333-0848 川口市芝下1－1－56 埼玉県工業技術センター内	048-269-3108
千葉県知的所有権センター ((社)発明協会千葉県支部)	稲谷 稔宏	〒260-0854 千葉市中央区長洲1－9－1 千葉県庁南庁舎内	043-223-6536
	阿草 一男	〒260-0854 千葉市中央区長洲1－9－1 千葉県庁南庁舎内	043-223-6536
東京都知的所有権センター (東京都城南地域中小企業振興センター)	鷹見 紀彦	〒144-0035 大田区南蒲田1－20－20 城南地域中小企業振興センター内	03-3737-1435
神奈川県知的所有権センター支部 ((財)神奈川高度技術支援財団)	小森 幹雄	〒213-0012 川崎市高津区坂戸3－2－1 かながわサイエンスパーク内	044-819-2100
新潟県知的所有権センター ((財)信濃川テクノポリス開発機構)	小林 靖幸	〒940-2127 長岡市新産4－1－9 長岡地域技術開発振興センター内	0258-46-9711
山梨県知的所有権センター (山梨県工業技術センター)	廣川 幸生	〒400-0055 甲府市大津町2094 山梨県工業技術センター内	055-220-2409
長野県知的所有権センター ((社)発明協会長野県支部)	徳永 正明	〒380-0928 長野市若里1－18－1 長野県工業試験場内	026-229-7688
静岡県知的所有権センター ((社)発明協会静岡県支部)	神長 邦雄	〒421-1221 静岡市牧ヶ谷2078 静岡工業技術センター内	054-276-1516
	山田 修寧	〒421-1221 静岡市牧ヶ谷2078 静岡工業技術センター内	054-276-1516
中部経済産業局特許室	原口 邦弘	〒460-0008 名古屋市中区栄2－10－19 名古屋商工会議所ビルB2F	052-223-6549
富山県知的所有権センター (富山県工業技術センター)	小坂 郁雄	〒933-0981 高岡市二上町150 富山県工業技術センター内	0766-29-2081
石川県知的所有権センター (財)石川県産業創出支援機構	一丸 義次	〒920-0223 金沢市戸水町イ65番地 石川県地場産業振興センター新館1階	076-267-8117
岐阜県知的所有権センター (岐阜県科学技術振興センター)	松永 孝義	〒509-0108 各務原市須衛町4－179－1 テクノプラザ5F	0583-79-2250
	木下 裕雄	〒509-0108 各務原市須衛町4－179－1 テクノプラザ5F	0583-79-2250
愛知県知的所有権センター (愛知県工業技術センター)	森 孝和	〒448-0003 刈谷市一ツ木町西新割 愛知県工業技術センター内	0566-24-1841
	三浦 元久	〒448-0003 刈谷市一ツ木町西新割 愛知県工業技術センター内	0566-24-1841

派遣先	氏名	所在地	TEL
三重県知的所有権センター (三重県工業技術総合研究所)	馬渡 建一	〒514-0819 津市高茶屋5－5－45 三重県科学振興センター工業研究部内	059-234-4150
近畿経済産業局特許室	下田 英宣	〒543-0061 大阪市天王寺区伶人町2－7 関西特許情報センター1階	06-6776-8491
福井県知的所有権センター (福井県工業技術センター)	上坂 旭	〒910-0102 福井市川合鷲塚町61字北稲田10 福井県工業技術センター内	0776-55-2100
滋賀県知的所有権センター (滋賀県工業技術センター)	新屋 正男	〒520-3004 栗東市上砥山232 滋賀県工業技術総合センター別館内	077-558-4040
京都府知的所有権センター ((社)発明協会京都支部)	衣川 清彦	〒600-8813 京都市下京区中堂寺南町17番地 京都リサーチパーク京都高度技術研究所ビル4階	075-326-0066
大阪府知的所有権センター (大阪府立特許情報センター)	大空 一博	〒543-0061 大阪市天王寺区伶人町2－7 関西特許情報センター内	06-6772-0704
	梶原 淳治	〒577-0809 東大阪市永和1-11-10	06-6722-1151
兵庫県知的所有権センター ((財)新産業創造研究機構)	園田 憲一	〒650-0047 神戸市中央区港島南町1－5－2 神戸キメックセンタービル6F	078-306-6808
	島田 一男	〒650-0047 神戸市中央区港島南町1－5－2 神戸キメックセンタービル6F	078-306-6808
和歌山県知的所有権センター ((社)発明協会和歌山県支部)	北澤 宏造	〒640-8214 和歌山県寄合町25 和歌山市発明館4階	073-432-0087
中国経済産業局特許室	木村 郁男	〒730-8531 広島市中区上八丁堀6－30 広島合同庁舎3号館1階	082-502-6828
鳥取県知的所有権センター ((社)発明協会鳥取支部)	五十嵐 善司	〒689-1112 鳥取市若葉台南7－5－1 新産業創造センター1階	0857-52-6728
島根県知的所有権センター ((社)発明協会島根支部)	佐野 馨	〒690-0816 島根県松江市北陵町1 テクノアークしまね内	0852-60-5146
岡山県知的所有権センター ((社)発明協会岡山支部)	横田 悦造	〒701-1221 岡山市芳賀5301 テクノサポート岡山内	086-286-9102
広島県知的所有権センター ((社)発明協会広島支部)	壹岐 正弘	〒730-0052 広島市中区千田町3－13－11 広島発明会館2階	082-544-2066
山口県知的所有権センター ((社)発明協会山口県支部)	滝川 尚久	〒753-0077 山口市熊野町1-10 NPYビル10階 (財)山口県産業技術開発機構内	083-922-9927
四国経済産業局特許室	鶴野 弘章	〒761-0301 香川県高松市林町2217－15 香川産業頭脳化センタービル2階	087-869-3790
徳島県知的所有権センター ((社)発明協会徳島県支部)	武岡 明夫	〒770-8021 徳島市雑賀町西開11－2 徳島県立工業技術センター内	088-669-0117
香川県知的所有権センター ((社)発明協会香川県支部)	谷田 吉成	〒761-0301 香川県高松市林町2217－15 香川産業頭脳化センタービル2階	087-869-9004
	福家 康矩	〒761-0301 香川県高松市林町2217－15 香川産業頭脳化センタービル2階	087-869-9004
愛媛県知的所有権センター ((社)発明協会愛媛県支部)	川野 辰己	〒791-1101 松山市久米窪田町337－1 テクノプラザ愛媛	089-960-1489
高知県知的所有権センター ((財)高知県産業振興センター)	吉本 忠男	〒781-5101 高知市布師田3992－2 高知県中小企業会館2階	0888-46-7087
九州経済産業局特許室	簗田 克志	〒812-8546 福岡市博多区博多駅東2－11－1 福岡合同庁舎内	092-436-7260
福岡県知的所有権センター ((社)発明協会福岡支部)	道津 毅	〒812-0013 福岡市博多区博多駅東2－6－23 住友博多駅前第2ビル1階	092-415-6777
福岡県知的所有権センター北九州支部 ((株)北九州テクノセンター)	沖 宏治	〒804-0003 北九州市戸畑区中原新町2－1 (株)北九州テクノセンター内	093-873-1432
佐賀県知的所有権センター (佐賀県工業技術センター)	光武 章二	〒849-0932 佐賀市鍋島町大字八戸溝114 佐賀県工業技術センター内	0952-30-8161
	村上 忠郎	〒849-0932 佐賀市鍋島町大字八戸溝114 佐賀県工業技術センター内	0952-30-8161
長崎県知的所有権センター ((社)発明協会長崎支部)	嶋北 正俊	〒856-0026 大村市池田2－1303－8 長崎県工業技術センター内	0957-52-1138
熊本県知的所有権センター ((社)発明協会熊本支部)	深見 毅	〒862-0901 熊本市東町3－11－38 熊本県工業技術センター内	096-331-7023
大分県知的所有権センター (大分県産業科学技術センター)	古崎 宣	〒870-1117 大分市高江西1－4361－10 大分県産業科学技術センター内	097-596-7121
宮崎県知的所有権センター ((社)発明協会宮崎支部)	久保田 英世	〒880-0303 宮崎県宮崎郡佐土原町東上那珂16500-2 宮崎県工業技術センター内	0985-74-2953
鹿児島県知的所有権センター (鹿児島県工業技術センター)	山田 式典	〒899-5105 鹿児島県姶良郡隼人町小田1445-1 鹿児島県工業技術センター内	0995-64-2056
沖縄総合事務局特許室	下司 義雄	〒900-0016 那覇市前島3－1－15 大同生命那覇ビル5階	098-867-3293
沖縄県知的所有権センター (沖縄県工業技術センター)	木村 薫	〒904-2234 具志川市州崎12－2 沖縄県工業技術センター内1階	098-939-2372

○技術移転機関(TLO)への派遣

派遣先	氏名	所在地	TEL
北海道ティー・エル・オー(株)	山田 邦重	〒060-0808 札幌市北区北8条西5丁目 北海道大学事務局分館2館	011-708-3633
	岩城 全紀	〒060-0808 札幌市北区北8条西5丁目 北海道大学事務局分館2館	011-708-3633
(株)東北テクノアーチ	井硲 弘	〒980-0845 仙台市青葉区荒巻字青葉468番地 東北大学未来科学技術共同センター	022-222-3049
(株)筑波リエゾン研究所	関 淳次	〒305-8577 茨城県つくば市天王台1-1-1 筑波大学共同研究棟A303	0298-50-0195
	綾 紀元	〒305-8577 茨城県つくば市天王台1-1-1 筑波大学共同研究棟A303	0298-50-0195
(財)日本産業技術振興協会 産総研イノベーションズ	坂 光	〒305-8568 茨城県つくば市梅園1-1-1 つくば中央第二事業所D-7階	0298-61-5210
日本大学国際産業技術・ビジネス育成セン	斎藤 光史	〒102-8275 東京都千代田区九段南4-8-24	03-5275-8139
	加根魯 和宏	〒102-8275 東京都千代田区九段南4-8-24	03-5275-8139
学校法人早稲田大学知的財産センター	菅野 淳	〒162-0041 東京都新宿区早稲田鶴巻町513 早稲田大学研究開発センター120-1号館1F	03-5286-9867
	風間 孝彦	〒162-0041 東京都新宿区早稲田鶴巻町513 早稲田大学研究開発センター120-1号館1F	03-5286-9867
(財)理工学振興会	鷹巣 征行	〒226-8503 横浜市緑区長津田町4259 フロンティア創造共同研究センター内	045-921-4391
	北川 謙一	〒226-8503 横浜市緑区長津田町4259 フロンティア創造共同研究センター内	045-921-4391
よこはまティーエルオー(株)	小原 郁	〒240-8501 横浜市保土ヶ谷区常盤台79-5 横浜国立大学共同研究推進センター内	045-339-4441
学校法人慶応義塾大学知的資産センター	道井 敏	〒108-0073 港区三田2-11-15 三田川崎ビル3階	03-5427-1678
	鈴木 泰	〒108-0073 港区三田2-11-15 三田川崎ビル3階	03-5427-1678
学校法人東京電機大学産官学交流セン	河村 幸夫	〒101-8457 千代田区神田錦町2-2	03-5280-3640
タマティーエルオー(株)	古瀬 武弘	〒192-0083 八王子市旭町9-1 八王子スクエアビル11階	0426-31-1325
学校法人明治大学知的資産センター	竹田 幹男	〒101-8301 千代田区神田駿河台1-1	03-3296-4327
(株)山梨ティー・エル・オー	田中 正男	〒400-8511 甲府市武田4-3-11 山梨大学地域共同開発研究センター内	055-220-8760
(財)浜松科学技術研究振興会	小野 義光	〒432-8561 浜松市城北3-5-1	053-412-6703
(財)名古屋産業科学研究所	杉本 勝	〒460-0008 名古屋市中区栄二丁目十番十九号 名古屋商工会議所ビル	052-223-5691
	小西 富雅	〒460-0008 名古屋市中区栄二丁目十番十九号 名古屋商工会議所ビル	052-223-5694
関西ティー・エル・オー(株)	山田 富義	〒600-8813 京都市下京区中堂寺南町17 京都リサーチパークサイエンスセンタービル1号館2階	075-315-8250
	斎田 雄一	〒600-8813 京都市下京区中堂寺南町17 京都リサーチパークサイエンスセンタービル1号館2階	075-315-8250
(財)新産業創造研究機構	井上 勝彦	〒650-0047 神戸市中央区港島南町1-5-2 神戸キメックセンタービル6F	078-306-6805
	長冨 弘充	〒650-0047 神戸市中央区港島南町1-5-2 神戸キメックセンタービル6F	078-306-6805
(財)大阪産業振興機構	有馬 秀平	〒565-0871 大阪府吹田市山田丘2-1 大阪大学先端科学技術共同研究センター4F	06-6879-4196
(有)山口ティー・エル・オー	松本 孝三	〒755-8611 山口県宇部市常盤台2-16-1 山口大学地域共同研究開発センター内	0836-22-9768
	熊原 尋美	〒755-8611 山口県宇部市常盤台2-16-1 山口大学地域共同研究開発センター内	0836-22-9768
(株)テクノネットワーク四国	佐藤 博正	〒760-0033 香川県高松市丸の内2-5 ヨンデンビル別館4F	087-811-5039
(株)北九州テクノセンター	乾 全	〒804-0003 北九州市戸畑区中原新町2番1号	093-873-1448
(株)産学連携機構九州	堀 浩一	〒812-8581 福岡市東区箱崎6-10-1 九州大学技術移転推進室内	092-642-4363
(財)くまもとテクノ産業財団	桂 真郎	〒861-2202 熊本県上益城郡益城町田原2081-10	096-289-2340

資料3．特許電子図書館情報検索指導アドバイザー一覧 （平成14年3月1日現在）

○知的所有権センターへの派遣

派遣先	氏名	所在地	TEL
北海道知的所有権センター （北海道立工業試験場）	平野 徹	〒060-0819 札幌市北区北19条西11丁目	011-747-2211
青森県知的所有権センター （(社)発明協会青森県支部）	佐々木 泰樹	〒030-0112 青森市第二問屋町4-11-6	017-762-3912
岩手県知的所有権センター （岩手県工業技術センター）	中嶋 孝弘	〒020-0852 盛岡市飯岡新田3-35-2	019-634-0684
宮城県知的所有権センター （宮城県産業技術総合センター）	小林 保	〒981-3206 仙台市泉区明通2-2	022-377-8725
秋田県知的所有権センター （秋田県工業技術センター）	田嶋 正夫	〒010-1623 秋田市新屋町字砂奴寄4-11	018-862-3417
山形県知的所有権センター （山形県工業技術センター）	大澤 忠行	〒990-2473 山形市松栄1-3-8	023-647-8130
福島県知的所有権センター （(社)発明協会福島支部）	栗田 広	〒963-0215 郡山市待池台1-12 福島県ハイテクプラザ内	024-963-0242
茨城県知的所有権センター （(財)茨城県中小企業振興公社）	猪野 正己	〒312-0005 ひたちなか市新光町38 ひたちなかテクノセンタービル1階	029-264-2211
栃木県知的所有権センター （(社)発明協会栃木県支部）	中里 浩	〒322-0011 鹿沼市白桑田516-1 栃木県工業技術センター内	0289-65-7550
群馬県知的所有権センター （(社)発明協会群馬県支部）	神林 賢蔵	〒371-0845 前橋市鳥羽町190 群馬県工業試験場内	027-254-0627
埼玉県知的所有権センター （(社)発明協会埼玉県支部）	田中 庸雅	〒331-8669 さいたま市桜木町1-7-5 ソニックシティ10階	048-644-4806
千葉県知的所有権センター （(社)発明協会千葉県支部）	中原 照義	〒260-0854 千葉市中央区長洲1-9-1 千葉県庁南庁舎R3階	043-223-7748
東京都知的所有権センター （(社)発明協会東京支部）	福澤 勝義	〒105-0001 港区虎ノ門2-9-14	03-3502-5521
神奈川県知的所有権センター （神奈川県産業技術総合研究所）	森 啓次	〒243-0435 海老名市下今泉705-1	046-236-1500
神奈川県知的所有権センター支部 （(財)神奈川高度技術支援財団）	大井 隆	〒213-0012 川崎市高津区坂戸3-2-1 かながわサイエンスパーク西棟205	044-819-2100
神奈川県知的所有権センター支部 （(社)発明協会神奈川県支部）	蓮見 亮	〒231-0015 横浜市中区尾上町5-80 神奈川中小企業センター10階	045-633-5055
新潟県知的所有権センター （(財)信濃川テクノポリス開発機構）	石谷 速夫	〒940-2127 長岡市新産4-1-9	0258-46-9711
山梨県知的所有権センター （山梨県工業技術センター）	山下 知	〒400-0055 甲府市大津町2094	055-243-6111
長野県知的所有権センター （(社)発明協会長野県支部）	岡田 光正	〒380-0928 長野市若里1-18-1 長野県工業試験場内	026-228-5559
静岡県知的所有権センター （(社)発明協会静岡県支部）	吉井 和夫	〒421-1221 静岡市牧ヶ谷2078 静岡工業技術センター資料館内	054-278-6111
富山県知的所有権センター （富山県工業技術センター）	齋藤 靖雄	〒933-0981 高岡市二上町150	0766-29-1252
石川県知的所有権センター （財）石川県産業創出支援機構	辻 寛司	〒920-0223 金沢市戸水町イ65番地 石川県地場産業振興センター	076-267-5918
岐阜県知的所有権センター （岐阜県科学技術振興センター）	林 邦明	〒509-0108 各務原市須衛町4-179-1 テクノプラザ5F	0583-79-2250
愛知県知的所有権センター （愛知県工業技術センター）	加藤 英昭	〒448-0003 刈谷市一ツ木町西新割	0566-24-1841
三重県知的所有権センター （三重県工業技術総合研究所）	長峰 隆	〒514-0819 津市高茶屋5-5-45	059-234-4150
福井県知的所有権センター （福井県工業技術センター）	川・好昭	〒910-0102 福井市川合鷲塚町61字北稲田10	0776-55-1195
滋賀県知的所有権センター （滋賀県工業技術センター）	森 久子	〒520-3004 栗東市上砥山232	077-558-4040
京都府知的所有権センター （(社)発明協会京都支部）	中野 剛	〒600-8813 京都市下京区中堂寺南町17 京都リサーチパーク内 京都高度技研ビル4階	075-315-8686
大阪府知的所有権センター （大阪府立特許情報センター）	秋田 伸一	〒543-0061 大阪市天王寺区伶人町2-7	06-6771-2646
大阪府知的所有権センター支部 ((社)発明協会大阪支部知的財産センター)	戎 邦夫	〒564-0062 吹田市垂水町3-24-1 シンプレス江坂ビル2階	06-6330-7725
兵庫県知的所有権センター （(社)発明協会兵庫県支部）	山口 克己	〒654-0037 神戸市須磨区行平町3-1-31 兵庫県立産業技術センター4階	078-731-5847
奈良県知的所有権センター （奈良県工業技術センター）	北田 友彦	〒630-8031 奈良市柏木町129-1	0742-33-0863

派遣先	氏名	所在地	TEL
和歌山県知的所有権センター ((社)発明協会和歌山県支部)	木村 武司	〒640-8214 和歌山県寄合町25 和歌山市発明館4階	073-432-0087
鳥取県知的所有権センター ((社)発明協会鳥取支部)	奥村 隆一	〒689-1112 鳥取市若葉台南7-5-1 新産業創造センター1階	0857-52-6728
島根県知的所有権センター ((社)発明協会島根支部)	門脇 みどり	〒690-0816 島根県松江市北陵町1番地 テクノアークしまね1F内	0852-60-5146
岡山県知的所有権センター ((社)発明協会岡山県支部)	佐藤 新吾	〒701-1221 岡山市芳賀5301 テクノサポート岡山内	086-286-9656
広島県知的所有権センター ((社)発明協会広島県支部)	若木 幸蔵	〒730-0052 広島市中区千田町3-13-11 広島発明会館内	082-544-0775
広島県知的所有権センター支部 ((社)発明協会広島県支部備後支会)	渡部 武徳	〒720-0067 福山市西町2-10-1	0849-21-2349
広島県知的所有権センター支部 (呉地域産業振興センター)	三上 達矢	〒737-0004 呉市阿賀南2-10-1	0823-76-3766
山口県知的所有権センター ((社)発明協会山口県支部)	大段 恭二	〒753-0077 山口市熊野町1-10 NPYビル10階	083-922-9927
徳島県知的所有権センター ((社)発明協会徳島県支部)	平野 稔	〒770-8021 徳島市雑賀町西開11-2 徳島県立工業技術センター内	088-636-3388
香川県知的所有権センター ((社)発明協会香川県支部)	中元 恒	〒761-0301 香川県高松市林町2217-15 香川産業頭脳化センタービル2階	087-869-9005
愛媛県知的所有権センター ((社)発明協会愛媛県支部)	片山 忠徳	〒791-1101 松山市久米窪田町337-1 テクノプラザ愛媛	089-960-1118
高知県知的所有権センター (高知県工業技術センター)	柏井 富雄	〒781-5101 高知市布師田3992-3	088-845-7664
福岡県知的所有権センター ((社)発明協会福岡県支部)	浦井 正章	〒812-0013 福岡市博多区博多駅東2-6-23 住友博多駅前第2ビル2階	092-474-7255
福岡県知的所有権センター北九州支部 ((株)北九州テクノセンター)	重藤 務	〒804-0003 北九州市戸畑区中原新町2-1	093-873-1432
佐賀県知的所有権センター (佐賀県工業技術センター)	塚島 誠一郎	〒849-0932 佐賀市鍋島町八戸溝114	0952-30-8161
長崎県知的所有権センター ((社)発明協会長崎県支部)	川添 早苗	〒856-0026 大村市池田2-1303-8 長崎県工業技術センター内	0957-52-1144
熊本県知的所有権センター ((社)発明協会熊本県支部)	松山 彰雄	〒862-0901 熊本市東町3-11-38 熊本県工業技術センター内	096-360-3291
大分県知的所有権センター (大分県産業科学技術センター)	鎌田 正道	〒870-1117 大分市高江西1-4361-10	097-596-7121
宮崎県知的所有権センター ((社)発明協会宮崎県支部)	黒田 護	〒880-0303 宮崎県宮崎郡佐土原町東上那珂16500-2 宮崎県工業技術センター内	0985-74-2953
鹿児島県知的所有権センター (鹿児島県工業技術センター)	大井 敏民	〒899-5105 鹿児島県姶良郡隼人町小田1445-1	0995-64-2445
沖縄県知的所有権センター (沖縄県工業技術センター)	和田 修	〒904-2234 具志川市字州崎12-2 中城湾港新港地区トロピカルテクノパーク内	098-929-0111

資料4．知的所有権センター一覧 （平成14年3月1日現在）

都道府県	名　称	所　在　地	TEL
北海道	北海道知的所有権センター （北海道立工業試験場）	〒060-0819 札幌市北区北19条西11丁目	011-747-2211
青森県	青森県知的所有権センター （(社)発明協会青森県支部）	〒030-0112 青森市第二問屋町4－11－6	017-762-3912
岩手県	岩手県知的所有権センター （岩手県工業技術センター）	〒020-0852 盛岡市飯岡新田3－35－2	019-634-0684
宮城県	宮城県知的所有権センター （宮城県産業技術総合センター）	〒981-3206 仙台市泉区明通2－2	022-377-8725
秋田県	秋田県知的所有権センター （秋田県工業技術センター）	〒010-1623 秋田市新屋町字砂奴寄4－11	018-862-3417
山形県	山形県知的所有権センター （山形県工業技術センター）	〒990-2473 山形市松栄1－3－8	023-647-8130
福島県	福島県知的所有権センター （(社)発明協会福島県支部）	〒963-0215 郡山市待池台1－12 福島県ハイテクプラザ内	024-963-0242
茨城県	茨城県知的所有権センター （(財)茨城県中小企業振興公社）	〒312-0005 ひたちなか市新光町38 ひたちなかテクノセンタービル1階	029-264-2211
栃木県	栃木県知的所有権センター （(社)発明協会栃木県支部）	〒322-0011 鹿沼市白桑田516－1 栃木県工業技術センター内	0289-65-7550
群馬県	群馬県知的所有権センター （(社)発明協会群馬県支部）	〒371-0845 前橋市鳥羽町190 群馬県工業試験場内	027-254-0627
埼玉県	埼玉県知的所有権センター （(社)発明協会埼玉県支部）	〒331-8669 さいたま市桜木町1－7－5 ソニックシティ10階	048-644-4806
千葉県	千葉県知的所有権センター （(社)発明協会千葉県支部）	〒260-0854 千葉市中央区長洲1－9－1 千葉県庁南庁舎R3階	043-223-7748
東京都	東京都知的所有権センター （(社)発明協会東京支部）	〒105-0001 港区虎ノ門2－9－14	03-3502-5521
神奈川県	神奈川県知的所有権センター （神奈川県産業技術総合研究所）	〒243-0435 海老名市下今泉705－1	046-236-1500
	神奈川県知的所有権センター支部 （(財)神奈川高度技術支援財団）	〒213-0012 川崎市高津区坂戸3－2－1 かながわサイエンスパーク西棟205	044-819-2100
	神奈川県知的所有権センター支部 （(社)発明協会神奈川県支部）	〒231-0015 横浜市中区尾上町5－80 神奈川中小企業センター10階	045-633-5055
新潟県	新潟県知的所有権センター （(財)信濃川テクノポリス開発機構）	〒940-2127 長岡市新産4－1－9	0258-46-9711
山梨県	山梨県知的所有権センター （山梨県工業技術センター）	〒400-0055 甲府市大津町2094	055-243-6111
長野県	長野県知的所有権センター （(社)発明協会長野県支部）	〒380-0928 長野市若里1－18－1 長野県工業試験場内	026-228-5559
静岡県	静岡県知的所有権センター （(社)発明協会静岡県支部）	〒421-1221 静岡市牧ヶ谷2078 静岡工業技術センター資料館内	054-278-6111
富山県	富山県知的所有権センター （富山県工業技術センター）	〒933-0981 高岡市二上町150	0766-29-1252
石川県	石川県知的所有権センター （財)石川県産業創出支援機構	〒920-0223 金沢市戸水町イ65番地 石川県地場産業振興センター	076-267-5918
岐阜県	岐阜県知的所有権センター （岐阜県科学技術振興センター）	〒509-0108 各務原市須衛町4－179－1 テクノプラザ5F	0583-79-2250
愛知県	愛知県知的所有権センター （愛知県工業技術センター）	〒448-0003 刈谷市一ツ木町西新割	0566-24-1841
三重県	三重県知的所有権センター （三重県工業技術総合研究所）	〒514-0819 津市高茶屋5－5－45	059-234-4150
福井県	福井県知的所有権センター （福井県工業技術センター）	〒910-0102 福井市川合鷲塚町61字北稲田10	0776-55-1195
滋賀県	滋賀県知的所有権センター （滋賀県工業技術センター）	〒520-3004 栗東市上砥山232	077-558-4040
京都府	京都府知的所有権センター （(社)発明協会京都支部）	〒600-8813 京都市下京区中堂寺南町17 京都リサーチパーク内 京都高度技研ビル4階	075-315-8686
大阪府	大阪府知的所有権センター （大阪府立特許情報センター）	〒543-0061 大阪市天王寺区伶人町2－7	06-6771-2646
	大阪府知的所有権センター支部 （(社)発明協会大阪支部知的財産センター）	〒564-0062 吹田市垂水町3－24－1 シンプレス江坂ビル2階	06-6330-7725
兵庫県	兵庫県知的所有権センター （(社)発明協会兵庫県支部）	〒654-0037 神戸市須磨区行平町3－1－31 兵庫県立産業技術センター4階	078-731-5847

都道府県	名　称	所　在　地	TEL
奈良県	奈良県知的所有権センター (奈良県工業技術センター)	〒630-8031 奈良市柏木町129-1	0742-33-0863
和歌山県	和歌山県知的所有権センター ((社)発明協会和歌山県支部)	〒640-8214 和歌山県寄合町25 和歌山市発明館4階	073-432-0087
鳥取県	鳥取県知的所有権センター ((社)発明協会鳥取県支部)	〒689-1112 鳥取市若葉台南7-5-1 新産業創造センター1階	0857-52-6728
島根県	島根県知的所有権センター ((社)発明協会島根県支部)	〒690-0816 島根県松江市北陵町1番地 テクノアークしまね1F内	0852-60-5146
岡山県	岡山県知的所有権センター ((社)発明協会岡山県支部)	〒701-1221 岡山市芳賀5301 テクノサポート岡山内	086-286-9656
広島県	広島県知的所有権センター ((社)発明協会広島県支部)	〒730-0052 広島市中区千田町3-13-11 広島発明会館内	082-544-0775
	広島県知的所有権センター支部 ((社)発明協会広島県支部備後支会)	〒720-0067 福山市西町2-10-1	0849-21-2349
	広島県知的所有権センター支部 (呉地域産業振興センター)	〒737-0004 呉市阿賀南2-10-1	0823-76-3766
山口県	山口県知的所有権センター ((社)発明協会山口県支部)	〒753-0077 山口市熊野町1-10 NPYビル10階	083-922-9927
徳島県	徳島県知的所有権センター ((社)発明協会徳島県支部)	〒770-8021 徳島市雑賀町西開11-2 徳島県立工業技術センター内	088-636-3388
香川県	香川県知的所有権センター ((社)発明協会香川県支部)	〒761-0301 香川県高松市林町2217-15 香川産業頭脳化センタービル2階	087-869-9005
愛媛県	愛媛県知的所有権センター ((社)発明協会愛媛県支部)	〒791-1101 松山市久米窪田町337-1 テクノプラザ愛媛	089-960-1118
高知県	高知県知的所有権センター (高知県工業技術センター)	〒781-5101 高知市布師田3992-3	088-845-7664
福岡県	福岡県知的所有権センター ((社)発明協会福岡県支部)	〒812-0013 福岡市博多区博多駅東2-6-23 住友博多駅前第2ビル2階	092-474-7255
	福岡県知的所有権センター北九州支部 ((株)北九州テクノセンター)	〒804-0003 北九州市戸畑区中原新町2-1	093-873-1432
佐賀県	佐賀県知的所有権センター (佐賀県工業技術センター)	〒849-0932 佐賀市鍋島町八戸溝114	0952-30-8161
長崎県	長崎県知的所有権センター ((社)発明協会長崎県支部)	〒856-0026 大村市池田2-1303-8 長崎県工業技術センター内	0957-52-1144
熊本県	熊本県知的所有権センター ((社)発明協会熊本県支部)	〒862-0901 熊本市東町3-11-38 熊本県工業技術センター内	096-360-3291
大分県	大分県知的所有権センター (大分県産業科学技術センター)	〒870-1117 大分市高江西1-4361-10	097-596-7121
宮崎県	宮崎県知的所有権センター ((社)発明協会宮崎県支部)	〒880-0303 宮崎県宮崎郡佐土原町東上那珂16500-2 宮崎県工業技術センター内	0985-74-2953
鹿児島県	鹿児島県知的所有権センター (鹿児島県工業技術センター)	〒899-5105 鹿児島県姶良郡隼人町小田1445-1	0995-64-2445
沖縄県	沖縄県知的所有権センター (沖縄県工業技術センター)	〒904-2234 具志川市字州崎12-2 中城湾港新港地区トロピカルテクノパーク内	098-929-0111

資料5．平成13年度25技術テーマの特許流通の概要

5.1 アンケート送付先と回収率

平成13年度は、25の技術テーマにおいて「特許流通支援チャート」を作成し、その中で特許流通に対する意識調査として各技術テーマの出願件数上位企業を対象としてアンケート調査を行った。平成13年12月7日に郵送によりアンケートを送付し、平成14年1月31日までに回収されたものを対象に解析した。

表5.1-1に、アンケート調査表の回収状況を示す。送付数578件、回収数306件、回収率52.9%であった。

表5.1-1 アンケートの回収状況

送付数	回収数	未回収数	回収率
578	306	272	52.9%

表5.1-2に、業種別の回収状況を示す。各業種を一般系、機械系、化学系、電気系と大きく4つに分類した。以下、「○○系」と表現する場合は、各企業の業種別に基づく分類を示す。それぞれの回収率は、一般系56.5%、機械系63.5%、化学系41.1%、電気系51.6%であった。

表5.1-2 アンケートの業種別回収件数と回収率

業種と回収率	業種	回収件数
一般系 48/85=56.5%	建設	5
	窯業	12
	鉄鋼	6
	非鉄金属	17
	金属製品	2
	その他製造業	6
化学系 39/95=41.1%	食品	1
	繊維	12
	紙・パルプ	3
	化学	22
	石油・ゴム	1
機械系 73/115=63.5%	機械	23
	精密機器	28
	輸送機器	22
電気系 146/283=51.6%	電気	144
	通信	2

図 5.1 に、全回収件数を母数にして業種別に回収率を示す。全回収件数に占める業種別の回収率は電気系 47.7%、機械系 23.9%、一般系 15.7%、化学系 12.7%である。

図 5.1 回収件数の業種別比率

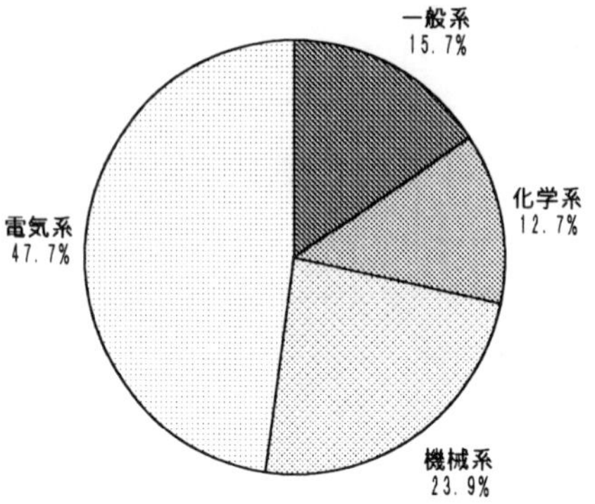

一般系	化学系	機械系	電気系	合計
48	39	73	146	306

表 5.1-3 に、技術テーマ別の回収件数と回収率を示す。この表では、技術テーマを一般分野、化学分野、機械分野、電気分野に分類した。以下、「○○分野」と表現する場合は、技術テーマによる分類を示す。回収率の最も良かった技術テーマは焼却炉排ガス処理技術の 71.4%で、最も悪かったのは有機 EL 素子の 34.6%である。

表 5.1-3 テーマ別の回収件数と回収率

分野	技術テーマ名	送付数	回収数	回収率
一般分野	カーテンウォール	24	13	54.2%
	気体膜分離装置	25	12	48.0%
	半導体洗浄と環境適応技術	23	14	60.9%
	焼却炉排ガス処理技術	21	15	71.4%
	はんだ付け鉛フリー技術	20	11	55.0%
化学分野	プラスティックリサイクル	25	15	60.0%
	バイオセンサ	24	16	66.7%
	セラミックスの接合	23	12	52.2%
	有機EL素子	26	9	34.6%
	生分解ポリエステル	23	12	52.2%
	有機導電性ポリマー	24	15	62.5%
	リチウムポリマー電池	29	13	44.8%
機械分野	車いす	21	12	57.1%
	金属射出成形技術	28	14	50.0%
	微細レーザ加工	20	10	50.0%
	ヒートパイプ	22	10	45.5%
電気分野	圧力センサ	22	13	59.1%
	個人照合	29	12	41.4%
	非接触型ICカード	21	10	47.6%
	ビルドアップ多層プリント配線板	23	11	47.8%
	携帯電話表示技術	20	11	55.0%
	アクティブマトリックス液晶駆動技術	21	12	57.1%
	プログラム制御技術	21	12	57.1%
	半導体レーザの活性層	22	11	50.0%
	無線LAN	21	11	52.4%

5.2 アンケート結果
5.2.1 開放特許に関して
(1) 開放特許と非開放特許

他者にライセンスしてもよい特許を「開放特許」、ライセンスの可能性のない特許を「非開放特許」と定義した。その上で、各技術テーマにおける保有特許のうち、自社での実施状況と開放状況について質問を行った。

306 件中 257 件の回答があった（回答率 84.0％）。保有特許件数に対する開放特許件数の割合を開放比率とし、保有特許件数に対する非開放特許件数の割合を非開放比率と定義した。

図 5.2.1-1 に、業種別の特許の開放比率と非開放比率を示す。全体の開放比率は 58.3％で、業種別では一般系が 37.1％、化学系が 20.6％、機械系が 39.4％、電気系が 77.4％である。化学系（20.6％）の企業の開放比率は、化学分野における開放比率（図 5.2.1-2）の最低値である「生分解ポリエステル」の 22.6％よりさらに低い値となっている。これは、化学分野においても、機械系、電気系の企業であれば、保有特許について比較的開放的であることを示唆している。

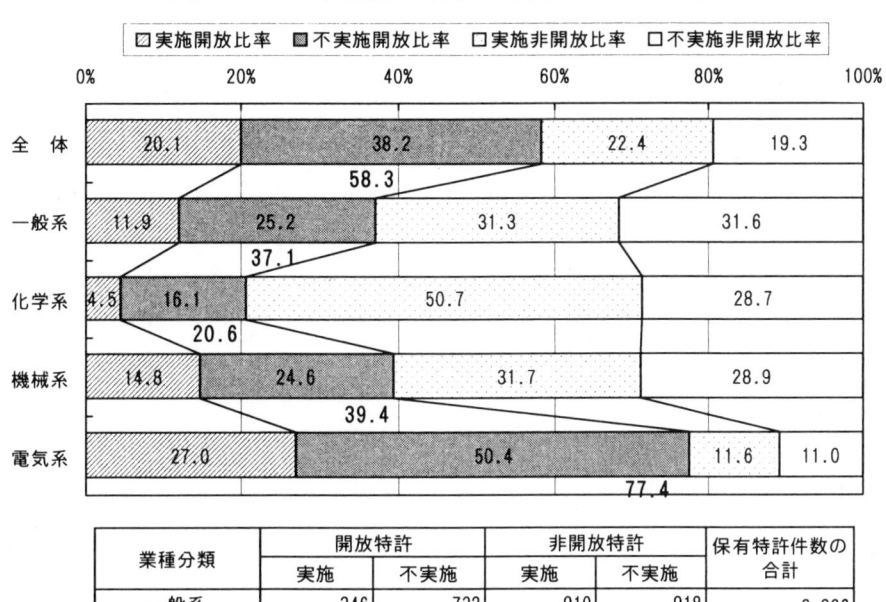

図 5.2.1-1 業種別の特許の開放比率と非開放比率

業種分類	開放特許 実施	開放特許 不実施	非開放特許 実施	非開放特許 不実施	保有特許件数の合計
一般系	346	732	910	918	2,906
化学系	90	323	1,017	576	2,006
機械系	494	821	1,058	964	3,337
電気系	2,835	5,291	1,218	1,155	10,499
全　体	3,765	7,167	4,203	3,613	18,748

図 5.2.1-2 に、技術テーマ別の開放比率と非開放比率を示す。

開放比率（実施開放比率と不実施開放比率を加算。）が高い技術テーマを見てみると、最高値は「個人照合」の 84.7％で、次いで「はんだ付け鉛フリー技術」の 83.2％、「無線 LAN」の 82.4％、「携帯電話表示技術」の 80.0％となっている。一方、低い方から見ると、「生分解ポリエステル」の 22.6％で、次いで「カーテンウォール」の 29.3％、「有機 EL」の 30.5％である。

図 5.2.1-2 技術テーマ別の開放比率と非開放比率

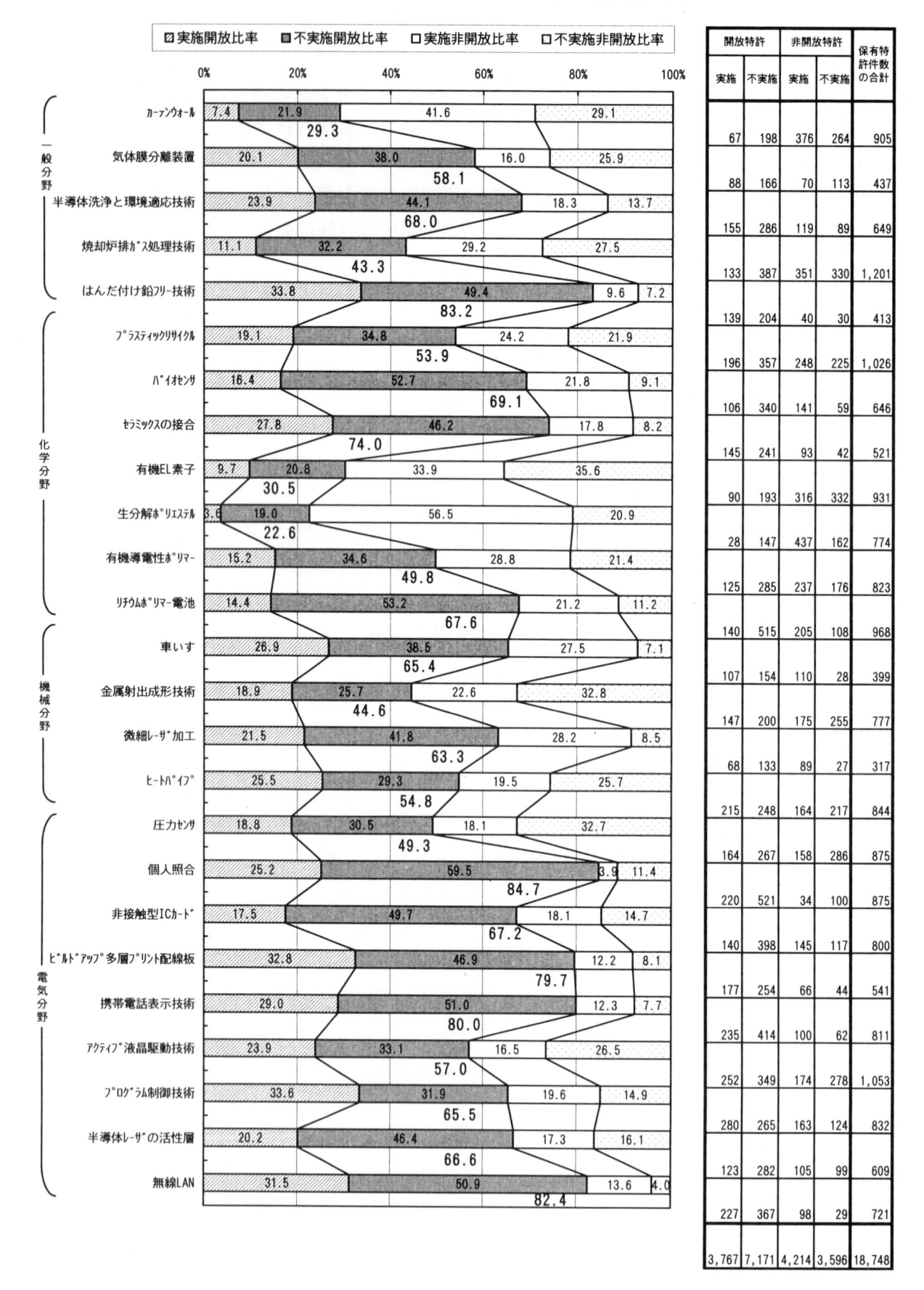

凡例: ▨ 実施開放比率　■ 不実施開放比率　□ 実施非開放比率　□ 不実施非開放比率

分野	技術テーマ	実施開放比率	不実施開放比率	実施非開放比率	不実施非開放比率	開放計	開放特許 実施	開放特許 不実施	非開放特許 実施	非開放特許 不実施	保有特許件数の合計
一般分野	カーテンウォール	7.4	21.9	41.6	29.1	29.3	67	198	376	264	905
	気体膜分離装置	20.1	38.0	16.0	25.9	58.1	88	166	70	113	437
	半導体洗浄と環境適応技術	23.9	44.1	18.3	13.7	68.0	155	286	119	89	649
	焼却炉排ガス処理技術	11.1	32.2	29.2	27.5	43.3	133	387	351	330	1,201
	はんだ付け鉛フリー技術	33.8	49.4	9.6	7.2	83.2	139	204	40	30	413
化学分野	プラスティックリサイクル	19.1	34.8	24.2	21.9	53.9	196	357	248	225	1,026
	バイオセンサ	16.4	52.7	21.8	9.1	69.1	106	340	141	59	646
	セラミックスの接合	27.8	46.2	17.8	8.2	74.0	145	241	93	42	521
	有機EL素子	9.7	20.8	33.9	35.6	30.5	90	193	316	332	931
	生分解ポリエステル	3.6	19.0	56.5	20.9	22.6	28	147	437	162	774
	有機導電性ポリマー	15.2	34.6	28.8	21.4	49.8	125	285	237	176	823
	リチウムポリマー電池	14.4	53.2	21.2	11.2	67.6	140	515	205	108	968
機械分野	車いす	26.9	38.5	27.5	7.1	65.4	107	154	110	28	399
	金属射出成形技術	18.9	25.7	22.6	32.8	44.6	147	200	175	255	777
	微細レーザ加工	21.5	41.8	28.2	8.5	63.3	68	133	89	27	317
	ヒートパイプ	25.5	29.3	19.5	25.7	54.8	215	248	164	217	844
電気分野	圧力センサ	18.8	30.5	18.1	32.7	49.3	164	267	158	286	875
	個人照合	25.2	59.5	3.9	11.4	84.7	220	521	34	100	875
	非接触型ICカード	17.5	49.7	18.1	14.7	67.2	140	398	145	117	800
	ビルドアップ多層プリント配線板	32.8	46.9	12.2	8.1	79.7	177	254	66	44	541
	携帯電話表示技術	29.0	51.0	12.3	7.7	80.0	235	414	100	62	811
	アクティブ液晶駆動技術	23.9	33.1	16.5	26.5	57.0	252	349	174	278	1,053
	プログラム制御技術	33.6	31.9	19.6	14.9	65.5	280	265	163	124	832
	半導体レーザの活性層	20.2	46.4	17.3	16.1	66.6	123	282	105	99	609
	無線LAN	31.5	50.9	13.6	4.0	82.4	227	367	98	29	721
	合計						3,767	7,171	4,214	3,596	18,748

図5.2.1-3は、業種別に、各企業の特許の開放比率を示したものである。

開放比率は、化学系で最も低く、電気系で最も高い。機械系と一般系はその中間に位置する。推測するに、化学系の企業では、保有特許は「物質特許」である場合が多く、自社の市場独占を確保するため、特許を開放しづらい状況にあるのではないかと思われる。逆に、電気・機械系の企業は、商品のライフサイクルが短いため、せっかく取得した特許も短期間で新技術と入れ替える必要があり、不実施となった特許を開放特許として供出やすい環境にあるのではないかと考えられる。また、より効率性の高い技術開発を進めるべく他社とのアライアンスを目的とした開放特許戦略を採るケースも、最近出てきているのではないだろうか。

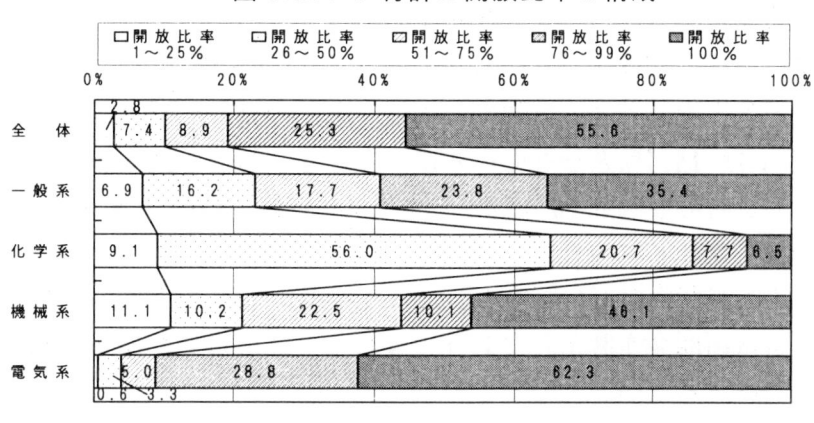

図5.2.1-3 特許の開放比率の構成

図5.2.1-4に、業種別の自社実施比率と不実施比率を示す。全体の自社実施比率は42.5%で、業種別では化学系55.2%、機械系46.5%、一般系43.2%、電気系38.6%である。化学系の企業は、自社実施比率が高く開放比率が低い。電気・機械系の企業は、その逆で自社実施比率が低く開放比率は高い。自社実施比率と開放比率は、反比例の関係にあるといえる。

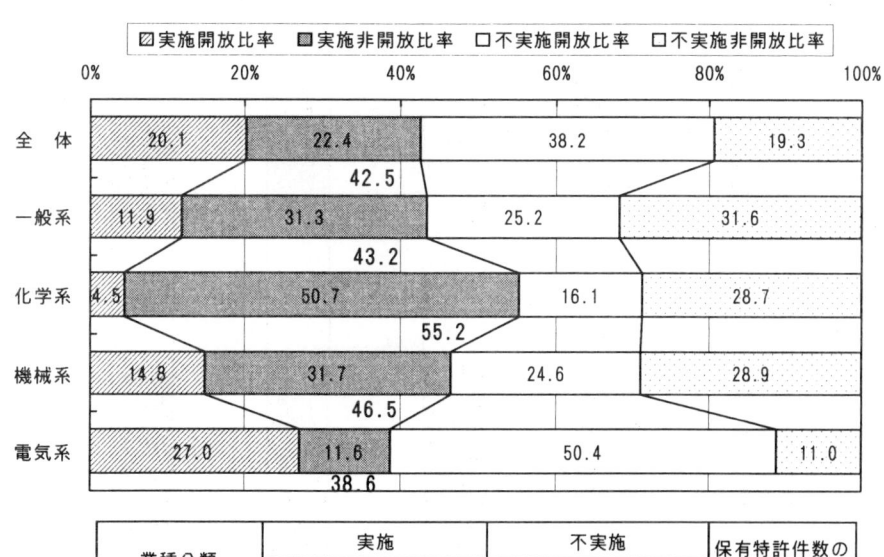

図5.2.1-4 自社実施比率と無実施比率

業種分類	実施 開放	実施 非開放	不実施 開放	不実施 非開放	保有特許件数の合計
一般系	346	910	732	918	2,906
化学系	90	1,017	323	576	2,006
機械系	494	1,058	821	964	3,337
電気系	2,835	1,218	5,291	1,155	10,499
全体	3,765	4,203	7,167	3,613	18,748

(2) 非開放特許の理由

開放可能性のない特許の理由について質問を行った（複数回答）。

質問内容	一般系	化学系	機械系	電気系	全体
・独占的排他権の行使により、ライバル企業を排除するため（ライバル企業排除）	36.3%	36.7%	36.4%	34.5%	36.0%
・他社に対する技術の優位性の喪失（優位性喪失）	31.9%	31.6%	30.5%	29.9%	30.9%
・技術の価値評価が困難なため（価値評価困難）	12.1%	16.5%	15.3%	13.8%	14.4%
・企業秘密がもれるから（企業秘密）	5.5%	7.6%	3.4%	14.9%	7.5%
・相手先を見つけるのが困難であるため（相手先探し）	7.7%	5.1%	8.5%	2.3%	6.1%
・ライセンス経験不足等のため提供に不安があるから（経験不足）	4.4%	0.0%	0.8%	0.0%	1.3%
・その他	2.1%	2.5%	5.1%	4.6%	3.8%

図 5.2.1-5 は非開放特許の理由の内容を示す。

「ライバル企業の排除」が最も多く 36.0％、次いで「優位性喪失」が 30.9％と高かった。特許権を「技術の市場における排他的独占権」として充分に行使していることが伺える。「価値評価困難」は 14.4％となっているが、今回の「特許流通支援チャート」作成にあたり分析対象とした特許は直近 10 年間だったため、登録前の特許が多く、権利範囲が未確定なものが多かったためと思われる。

電気系の企業で「企業秘密がもれるから」という理由が 14.9％と高いのは、技術のライフサイクルが短く新技術開発が激化しており、さらに、技術自体が模倣されやすいことが原因であるのではないだろうか。

化学系の企業で「企業秘密がもれるから」という理由が 7.6％と高いのは、物質特許のノウハウ漏洩に細心の注意を払う必要があるためと思われる。

機械系や一般系の企業で「相手先探し」が、それぞれ 8.5％、7.7％と高いことは、これらの分野で技術移転を仲介する者の活躍できる潜在性が高いことを示している。

なお、その他の理由としては、「共同出願先との調整」が 12 件と多かった。

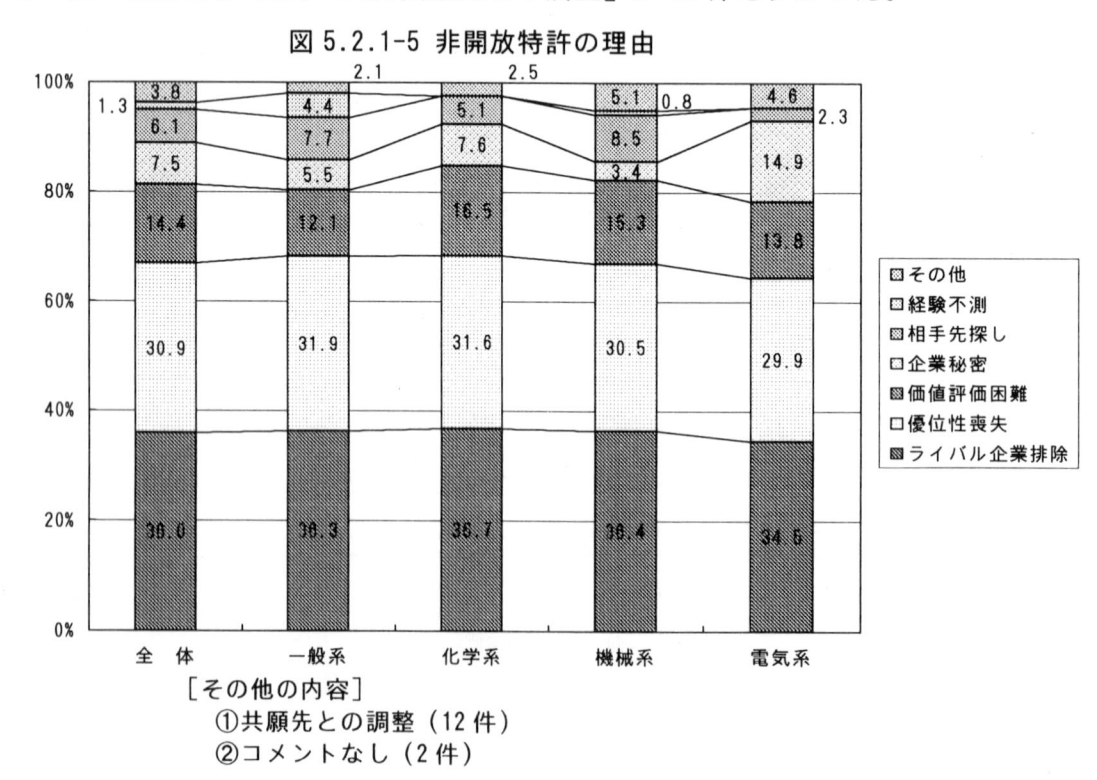

図 5.2.1-5 非開放特許の理由

[その他の内容]
①共願先との調整（12 件）
②コメントなし（2 件）

5.2.2 ライセンス供与に関して
(1) ライセンス活動

ライセンス供与の活動姿勢について質問を行った。

質問内容	一般系	化学系	機械系	電気系	全体
・特許ライセンス供与のための活動を積極的に行っている（積極的）	2.0%	15.8%	4.3%	8.9%	7.5%
・特許ライセンス供与のための活動を行っている（普通）	36.7%	15.8%	25.7%	57.7%	41.2%
・特許ライセンス供与のための活動はやや消極的である（消極的）	24.5%	13.2%	14.3%	10.4%	14.0%
・特許ライセンス供与のための活動を行っていない（しない）	36.8%	55.2%	55.7%	23.0%	37.3%

その結果を、図5.2.2-1 ライセンス活動に示す。306件中295件の回答であった（回答率96.4％）。

何らかの形で特許ライセンス活動を行っている企業は62.7％を占めた。そのうち、比較的積極的に活動を行っている企業は 48.7％に上る（「積極的」＋「普通」）。これは、技術移転を仲介する者の活躍できる潜在性がかなり高いことを示唆している。

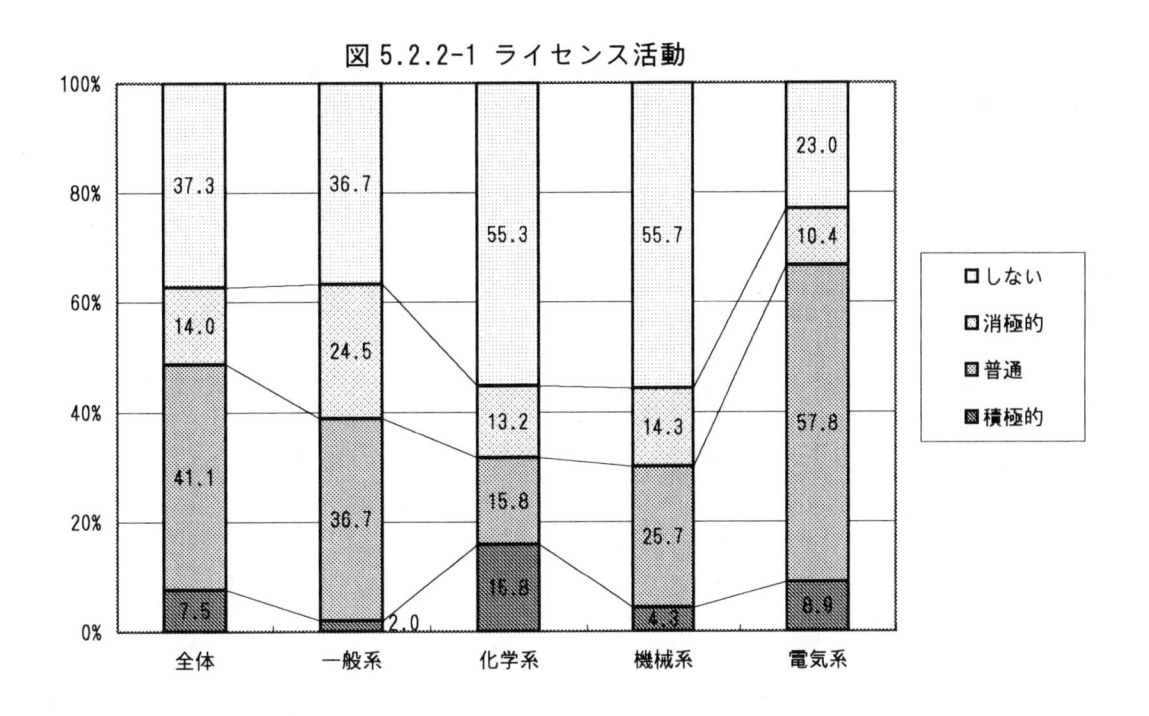

図5.2.2-1 ライセンス活動

(2) ライセンス実績

ライセンス供与の実績について質問を行った。

質問内容	一般系	化学系	機械系	電気系	全体
・供与実績はないが今後も行う方針（実績無し今後も実施）	54.5%	48.0%	43.6%	74.6%	58.3%
・供与実績があり今後も行う方針（実績有り今後も実施）	72.2%	61.5%	95.5%	67.3%	73.5%
・供与実績はなく今後は不明（実績無し今後は不明）	36.4%	24.0%	46.1%	20.3%	30.8%
・供与実績はあるが今後は不明（実績有り今後は不明）	27.8%	38.5%	4.5%	30.7%	25.5%
・供与実績はなく今後も行わない方針（実績無し今後も実施せず）	9.1%	28.0%	10.3%	5.1%	10.9%
・供与実績はあるが今後は行わない方針（実績有り今後は実施せず）	0.0%	0.0%	0.0%	2.0%	1.0%

図5.2.2-2に、ライセンス実績を示す。306件中295件の回答があった（回答率96.4％）。ライセンス実績有りとライセンス実績無しを分けて示す。

「供与実績があり、今後も実施」は73.5％と非常に高い割合であり、特許ライセンスの有効性を認識した企業はさらにライセンス活動を活発化させる傾向にあるといえる。また、「供与実績はないが、今後は実施」が58.3％あり、ライセンスに対する関心の高まりが感じられる。

機械系や一般系の企業で「実績有り今後も実施」がそれぞれ90％、70％を越えており、他業種の企業よりもライセンスに対する関心が非常に高いことがわかる。

図5.2.2-2 ライセンス実績

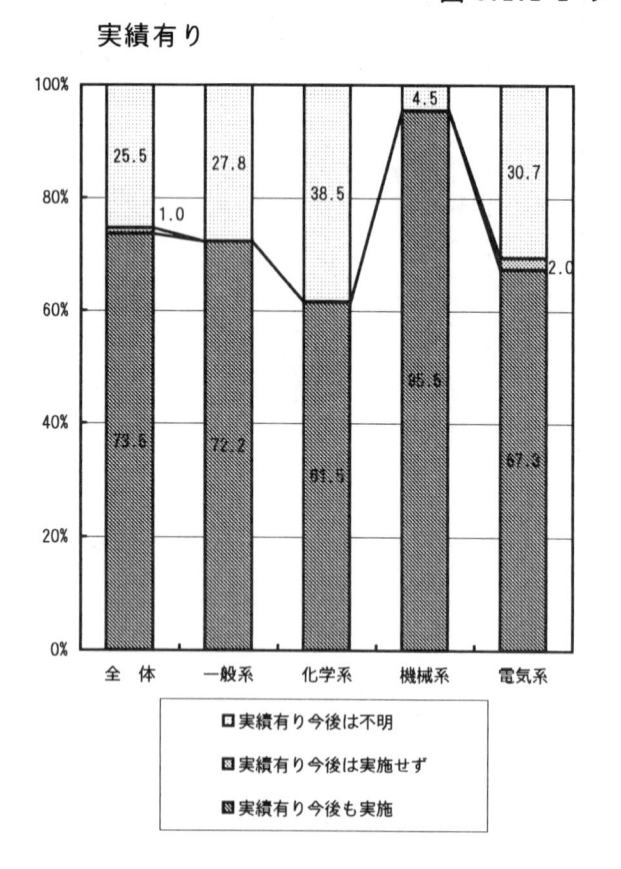

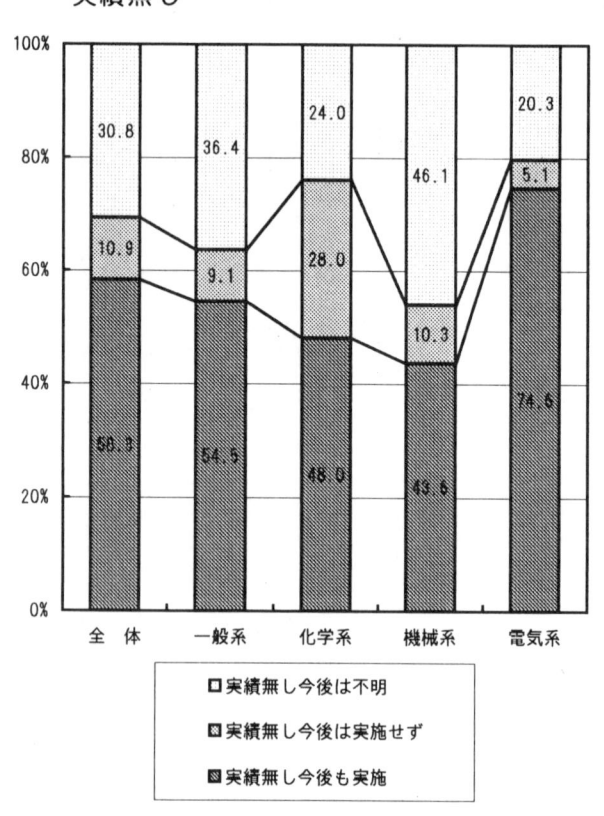

(3) ライセンス先の見つけ方

ライセンス供与の実績があると 5.2.2 項の(2)で回答したテーマ出願人にライセンス先の見つけ方について質問を行った(複数回答)。

質問内容	一般系	化学系	機械系	電気系	全体
・先方からの申し入れ(申入れ)	27.8%	43.2%	37.7%	32.0%	33.7%
・権利侵害調査の結果(侵害発)	22.2%	10.8%	17.4%	21.3%	19.3%
・系列企業の情報網(内部情報)	9.7%	10.8%	11.6%	11.5%	11.0%
・系列企業を除く取引先企業(外部情報)	2.8%	10.8%	8.7%	10.7%	8.3%
・新聞、雑誌、TV、インターネット等(メディア)	5.6%	2.7%	2.9%	12.3%	7.3%
・イベント、展示会等(展示会)	12.5%	5.4%	7.2%	3.3%	6.7%
・特許公報	5.6%	5.4%	2.9%	1.6%	3.3%
・相手先に相談できる人がいた等(人的ネットワーク)	1.4%	8.2%	7.3%	0.8%	3.3%
・学会発表、学会誌(学会)	5.6%	8.2%	1.4%	1.6%	2.7%
・データベース(DB)	6.8%	2.7%	0.0%	0.0%	1.7%
・国・公立研究機関(官公庁)	0.0%	0.0%	0.0%	3.3%	1.3%
・弁理士、特許事務所(特許事務所)	0.0%	0.0%	2.9%	0.0%	0.7%
・その他	0.0%	0.0%	0.0%	1.6%	0.7%

その結果を、図5.2.2-3 ライセンス先の見つけ方に示す。「申入れ」が33.7%と最も多く、次いで侵害警告を発した「侵害発」が19.3%、「内部情報」によりものが11.0%、「外部情報」によるものが8.3%であった。特許流通データベースなどの「DB」からは1.7%であった。化学系において、「申入れ」が40%を越えている。

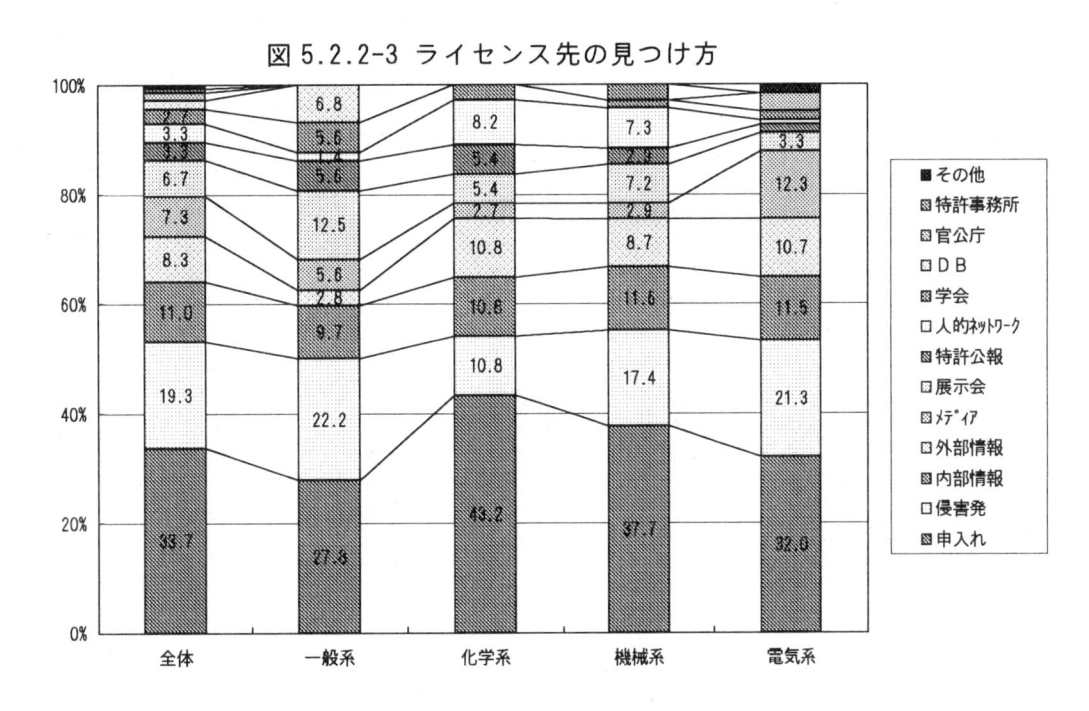

図5.2.2-3 ライセンス先の見つけ方

〔その他の内容〕
①関係団体(2件)

(4) ライセンス供与の不成功理由

5.2.2項の(1)でライセンス活動をしていると答えて、ライセンス実績の無いテーマ出願人に、その不成功理由について質問を行った。

質問内容	一般系	化学系	機械系	電気系	全体
・相手先が見つからない（相手先探し）	58.8%	57.9%	68.0%	73.0%	66.7%
・情勢（業績・経営方針・市場など）が変化した（情勢変化）	8.8%	10.5%	16.0%	0.0%	6.4%
・ロイヤリティーの折り合いがつかなかった（ロイヤリティー）	11.8%	5.3%	4.0%	4.8%	6.4%
・当該特許だけでは、製品化が困難と思われるから（製品化困難）	3.2%	5.0%	7.7%	1.6%	3.6%
・供与に伴う技術移転（試作や実証試験等）に時間がかかっており、まだ、供与までに至らない（時間浪費）	0.0%	0.0%	0.0%	4.8%	2.1%
・ロイヤリティー以外の契約条件で折り合いがつかなかった（契約条件）	3.2%	5.0%	0.0%	0.0%	1.4%
・相手先の技術消化力が低かった（技術消化力不足）	0.0%	10.0%	0.0%	0.0%	1.4%
・新技術が出現した（新技術）	3.2%	5.3%	0.0%	0.0%	1.3%
・相手先の秘密保持に信頼が置けなかった（機密漏洩）	3.2%	0.0%	0.0%	0.0%	0.7%
・相手先がグランド・バックを認めなかった（グランドバック）	0.0%	0.0%	0.0%	0.0%	0.0%
・交渉過程で不信感が生まれた（不信感）	0.0%	0.0%	0.0%	0.0%	0.0%
・競合技術に遅れをとった（競合技術）	0.0%	0.0%	0.0%	0.0%	0.0%
・その他	9.7%	0.0%	3.9%	15.8%	10.0%

その結果を、図5.2.2-4 ライセンス供与の不成功理由に示す。約66.7%は「相手先探し」と回答している。このことから、相手先を探す仲介者および仲介を行うデータベース等のインフラの充実が必要と思われる。電気系の「相手先探し」は73.0%を占めていて他の業種より多い。

図5.2.2-4 ライセンス供与の不成功理由

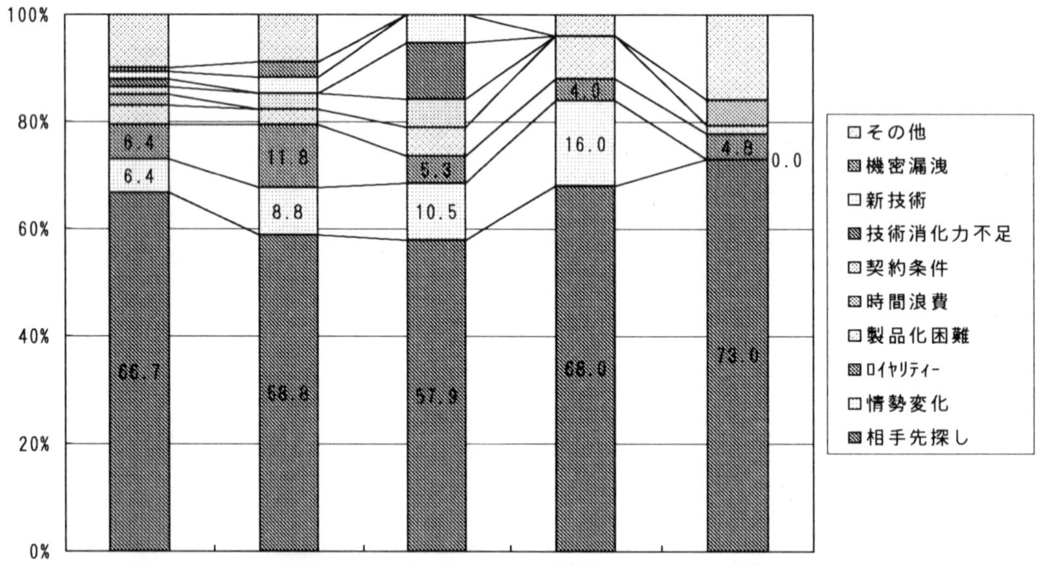

〔その他の内容〕
①単独での技術供与でない
②活動を開始してから時間が経っていない
③当該分野では未登録が多い（3件）
④市場未熟
⑤業界の動向（規格等）
⑥コメントなし（6件）

5.2.3 技術移転の対応
(1) 申し入れ対応

技術移転してもらいたいと申し入れがあった時、どのように対応するかについて質問を行った。

質問内容	一般系	化学系	機械系	電気系	全体
・とりあえず、話を聞く(話を聞く)	44.3%	70.3%	54.9%	56.8%	55.8%
・積極的に交渉していく(積極交渉)	51.9%	27.0%	39.5%	40.7%	40.6%
・他社への特許ライセンスの供与は考えていないので、断る(断る)	3.8%	2.7%	2.8%	2.5%	2.9%
・その他	0.0%	0.0%	2.8%	0.0%	0.7%

その結果を、図5.2.3-1 ライセンス申し入れ対応に示す。「話を聞く」が55.8％であった。次いで「積極交渉」が40.6％であった。「話を聞く」と「積極交渉」で96.4％という高率であり、中小企業側からみた場合は、ライセンス供与の申し入れを積極的に行っても断られるのはわずか2.9％しかないということを示している。一般系の「積極交渉」が他の業種より高い。

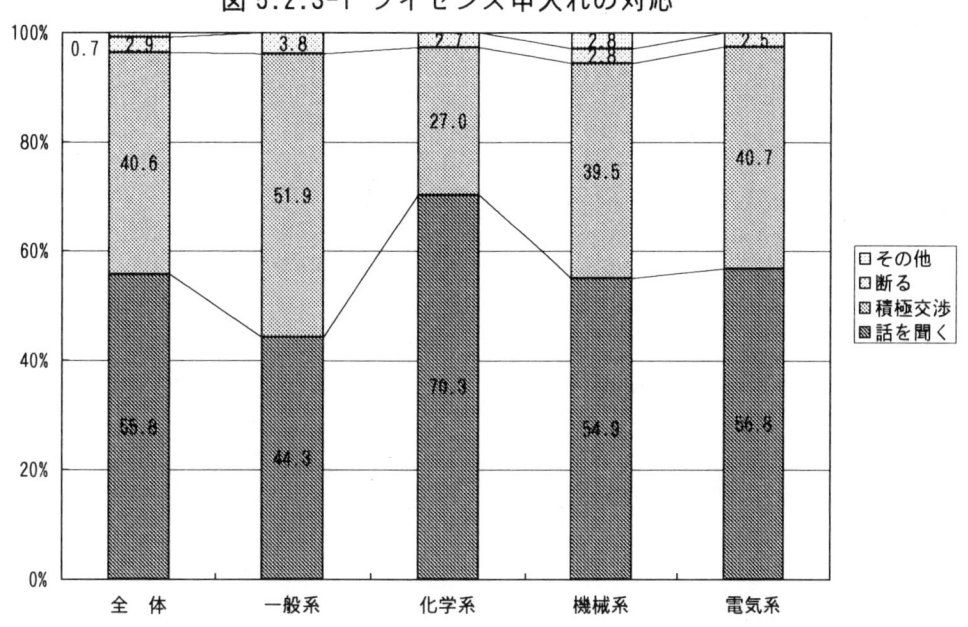

図5.2.3-1 ライセンス申入れの対応

(2) 仲介の必要性

ライセンスの仲介の必要性があるかについて質問を行った。

質問内容	一般系	化学系	機械系	電気系	全体
・自社内にそれに相当する機能があるから不要(社内機能あるから不要)	36.6%	48.7%	62.4%	53.8%	52.0%
・現在はレベルが低いので不要(低レベル仲介で不要)	1.9%	0.0%	1.4%	1.7%	1.5%
・適切な仲介者がいれば使っても良い(適切な仲介者で検討)	44.2%	45.9%	27.5%	40.2%	38.5%
・公的支援機関に仲介等を必要とする(公的仲介が必要)	17.3%	5.4%	8.7%	3.4%	7.6%
・民間仲介業者に仲介等を必要とする(民間仲介が必要)	0.0%	0.0%	0.0%	0.9%	0.4%

　図5.2.3-2に仲介の必要性の内訳を示す。「社内機能あるから不要」が52.0%を占め、最も多い。アンケートの配布先は大手企業が大部分であったため、自社において知財管理、技術移転機能が整備されている企業が50%以上を占めることを意味している。

　次いで「適切な仲介者で検討」が38.5%、「公的仲介が必要」が7.6%、「民間仲介が必要」が0.4%となっている。これらを加えると仲介の必要を感じている企業は46.5%に上る。

　自前で知財管理や知財戦略を立てることができない中小企業や一部の大企業では、技術移転・仲介者の存在が必要であると推測される。

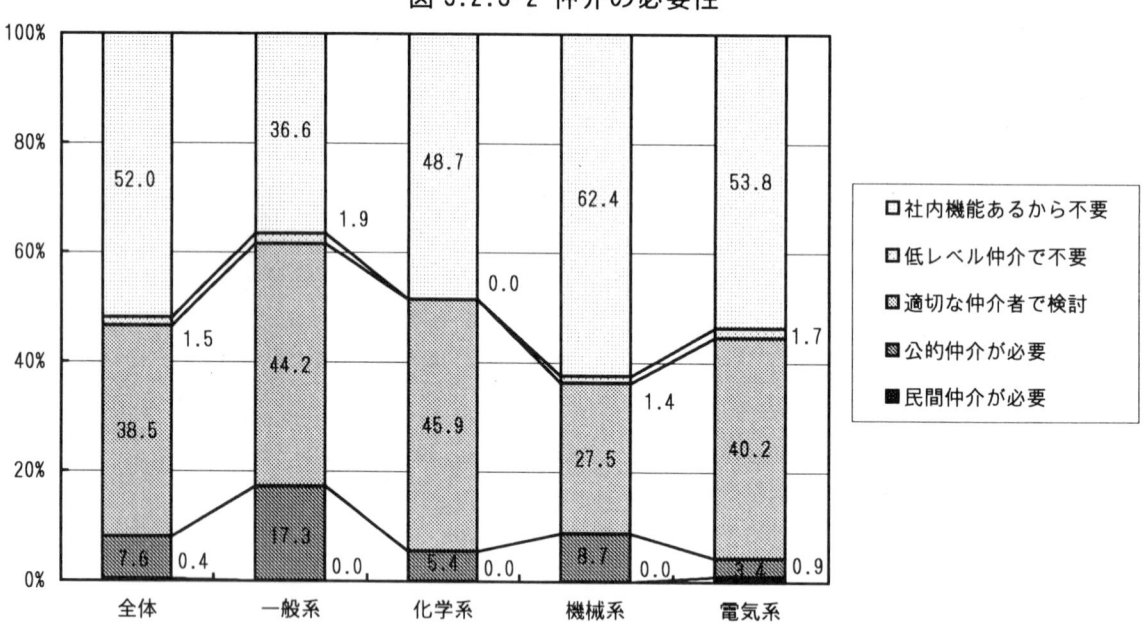

図 5.2.3-2 仲介の必要性

5.2.4 具体的事例
(1) テーマ特許の供与実績

技術テーマの分析の対象となった特許一覧表を掲載し(テーマ特許)、具体的にどの特許の供与実績があるかについて質問を行った。

質問内容	一般系	化学系	機械系	電気系	全体
・有る	12.8%	12.9%	13.6%	18.8%	15.7%
・無い	72.3%	48.4%	39.4%	34.2%	44.1%
・回答できない(回答不可)	14.9%	38.7%	47.0%	47.0%	40.2%

図 5.2.4-1 に、テーマ特許の供与実績を示す。

「有る」と回答した企業が 15.7%であった。「無い」と回答した企業が 44.1%あった。「回答不可」と回答した企業が 40.2%とかなり多かった。これは個別案件ごとにアンケートを行ったためと思われる。ライセンス自体、企業秘密であり、他者に情報を漏洩しない場合が多い。

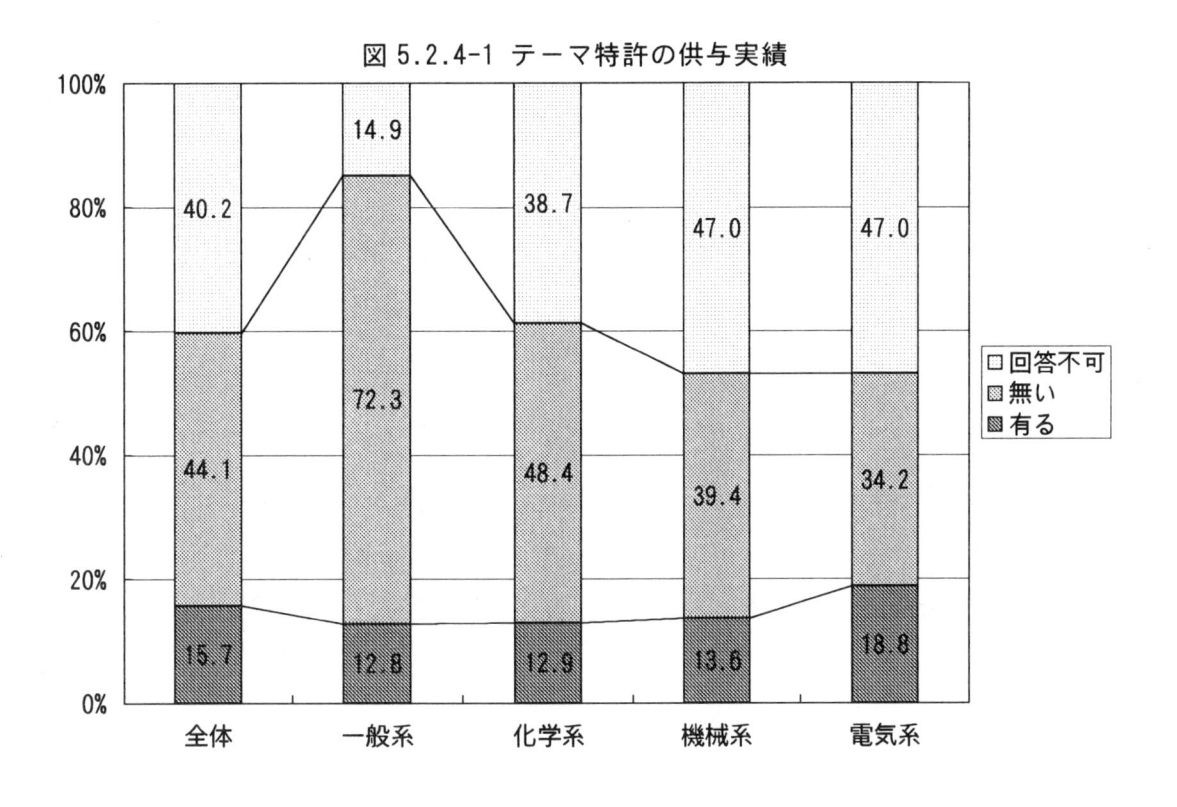

図 5.2.4-1 テーマ特許の供与実績

	全体	一般系	化学系	機械系	電気系
回答不可	40.2	14.9	38.7	47.0	47.0
無い	44.1	72.3	48.4	39.4	34.2
有る	15.7	12.8	12.9	13.6	18.8

(2) テーマ特許を適用した製品

「特許流通支援チャート」に収蔵した特許（出願）を適用した製品の有無について質問を行った。

質問内容	一般系	化学系	機械系	電気系	全体
・回答できない(回答不可)	27.9%	34.4%	44.3%	53.2%	44.6%
・有る。	51.2%	43.8%	39.3%	37.1%	40.8%
・無い。	20.9%	21.8%	16.4%	9.7%	14.6%

図5.2.4-2に、テーマ特許を適用した製品の有無について結果を示す。

「有る」が40.8%、「回答不可」が44.6%、「無い」が14.6%であった。一般系と化学系で「有る」と回答した企業が多かった。

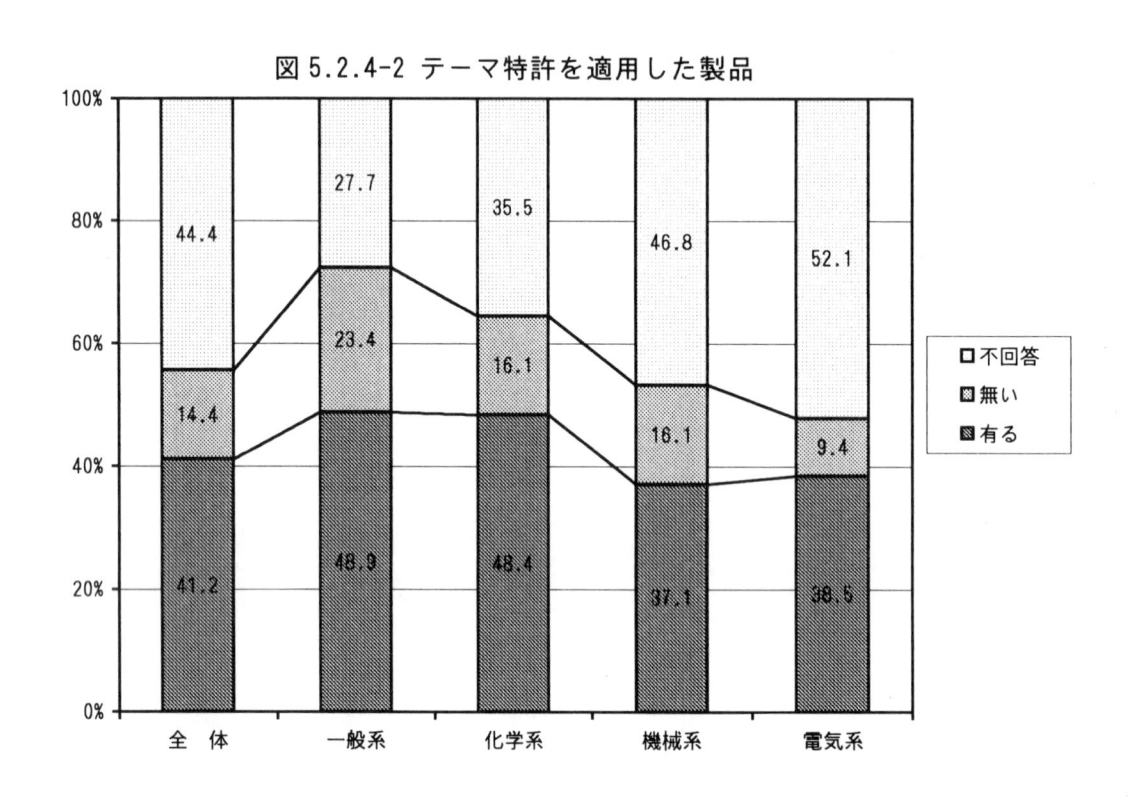

図5.2.4-2 テーマ特許を適用した製品

	全体	一般系	化学系	機械系	電気系
不回答	44.4	27.7	35.5	46.8	52.1
無い	14.4	23.4	16.1	16.1	9.4
有る	41.2	48.9	48.4	37.1	38.5

5.3 ヒアリング調査

アンケートによる調査において、5.2.2の(2)項でライセンス実績に関する質問を行った。その結果、回収数306件中295件の回答を得、そのうち「供与実績あり、今後も積極的な供与活動を実施したい」という回答が全テーマ合計で25.4%(延べ75出願人)あった。これから重複を排除すると43出願人となった。

この43出願人を候補として、ライセンスの実態に関するヒアリング調査を行うこととした。ヒアリングの目的は技術移転が成功した理由をできるだけ明らかにすることにある。

表5.3にヒアリング出願人の件数を示す。43出願人のうちヒアリングに応じてくれた出願人は11出願人(26.5%)であった。テーマ別且つ出願人別では延べ15出願人であった。ヒアリングは平成14年2月中旬から下旬にかけて行った。

表5.3 ヒアリング出願人の件数

ヒアリング候補 出願人数	ヒアリング 出願人数	ヒアリング テーマ出願人数
43	11	15

5.3.1 ヒアリング総括

表5.3に示したようにヒアリングに応じてくれた出願人が43出願人中わずか11出願人（25.6%）と非常に少なかったのは、ライセンス状況およびその経緯に関する情報は企業秘密に属し、通常は外部に公表しないためであろう。さらに、11出願人に対するヒアリング結果も、具体的なライセンス料やロイヤリティーなど核心部分については充分な回答をもらうことができなかった。

このため、今回のヒアリング調査は、対象母数が少なく、その結果も特許流通および技術移転プロセスについて全体の傾向をあらわすまでには至っておらず、いくつかのライセンス実績の事例を紹介するに留まらざるを得なかった。

5.3.2 ヒアリング結果

表5.3.2-1にヒアリング結果を示す。

技術移転のライセンサーはすべて大企業であった。

ライセンシーは、大企業が8件、中小企業が3件、子会社が1件、海外が1件、不明が2件であった。

技術移転の形態は、ライセンサーからの「申し出」によるものと、ライセンシーからの「申し入れ」によるものの2つに大別される。「申し出」が3件、「申し入れ」が7件、「不明」が2件であった。

「申し出」の理由は、3件とも事業移管や事業中止に伴いライセンサーが技術を使わなくなったことによるものであった。このうち1件は、中小企業に対するライセンスであった。この中小企業は保有技術の水準が高かったため、スムーズにライセンスが行われたとのことであった。

「ノウハウを伴わない」技術移転は3件で、「ノウハウを伴う」技術移転は4件であった。

「ノウハウを伴わない」場合のライセンシーは、3件のうち1件は海外の会社、1件が中小企業、残り1件が同業種の大企業であった。

大手同士の技術移転だと、技術水準が似通っている場合が多いこと、特許性の評価やノウハウの要・不要、ライセンス料やロイヤリティー額の決定などについて経験に基づき判断できるため、スムーズに話が進むという意見があった。

　中小企業への移転は、ライセンサーもライセンシーも同業種で技術水準も似通っていたため、ノウハウの供与の必要はなかった。中小企業と技術移転を行う場合、ノウハウ供与を伴う必要があることが、交渉の障害となるケースが多いとの意見があった。

　「ノウハウを伴う」場合の4件のライセンサーはすべて大企業であった。ライセンシーは大企業が1件、中小企業が1件、不明が2件であった。

　「ノウハウを伴う」ことについて、ライセンサーは、時間や人員が避けないという理由で難色を示すところが多い。このため、中小企業に技術移転を行う場合は、ライセンシー側の技術水準を重視すると回答したところが多かった。

　ロイヤリティーは、イニシャルとランニングに分かれる。イニシャルだけの場合は4件、ランニングだけの場合は6件、双方とも含んでいる場合は4件であった。ロイヤリティーの形態は、双方の企業の合意に基づき決定されるため、技術移転の内容によりケースバイケースであると回答した企業がほとんどであった。

　中小企業へ技術移転を行う場合には、イニシャルロイヤリティーを低く抑えており、ランニングロイヤリティーとセットしている。

　ランニングロイヤリティーのみと回答した6件の企業であっても、「ノウハウを伴う」技術移転の場合にはイニシャルロイヤリティーを必ず要求するとすべての企業が回答している。中小企業への技術移転を行う際に、このイニシャルロイヤリティーの額をどうするか折り合いがつかず、不成功になった経験を持っていた。

表5.3.2-1 ヒアリング結果

導入企業	移転の申入れ	ノウハウ込み	イニシャル	ランニング
—	ライセンシー	○	普通	—
—	—	○	普通	—
中小	ライセンシー	×	低	普通
海外	ライセンシー	×	普通	—
大手	ライセンシー	—	—	普通
大手	ライセンシー	—	—	普通
大手	ライセンシー	—	—	普通
大手	—	—	—	普通
中小	ライセンサー	—	—	普通
大手	—	—	普通	低
大手	—	○	普通	普通
大手	ライセンサー	—	普通	—
子会社	ライセンサー	—	—	—
中小	—	○	低	高
大手	ライセンシー	×	—	普通

＊ 特許技術提供企業はすべて大手企業である。

(注)
　ヒアリングの結果に関する個別のお問い合わせについては、回答をいただいた企業とのお約束があるため、応じることはできません。予めご了承ください。

資料６．特許番号一覧

対象特許件数上位46社（但し、２章の主要企業との重複分は除く）の特許を技術要素別に掲載する。表を見る上での留意事項を以下に述べる。

・特許番号末尾の（ ）内の数字は、表「特許件数上位46社の連絡先」の左端に記載の番号で、出願人を示す。
・（重複）は、他の技術要素で重複して掲載していることを示す。
・（共願）は、共同出願人ありを示す。
・●は、出願人が開放する用意のある特許を示す。

尚、以下の特許に対し、ライセンスできるかどうかは、各企業の状況により異なる。

特許番号一覧(1)

技術要素	特許番号 IPC	開発課題	名称および解決手段要旨
セラミックスとセラミックスのろう付け	特許2911721(40) C04B37/00 (重複)	機械的特性の向上	アルミナーカルシアーイットリア封止剤組成物 【解決手段】接合材の特性・成分
	特開平8-104577(33) C04B37/02 (重複)	精度の維持向上	ろう付け治具 【解決手段】接合工程
	特開平8-310876(25) C04B37/00	接合強度向上、欠陥防止	耐酸化性活性金属ろう 【解決手段】接合材の特性・成分
	特開平8-310877(25) C04B37/00	接合強度向上、欠陥防止	セラミックス用ろう材 【解決手段】接合材の特性・成分
	特開平9-29479(25) B23K35/14 (重複)	接合強度向上、欠陥防止	ろう材 【解決手段】接合材の特性・成分
	特開平9-82445(34) H01R43/00	電気的・磁気的特性向上	酸化物超電導線材の超電導接続方法 【解決手段】接合条件・制御 【要旨】Bi系2212型酸化物超電導線材同士を超電導状態で接続するに当り、接続領域にBi系2212型酸化物仮焼粉末を存在させた状態で、接続領域は部分溶融温度以上に加熱するとともに接続領域以外は部分溶融温度未満に保持し、その後冷却する。
	特開平9-82446(34) H01R43/00	電気的・磁気的特性向上	超電導線材の超電導接続方法 【解決手段】接合材の特性・成分
	特開平9-165273(40) C04B37/00	応力の緩和	現場結合炭化物／炭化物支持体を有する複合成形体の多結晶質研磨材層における応力の低減　【解決手段】接合条件・制御
	特開2000-103687(29) C04B37/00 (重複)	接合強度向上、欠陥防止	セラミックス接合用組成物およびセラミックス管の接合方法 【解決手段】基体の寸法・形状・構造
	特許2865770(21) H01L21/60,311 ●	接合強度向上、欠陥防止	電子回路装置の製造方法 【解決手段】基体の処理
	特開平11-126848(23) H01L23/10 ●	接合強度向上、欠陥防止	半田層を有する部品 【解決手段】接合材の特性・成分
	特開2000-61689(45) B23K35/363 (共願)	接合強度向上、欠陥防止	はんだペースト、はんだ付け方法および表面実装型電子装置 【解決手段】接合材の特性・成分
セラミックスとセラミックスの拡散・圧着	特許2809000(36) C04B37/00	接合強度向上、欠陥防止	セラミックス部材の接合方法 【解決手段】接合材の特性・成分
	特開平6-120023(28) H01F1/34	電気的・磁気的特性向上	接合フェライトの製造方法 【解決手段】基体の成分、基体の選択
	特開平7-133165(28) C04B37/00	接合強度向上、欠陥防止	接合フェライトの製造方法 【解決手段】基体の成分、基体の選択
	特開平8-2977(36) C04B37/00 (重複)	接合強度向上、欠陥防止	ペロブスカイト型セラミックスの接合方法 【解決手段】基体の処理

特許番号一覧(2)

技術要素	特許番号 IPC	開発課題	名称および解決手段要旨
	特開平 8-55713(28) H01F1/34	機械的特性の向上	複合磁性材料の製造方法 【解決手段】基体の成分、基体の選択 【要旨】厚みの平行度が8μm以下、かつ表面租さが0.1μm以下の常温において高透磁率を有するフェライト磁性材料の基板と、キュリー温度が常温以下であるフェライト磁性材料の基板を用いて接合する。
	特開 2000-226271(44) C04B37/02　（重複）	適用範囲の拡大	セラミックス金属接合体及びその接合方法 【解決手段】中間材の特性・成分
	特開平 5-198947(21) H05K3/46　（重複）	応力の緩和	セラミック多層基板の製造方法および製造装置 【解決手段】接合条件・制御
	特開平 7-266319(39) B28B3/12 （重複）（共願）	接合強度向上、欠陥防止	陶土シートおよびセラミック板の製造方法 【解決手段】接合条件・制御
セラミックスとセラミックスの焼結	特許 2770432(28) H01F41/02	適用範囲の拡大	接合フェライトの製造方法 【解決手段】接合材の特性・成分 【要旨】単結晶フェライトと多結晶フェライトから接合フェライトを製造するに当たって、少なくとも多結晶フェライトの接合界面にK、Rb、Csから選ばれる少なくとも一種の水酸化物を介在させて加熱圧着する。
	特許 2512570(35) H01B13/00,501	電気的・磁気的特性向上	異方導電性セラミックス複合体の製造方法 【解決手段】接合条件・制御
	特公平 7-108821(36) C04B37/00 （共願）	接合強度向上、欠陥防止	セラミックスの接合方法 【解決手段】接合層の構造・構成
	特許 2864927(33) C04B37/00	接合強度向上、欠陥防止	炭化珪素質部材の接合方法 【解決手段】基体の成分、基体の選択
	特許 2891042(33) C04B37/00	接合強度向上、欠陥防止	炭化珪素質材料の接合方法 【解決手段】基体の寸法・形状・構造
	特開平 7-232970(44) C04B37/00	応力の緩和	有底セラミックチューブの製造方法 【解決手段】基体の寸法・形状・構造
	特開平 8-2977(36) C04B37/00 （重複）	接合強度向上、欠陥防止	ペロブスカイト型セラミックスの接合方法 【解決手段】基体の処理
	特開平 7-138081(29) C04B37/00	接合強度向上、欠陥防止	セラミックス接合用組成物と接合方法 【解決手段】基体の寸法・形状・構造
	特開平 8-125340(21) H05K3/46	接合強度向上、欠陥防止	セラミック多層配線基板、その製造方法及びそれに用いる銅ペースト 【解決手段】中間材の特性・成分
	特許 3110265(36) H01M8/02	電気的・磁気的特性向上	固体電解質型燃料電池スタックの接合材および接合方法 【解決手段】接合材の特性・成分
	特許 3095646(32) C04B41/88	接合強度向上、欠陥防止	接合構造体 【解決手段】基体の成分、基体の選択
	特開平 8-157275(24) C04B37/00	接合強度向上、欠陥防止	炭化珪素質焼結体同士の接合方法 【解決手段】基体の成分、基体の選択
	● 特許 3070432(36) C04B37/00	電気的・磁気的特性向上	固体電解質型燃料電池 【解決手段】接合材の特性・成分
	特開平 9-24402(21) B21B27/00	接合強度向上、欠陥防止	セラミックスロール 【解決手段】基体の成分、基体の選択
	特開平 9-304321(45) G01N27/12	接合強度向上、欠陥防止	セラミック積層体及びその製造方法 【解決手段】基体の成分、基体の選択
	特開平 9-87034(32) C04B35/581	接合強度向上、欠陥防止	窒化アルミニウム接合構造体 【解決手段】接合材の特性・成分
	特開平 10-103877(25) F27D1/00	経済性向上、工程の簡略化	白金表面部を有する耐熱材及びその製法 【解決手段】基体の処理
	特開平 10-182235(32) C04B35/581	熱的特性の向上	窒化アルミニウム部材 【解決手段】基体の寸法・形状・構造
	特許 3001827(43) C04B37/00	接合強度向上、欠陥防止	セラミックス成形体の製造方法 【解決手段】接合条件・制御
	特開平 10-280009(44) B22F7/06 （共願）	経済性向上、工程の簡略化	傾斜機能材料、ランプ用封止部材およびその製造方法 【解決手段】基体の成分、基体の選択
	特開平 11-43379(46) C04B37/00	機械的特性の向上	セラミックスの製造方法 【解決手段】接合材の特性・成分

特許番号一覧(3)

技術要素	特許番号 IPC	開発課題	名称および解決手段要旨
セラミックスとセラミックスの焼結	特開平11-92245(30) C04B37/00	接合強度向上、欠陥防止	中間材により接合したセラミックス部材およびその接合方法 【解決手段】接合材の特性・成分
	特許2886526(43) C04B37/00	適用範囲の拡大	耐熱セラミックス複合体及びその製造方法 【解決手段】基体の成分、基体の選択
	特開2000-103687(29) C04B37/00 (重複)	接合強度向上、欠陥防止	セラミックス接合用組成物およびセラミックス管の接合方法 【解決手段】基体の寸法・形状・構造
	特開2000-120946(29) F16L13/11	接合強度向上、欠陥防止	セラミックス管接合構造 【解決手段】基体の寸法・形状・構造
	特開2000-120973(29) F16L49/00	応力の緩和	セラミックス管の接合方法及び接合構造 【解決手段】基体の成分、基体の選択
	特開2000-169251(26) C04B37/00	機械的特性の向上	セラミックス複合体の製造方法およびセラミックス複合体 【解決手段】基体の成分、基体の選択
	特許3047985(21) C04B35/00 ●	接合強度向上、欠陥防止	多層セラミック配線基板の製造方法 【解決手段】基体の成分、基体の選択
	特開平5-198947(21) H05K3/46 (重複)	応力の緩和	セラミック多層基板の製造方法および製造装置 【解決手段】接合条件・制御
	特許2774227(36) H01M8/02	電気的・磁気的特性向上	固体電解質型燃料電池スタックの接合方法 【解決手段】接合材の特性・成分
	特許2902546(39) C04B33/13 (共願)	機械的特性の向上	陶磁器板およびその製造方法 【解決手段】基体の成分、基体の選択
	特許2912125(39) B28B1/52 (共願)	精度の維持向上	陶磁器板およびその製造方法 【解決手段】基体の成分、基体の選択
	特許2912126(39) B28B1/52 (共願)	精度の維持向上	陶磁器板およびその製造方法 【解決手段】基体の成分、基体の選択
	特開平7-257971(28) C04B35/495	電気的・磁気的特性向上	複合誘電体セラミック及びその製造方法 【解決手段】基体の寸法・形状・構造
	特開平7-266319(39) B28B3/12 (重複)(共願)	接合強度向上、欠陥防止	陶土シートおよびセラミック板の製造方法 【解決手段】接合条件・制御
	特開平8-225359(31) C04B33/14 (共願)	接合強度向上、欠陥防止	陶磁器板とその製造方法 【解決手段】基体の寸法・形状・構造
	特開平8-225361(31) C04B33/14 (共願)	機械的特性の向上	陶磁器板と陶磁器板製造方法 【解決手段】基体の成分、基体の選択
	特開平9-85894(45) B32B18/00	精度の維持向上	セラミック積層体の製造方法 【解決手段】基体の寸法・形状・構造
	特開平11-79828(33) C04B35/111	接合強度向上、欠陥防止	アルミナセラミックス基板の製造方法 【解決手段】基体の成分、基体の選択
	特開平11-177239(23) H05K3/46	精度の維持向上	セラミック多層基板及びその製造方法 【解決手段】基体の寸法・形状・構造
	特開2000-128653(26) C04B35/80	機械的特性の向上	セラミックス複合体およびセラミックス複合体の製造方法 【解決手段】基体の成分、基体の選択
	特開2000-128630(26) C04B35/447	機械的特性の向上	セラミックス複合体およびセラミックス複合体の製造方法 【解決手段】基体の成分、基体の選択
	特開2001-60766(23) H05K3/46	経済性向上、工程の簡略化	低温焼成セラミック回路基板及びその製造方法 【解決手段】基体の成分、基体の選択
	特開2001-30219(45) B28B11/00	接合強度向上、欠陥防止	セラミック積層体及びその製造方法 【解決手段】基体の寸法・形状・構造
セラミックスと金属のろう付け	特許2986531(25) C04B37/02	接合強度向上、欠陥防止	銅を接合した窒化アルミニウム基板の製造法 【解決手段】基体の処理
	特許2986532(25) C04B37/02	接合強度向上、欠陥防止	AlN／Cuクラッド基板の製造方法 【解決手段】接合材の特性・成分
	特許2993757(25) C04B37/02	適用範囲の拡大	セラミックス接合用ろう材 【解決手段】接合材の特性・成分
	特許3062278(34) B23K1/19	接合強度向上、欠陥防止	線膨張係数が小さい材料と銅との接合方法 【解決手段】接合条件・制御

特許番号一覧(4)

技術要素	特許番号	開発課題	名称および解決手段要旨
セラミックスと金属のろう付け	特許2986624(25) B23K35/22,310	接合強度向上、欠陥防止	活性金属ろう 【解決手段】接合材の特性・成分 【要旨】上層がAg-Cu-In-Sn系にTiを3%未満含有させた合金、中間層がTiまたはZrあるいはHf、下層がAg-Cu-In-Sn系の合金よりなる三層クラッドろうで、ろう材の融点が650℃以上、Ti、Zr、Hfの含有量が総量で3.5～10%である活性金属ろう。
	特開平7-61869(34) C04B37/02	接合強度向上、欠陥防止	熱膨張係数が異なる材料の接合方法 【解決手段】中間材の特性・成分
	特開平7-82050(42) C04B37/02 (共願)	接合強度向上、欠陥防止	セラミックスと金属の接合方法 【解決手段】接合材の特性・成分
	特開平7-300376(34) C04B37/02	接合強度向上、欠陥防止	アルミナとFe-Ni-Co合金を接合する方法 【解決手段】中間材の特性・成分
	特開平8-2978(28) C04B37/02	精度の維持向上	セラミックと金属の接着方法 【解決手段】基体の処理
	特開平8-104577(33) C04B37/02 (重複)	精度の維持向上	ろう付け治具 【解決手段】接合工程
	特開平9-29479(25) B23K35/14 (重複)	接合強度向上、欠陥防止	ろう材 【解決手段】接合材の特性・成分
	特開平9-208335(21) C04B37/00	接合強度向上、欠陥防止	炭素複合化部材及び複合化方法 【解決手段】基体の処理
	特開平9-268304(43) B22F7/08 (重複)	応力の緩和	傾斜組成型断熱層を有する金属製部材及びその製造方法 【解決手段】接合条件・制御
	特開平9-328372(26) C04B37/02	接合強度向上、欠陥防止	セラミックスと金属の接合方法 【解決手段】基体の処理
	特開平10-7473(34) C04B37/02 (共願)	接合強度向上、欠陥防止	Si含有セラミックスと金属材料の接合方法および接合体 【解決手段】基体の処理
	特開平10-53471(21) C04B37/00	化学的特性の向上	Al系金属とセラミックスの接着方法 【解決手段】基体の処理
	特開平9-175873(40) C04B37/02	接合強度向上、欠陥防止	ダイヤモンドアセンブリ及びそれの製造方法 【解決手段】接合材の特性・成分
	特開平10-120474(21) C04B37/02	接合強度向上、欠陥防止	アルミニウムとセラミックスとの接合方法 【解決手段】基体の処理
	特開平10-158073(23) C04B37/02	経済性向上、工程の簡略化	セラミックス基板と金属板との接合方法 【解決手段】接合条件・制御
	特開平10-154774(21) H01L23/15	熱的特性の向上	半導体モジュール 【解決手段】基体の寸法・形状・構造 【要旨】支持基板の上に、絶縁基板を配し、その上に半導体チップを搭載する半導体モジュールにおいて、絶縁基板の構造をはんだ接着時に支持基板との接着を行う側を凸に変形させる応力が働くような構造とする。
	特許2857870(43) D03D13/00	接合強度向上、欠陥防止	繊維含有率調整三次元織物、並びに該織物を用いた金属接合用耐熱繊維強化複合材料及びその接合方法 【解決手段】基体の寸法・形状・構造
	特開平10-218678(23) C04B37/02 ●	接合強度向上、欠陥防止	リードピンをロー付けしたセラミック基板とその製造方法 【解決手段】接合材の特性・成分
	特開平11-29371(32) C04B37/02	電気的・磁気的特性向上	ろう材および窒化アルミニウム部材と金属部材との接合方法 【解決手段】接合材の特性・成分
	特開平11-224687(21) H01M10/39	耐久性の向上	高温ナトリウム二次電池における金属／セラミックスの接合方法 【解決手段】接合材の特性・成分
	特開平11-273936(21) H01F6/06,ZAA	経済性向上、工程の簡略化	酸化物超電導コイルの巻線構造 【解決手段】基体の寸法・形状・構造
	特開平11-322455(32) C04B37/02 (重複)	接合強度向上、欠陥防止	セラミックス／金属接合体およびその製造方法 【解決手段】基体の寸法・形状・構造

特許番号一覧(5)

技術要素	特許番号 IPC	開発課題	名称および解決手段要旨
セラミックスと金属のろう付け	特開 2000-90846(28) H01J29/04 (共願)	接合強度向上、欠陥防止	陰極線管用電子銃に用いられるカソード構体及び陰極線管用電子銃 【解決手段】接合材の特性・成分
	特開 2000-86368(46) C04B37/02	接合強度向上、欠陥防止	窒化物セラミックス基板 【解決手段】接合材の特性・成分 【要旨】AlN板の上に活性ろう材層を設け、その上に銅板をはんだ層で接合する。
	特開 2000-119071(46) C04B37/02	接合強度向上、欠陥防止	半導体装置用セラミックス基板 【解決手段】中間材の特性・成分
	特開平 11-292649(45) C04B37/02	接合強度向上、欠陥防止	セラミック−金属接合体及びその製造方法 【解決手段】中間材の特性・成分
	特開 2000-281460(32) C04B37/02	接合強度向上、欠陥防止	金属粉末ろう材および窒化アルミニウム部材と金属部材との接合方法 【解決手段】基体の寸法・形状・構造
	特開 2000-335981(44) C04B37/00	適用範囲の拡大	セラミック接合部品 【解決手段】基体の成分、基体の選択
	特許 2974936(43) F01D5/02 (重複)	接合強度向上、欠陥防止	金属とセラミックの接合方法、接合構造およびこの接合構造を備えたガスタービン 【解決手段】基体の処理
	特開 2000-133734(25) H01L23/02	経済性向上、工程の簡略化	クラッドリングの製造方法、封止キャップ及びその製造方法 【解決手段】基体の寸法・形状・構造
	特開 2001-176999(25) H01L23/10	機械的特性の向上	電子部品の気密封止方法 【解決手段】基体の処理
セラミックスと金属の拡散・圧着	特許 3126977(40) C04B37/02	熱的特性の向上	補強された直接結合銅構造体 【解決手段】中間材の特性・成分
	特開平 9-194254(46) C04B35/111	熱的特性の向上	半導体装置用基板 【解決手段】基体の成分、基体の選択 【要旨】アルミナに 5〜30 質量%の炭化珪素を添加し、さらにアルミナと炭化珪素の全量に対して 0〜10%のイットリア等の焼結助剤を加えてセラミックス基板を作製する。
	特開平 9-268304(43) B22F7/08 (重複)	応力の緩和	傾斜組成型断熱層を有する金属製部材及びその製造方法 【解決手段】接合条件・制御
	特開平 10-107174(46) H01L23/12	電気的・磁気的特性向上	半導体装置用基板およびその製造方法 【解決手段】基体の寸法・形状・構造
	特開平 10-152384(23) C04B41/88	接合強度向上、欠陥防止	銅張り窒化アルミニウム基板の製造方法 【解決手段】接合条件・制御
	特開平 10-194859(26) C04B37/02 (共願)	接合強度向上、欠陥防止	セラミックスと金属の接合方法 【解決手段】基体の処理
	特開平 11-12052(21) C04B37/02	適用範囲の拡大	炭素部材と銅部材との複合体 【解決手段】中間材の特性・成分
	特開平 11-71185(26) C04B37/02	接合強度向上、欠陥防止	セラミックスと金属の接合方法 【解決手段】接合条件・制御 【要旨】成形型の内部にセラミックスと金属とを積層した積層体を装填し、成形型内の押圧手段と積層体との間に弾性部材を介在させる。そして押圧手段によりこの積層体を押圧すると共に、電圧印可手段によりこの積層体にパルス電圧を印可することにより、セラミックスと金属とを接合する。
	特開平 11-292650(41) C04B37/02	接合強度向上、欠陥防止	金属とセラミックスの接合方法および接合体 【解決手段】接合工程 【要旨】衝撃波を利用して、適切な速度で金属板をセラミックスに衝突させて両者を接合する。
	特開平 11-322455(32) C04B37/02 (重複)	接合強度向上、欠陥防止	セラミックス/金属接合体およびその製造方法 【解決手段】基体の寸法・形状・構造

特許番号一覧(6)

技術要素	特許番号 IPC	開発課題	名称および解決手段要旨
セラミックスと金属の拡散・圧着	特開平 11-343178(46) C04B37/02	接合強度向上、欠陥防止	銅板と非酸化物セラミックスとの接合方法 【解決手段】接合材の特性・成分
	特開 2000-226271(44) C04B37/02 (重複)	適用範囲の拡大	セラミックス金属接合体及びその接合方法 【解決手段】中間材の特性・成分
	特開 2001-176543(21) H01M10/39	耐久性の向上	ナトリウムー硫黄電池の製作方法 【解決手段】基体の寸法・形状・構造
	特許 2974936(43) F01D5/02 (重複)	接合強度向上、欠陥防止	金属とセラミックの接合方法、接合構造およびこの接合構造を備えたガスタービン 【解決手段】基体の処理
セラミックスと金属の焼結	特許 2502390(35) H05K3/46	電気的・磁気的特性向上	異方導電性セラミックス複合体の製造方法 【解決手段】接合材の特性・成分
	特開平 3-122063(40) C04B35/583	接合強度向上、欠陥防止	支持体つき熱安定性立方晶窒化ホウ素工具ブランクおよびその製造方法 【解決手段】接合条件・制御
	特許 3111077(40) C04B37/02	接合強度向上、欠陥防止	窒化アルミニウム基板への銅の直接結合 【解決手段】基体の処理 【要旨】焼結によって基板を作製するに当たって、真性 AlN を 10%までのイットリアでドープする。
	特開平 7-315949(21) C04B37/02	化学的特性の向上	高信頼性耐熱セラミックス及びタービン部品 【解決手段】基体の成分、基体の選択 【要旨】金属と耐熱セラミックスとの間にフッ化物系複合材を挿入して熱膨張係数を制御する。
	特開平 8-5603(45) G01N27/409	接合強度向上、欠陥防止	層状セラミックス体、並びに酸素センサ及びその製法 【解決手段】基体の成分、基体の選択
	特開平 8-232037(21) C22C32/00	接合強度向上、欠陥防止	耐熱高強度セラミックスとその製造法及び用途 【解決手段】接合条件・制御
	特開平 9-263456(23) C04B35/626	接合強度向上、欠陥防止	AlN回路基板の製造方法 【解決手段】基体の成分、基体の選択
	特開平 11-139885(21) C04B37/02	応力の緩和	傾斜機能複合体およびその用途 【解決手段】基体の成分、基体の選択
	特開平 11-228247(26) C04B37/02	接合強度向上、欠陥防止	セラミックスと金属との接合方法および接合体 【解決手段】基体の成分、基体の選択 【要旨】セラミックス粉体と第1の金属のブロック体とを少なくとも1層の中間層を介在させて焼結して接合する。
	特開平 11-228248(26) C04B37/02	接合強度向上、欠陥防止	セラミックスと金属との接合方法および接合体 【解決手段】基体の成分、基体の選択
	特開平 11-228249(26) C04B37/02	接合強度向上、欠陥防止	セラミックスと金属との接合方法および接合体 【解決手段】基体の成分、基体の選択
	特開平 10-294127(21) H01M10/39	接合強度向上、欠陥防止	ナトリウムー硫黄電池の製造方法及び製造装置 【解決手段】接合条件・制御
	特開 2000-128651(26) C04B35/74	接合強度向上、欠陥防止	ハイドロキシアパタイトとチタンとの複合体およびハイドロキシアパタイトとチタンとの複合体の製造方法 【解決手段】基体の成分、基体の選択
セラミックスと金属の接着	特許 2607355(22) C09J4/02,JBQ	接合強度向上、欠陥防止	セラミックスの接着方法 【解決手段】接合材の特性・成分
	特開平 11-268966(23) C04B37/00 ●	接合強度向上、欠陥防止	積層セラミックス製品と接合材料 【解決手段】接合材の特性・成分
	特公平 6-89050(32) C08F2/44,MCQ	接合強度向上、欠陥防止	硬化性組成物 【解決手段】接合材の特性・成分
	特許 2679306(27) C08F2/50	接合強度向上、欠陥防止	光重合用触媒組成物および光硬化性組成物 【解決手段】接合材の特性・成分
	特許 2671528(27) C09J4/04,JBS	接合強度向上、欠陥防止	瞬間接着剤組成物 【解決手段】接合材の特性・成分
	特許 2670159(32) C09J4/02,JBL	接合強度向上、欠陥防止	新規な接着方法 【解決手段】接合材の特性・成分
	特許 2929113(27) C09J11/04	接合強度向上、欠陥防止	瞬間接着剤用硬化促進剤組成物 【解決手段】接合材の特性・成分

特許番号一覧(7)

技術要素	特許番号 IPC	開発課題	名称および解決手段要旨
セラミックスと金属の接着	特許2734710(27) C09J4/04	接合強度向上、欠陥防止	シアノアクリレート用硬化促進剤 【解決手段】接合材の特性・成分
	特公平8-21254(41) H01B1/00	電気的・磁気的特性向上	銅合金系組成物、それを用いて印刷された成形物、ペーストおよび接着剤 【解決手段】中間材の特性・成分
	特許2970963(38) C09J9/00	接合強度向上、欠陥防止	剥離感圧接着剤及びその粘着部材 【解決手段】接合材の特性・成分
	特許2808986(27) C09J4/04	接合強度向上、欠陥防止	接着剤組成物 【解決手段】接合材の特性・成分
	特許2616345(27) C09J4/04,JBS	接合強度向上、欠陥防止	接着剤組成物 【解決手段】接合材の特性・成分
	特許2590673(27) C09J4/04	接合強度向上、欠陥防止	接着剤組成物 【解決手段】接合材の特性・成分
	特許2984158(38) B41J2/335	精度の維持向上	サーマルヘッドとこれに用いるアクリル系感圧性接着剤およびその接着シート類 【解決手段】接合材の特性・成分
	特開平6-322338(38) C09J133/00,JDE	その他の特性	再剥離型粘着剤及びその粘着部材 【解決手段】接合材の特性・成分
	特開平7-26391(35) C25D5/02	その他の特性	マスキングテープ 【解決手段】接合材の特性・成分
	特開平7-18035(29) C08F259/08	接合強度向上、欠陥防止	含フツ素接着性ポリマーおよびそれを用いた積層体 【解決手段】接合材の特性・成分
	特開平7-310068(22) C09J179/08	接合強度向上、欠陥防止	耐熱性接着剤 【解決手段】接合材の特性・成分
	特開平8-41199(22) C08G73/10	接合強度向上、欠陥防止	ポリイミド及びそれよりなる耐熱性接着剤 【解決手段】接合材の特性・成分
	特開平8-139264(32) H01L23/50	熱的特性の向上	半導体素子搭載用パッケージ 【解決手段】接合材の特性・成分
	特開平8-218038(27) C09J4/04	接合強度向上、欠陥防止	接着剤組成物及び接着方法 【解決手段】接合材の特性・成分
	特開平9-263745(23) C09J163/00 ●	機械的特性の向上	エポキシ樹脂系封止用接着剤組成物 【解決手段】接合材の特性・成分
	特開平9-263746(23) C09J163/00 ●	機械的特性の向上	エポキシ樹脂系封止用接着剤組成物 【解決手段】接合材の特性・成分
	特開平9-324150(21) C09J5/00	接合強度向上、欠陥防止	接着構造体およびその製造方法 【解決手段】基体の処理
	特開平10-8005(28) C09J9/02	接合強度向上、欠陥防止	異方性導電接着剤 【解決手段】接合材の特性・成分
	特開平10-130309(27) C08F2/48	接合強度向上、欠陥防止	仮固定用光硬化性組成物及び物品の製造方法 【解決手段】接合材の特性・成分
	特開平9-227325(32) A61K6/00	接合強度向上、欠陥防止	歯科用プライマー組成物および重合触媒 【解決手段】接合材の特性・成分
	特開2000-73037(35) C09J163/00	接合強度向上、欠陥防止	反応性ホットメルト接着剤組成物及び接着方法 【解決手段】接合材の特性・成分
	特開2001-164222(38) C09J133/06	接合強度向上、欠陥防止	珪素含有材用粘着剤組成物とその粘着シート類および珪素含有材への貼り付け方法 【解決手段】接合材の特性・成分
その他	特許2773249(24) C04B37/00 ●	電気的・磁気的特性向上	セラミツクスの電気接合方法 【解決手段】中間材の特性・成分 【要旨】被接合導電性セラミックス部材間または被接合導電性セラミックス部材と被接合金属部材との間に、被接合部材の抵抗率よりも大きい抵抗率を有する導電性インサート材を挿入するとともに、インサート材の両側に導電性接合剤を介在させて突合せ、被接合部材間に電流を通じることによって、インサート材に集中的に生じるジュール熱により接合部を局部加熱して接合する。
	特許2773257(24) C04B37/00 ●	接合強度向上、欠陥防止	Ｓｉ含有炭化ケイ素セラミツクス同士の電気接合方法 【解決手段】接合条件・制御
	特許2778146(24) H05B3/14 ●	経済性向上、工程の簡略化	セラミツクス発熱体の通電端子部材の電気接合方法 【解決手段】接合条件・制御

特許番号一覧(8)

技術要素	特許番号 IPC	開発課題	名称および解決手段要旨
その他	特許 2803240(24) C04B37/00 ●	接合強度向上、欠陥防止	セラミックスの電気接合用接合剤 【解決手段】接合材の特性・成分
	特許 2841598(24) C04B37/00	接合強度向上、欠陥防止	セラミックスの電気接合方法及び電気接合用インサート材 【解決手段】基体の成分、基体の選択
	特許 3054171(24) C04B37/00	接合強度向上、欠陥防止	セラミックスの接合方法 【解決手段】接合条件・制御
	特許 2984325(24) C04B37/00	接合強度向上、欠陥防止	セラミックスの接合方法 【解決手段】接合条件・制御
	特許 3019378(24) C04B37/00	接合強度向上、欠陥防止	セラミックスの電気接合用接合剤 【解決手段】接合材の特性・成分
	特公平 7-112955(33) C04B37/02 (共願)	接合強度向上、欠陥防止	銅導体ペースト 【解決手段】接合材の特性・成分
	特許 3060536(24) C04B37/00	接合強度向上、欠陥防止	セラミックスの電気接合方法 【解決手段】接合工程
	特許 3091498(24) C04B37/00	接合強度向上、欠陥防止	セラミックスの電気接合用接合剤 【解決手段】接合材の特性・成分
	特許 3103124(24) C04B37/00 ●	適用範囲の拡大	セラミックスの電気接合方法 【解決手段】接合条件・制御
	特許 2892172(34) C04B37/02	接合強度向上、欠陥防止	金属箔クラッドセラミックス製品およびその製造方法 【解決手段】中間材の特性・成分
	特許 3119501(24) C04B37/00 ●	電気的・磁気的特性向上	セラミックスの電気接合用接合剤 【解決手段】接合材の特性・成分
	特許 2910333(27) C09J1/00	接合強度向上、欠陥防止	接着剤組成物 【解決手段】接合材の特性・成分
	特許 3119504(24) C04B37/00 (共願)●	熱的特性の向上	セラミックスの電気接合用接合剤 【解決手段】接合材の特性・成分
	特許 2646904(36) C04B37/02	接合強度向上、欠陥防止	セラミックス部材の接合方法 【解決手段】中間材の特性 【要旨】セラミックス部材とセラミックス部材とを中間材を介して当接して加熱することにより両部材を接合する方法において、中間材として、接合温度において、被接合部材よりも易変形性であり、かつ被接合部材の接合面の形状にならって変形するセラミックス材料を用いる。
	特許 3178032(24) C04B37/00 ●	接合強度向上、欠陥防止	セラミックスを含む被接合体の電気接合方法 【解決手段】接合条件 【要旨】直接通電加熱または直接高周波誘導加熱単独による加熱により、通電電極近傍または突合せ部近傍の被接合部材に発生する熱応力を緩和し、セラミックス部材の破損を防止する。
	特開平 6-116050(24) C04B37/00 (共願)●	電気的・磁気的特性向上	セラミックスの電気接合用接合剤 【解決手段】接合材の特性・成分
	特開平 6-172049(24) C04B37/00 ●	接合強度向上、欠陥防止	Si含有炭化珪素セラミックスの電気接合方法 【解決手段】接合工程

特許番号一覧(9)

技術要素	特許番号 IPC	開発課題	名称および解決手段要旨
その他	特開平 6-227871(33) C04B37/02	精度の維持向上	薄膜積層セラミックス基板の製造方法 【解決手段】基体の処理 【要旨】セラミックス基板の上に金属薄膜を複数層形成する薄膜積層セラミックス基板の製造方法において、複数層の金属薄膜のうち少なくとも第1層目の金属薄膜を化学蒸着により形成する。
	特開平 8-91950(28) C04B37/00	接合強度向上、欠陥防止	ガラス接合物及びガラス接合方法 【解決手段】接合材の特性・成分
	特開平 8-133854(34) C04B37/00	機械的特性の向上	炭素材料の接合方法 【解決手段】接合条件・制御
	特許 2937049(33) H05K3/38	接合強度向上、欠陥防止	AlN回路基板の製造方法 【解決手段】基体の処理
	特開平 8-225376(40) C04B37/00	機械的特性の向上	ろう付け可能なコバルト含有CBN成形体 【解決手段】基体の処理
	特開平 8-231281(40) C04B37/00	機械的特性の向上	立方晶窒化ホウ素中間層を有することによって改善された物理的性質を示す支持された多結晶質ダイヤモンド成形体 【解決手段】基体の成分、基体の選択
	特許 3001814(43) C04B37/02	機械的特性の向上	部材接合方法 【解決手段】基体の成分、基体の選択
	特開平 10-245276(31) C04B37/00	耐久性の向上	積層加工セラミックス部材およびその製造方法 【解決手段】基体の寸法・形状・構造
	特開平 10-324577(29) C04B37/00	応力の緩和	セラミックス接着用組成物および接着方法 【解決手段】基体の成分、基体の選択
	特開 2000-72559(29) C04B37/00	接合強度向上、欠陥防止	セラミックス接合構造 【解決手段】基体の寸法・形状・構造
	特公平 6-37613(31) C09J163/00	接合強度向上、欠陥防止	導電性接着剤 【解決手段】接合材の特性・成分
	特許 2734147(29) C09J1/02	機械的特性の向上	セラミックスの接着方法 【解決手段】接合材の特性・成分
	特公平 7-81114(27) C09J4/02	経済性向上、工程の簡略化	光硬化型接着剤 【解決手段】接合材の特性・成分
	特許 2876786(21) B23K1/20 ●	接合強度向上、欠陥防止	高純度雰囲気接合方法及び装置 【解決手段】基体の処理
	特許 3124820(41) B32B31/10	経済性向上、工程の簡略化	ブロックマットの製造方法 【解決手段】基体の処理
	特許 3124821(41) B32B31/10	経済性向上、工程の簡略化	ブロックマットの製造方法 【解決手段】その他の手段
	特許 3124822(41) B32B31/10	経済性向上、工程の簡略化	ブロックマットの製造方法 【解決手段】その他の手段
	特開平 6-192641(22) C09J201/00	接合強度向上、欠陥防止	陶磁器質タイル用接着剤組成物 【解決手段】接合材の特性・成分
	特開平 6-179859(29) C09J163/00 (共願)	接合強度向上、欠陥防止	煉瓦用接着剤 【解決手段】接合材の特性・成分
	特開平 6-240227(22) C09J175/04	接合強度向上、欠陥防止	一液湿気硬化型ウレタン接着剤 【解決手段】接合材の特性・成分
	特開平 6-240228(22) C09J175/04	接合強度向上、欠陥防止	一液湿気硬化型ウレタン接着剤 【解決手段】接合材の特性・成分
	特開平 6-344508(22) B32B18/00	熱的特性の向上	耐熱性樹脂被覆弾性セラミックロール 【解決手段】接合材の特性・成分
	特開平 7-3212(35) C09J4/02	接合強度向上、欠陥防止	光重合性組成物及び接着テープもしくはシート 【解決手段】接合材の特性・成分
	特開平 7-62315(22) C09J151/08	接合強度向上、欠陥防止	タイル用接着剤 【解決手段】接合材の特性・成分
	特開平 7-166147(22) C09J175/04	接合強度向上、欠陥防止	タイル用一液型ウレタン系接着剤 【解決手段】接合材の特性・成分
	特開平 7-179401(32) C07C69/76	接合強度向上、欠陥防止	酸性基含有(メタ)アクリレート系単量体及びその組成物 【解決手段】接合材の特性・成分
	特開平 8-41440(35) C09J175/04	機械的特性の向上	床材施工用接着剤組成物 【解決手段】接合材の特性・成分

特許番号一覧(10)

技術要素	特許番号 IPC	開発課題	名称および解決手段要旨
その他	特開平 7-173446(29) C09J151/06	化学的特性の向上	接着性テトラフルオロエチレン－エチレン系共重合体、それを用いた積層体およびそれらの製造方法 【解決手段】接合材の特性・成分
	特開平 8-143850(35) C09J201/10	接合強度向上、欠陥防止	一液型室温硬化性接着剤組成物 【解決手段】接合材の特性・成分
	特開平 8-143849(35) C09J201/10	接合強度向上、欠陥防止	構造材貼り付け用室温硬化性接着剤組成物 【解決手段】接合材の特性・成分
	特開平 8-157776(27) C09J4/04	接合強度向上、欠陥防止	接着剤組成物及び接着方法 【解決手段】接合材の特性・成分
	特開平 8-218053(22) C09J175/04	接合強度向上、欠陥防止	タイル用一液型ウレタン系接着剤 【解決手段】接合材の特性・成分
	特開平 8-218054(22) C09J175/04	接合強度向上、欠陥防止	貯蔵安定性に優れた一液型ウレタン系接着剤の製造方法 【解決手段】接合材の特性・成分
	特開平 8-267635(38) B32B7/12	接合強度向上、欠陥防止	積層品の製造方法およびこれに用いる粘着剤 【解決手段】接合材の特性・成分
	特開平 8-267421(23) B28B1/00 ●	機械的特性の向上	セラミツク生シート積層体の製造方法 【解決手段】接合材の特性・成分
	特開平 8-302960(22) E04F13/08,101	接合強度向上、欠陥防止	防水機能を付与するタイル接着工法 【解決手段】接合材の特性・成分
	特開平 9-99485(44) B29C63/02 (共願)	接合強度向上、欠陥防止	サイロの内面ライニング方法および内面ライニング用成形板 【解決手段】接合材の特性・成分
	特開平 9-137148(22) C09J175/04	接合強度向上、欠陥防止	一液型ウレタン接着剤の製造方法 【解決手段】接合材の特性・成分
	特開平 9-193297(28) B32B18/00	電気的・磁気的特性向上	フエライト接合体 【解決手段】基体の成分、基体の選択
	特開平 10-140786(35) E04F13/08,102 (共願)	経済性向上、工程の簡略化	タイル貼りパネルの製造方法およびタイル貼りパネル 【解決手段】接合材の特性・成分
	特開平 10-237408(35) C09J163/00	接合強度向上、欠陥防止	接着剤組成物及びそれを用いたタイル張り製品 【解決手段】接合材の特性・成分
	特開平 10-316956(23) C09J163/00 ●	機械的特性の向上	硬化ニジミのない電子材料用エポキシ系接着剤 【解決手段】接合材の特性・成分
	特開平 11-34232(31) B32B18/00 (共願)	精度の維持向上	複合板およびその製造方法 【解決手段】基体の成分、基体の選択
	特開平 10-178034(31) H01L21/60,311	接合強度向上、欠陥防止	半導体集積回路接続用基板およびそれを構成する部品ならびに半導体装置 【解決手段】接合材の特性・成分
	特開平 11-189764(22) C09J201/00	化学的特性の向上	タイル用接着剤組成物 【解決手段】接合材の特性・成分
	特開 2000-38555(38) C09J7/02	熱的特性の向上	ケイ素酸化物含有材用の感圧接着シート類 【解決手段】接合材の特性・成分
	特開 2000-53931(38) C09J7/02	接合強度向上、欠陥防止	ガラスまたはセラミック用の粘着シート類 【解決手段】接合材の特性・成分
	特開平 11-340637(21) H05K3/46	接合強度向上、欠陥防止	多層配線基板およびその製造方法 【解決手段】接合材の特性・成分
	特開 2001-47516(44) B29C65/48	接合強度向上、欠陥防止	人工大理石板材とその製造方法および製造装置 【解決手段】接合条件・制御
	特開 2001-172594(22) C09J133/04	接合強度向上、欠陥防止	グリーンテープ積層用密着剤組成物及びその製造方法 【解決手段】接合材の特性・成分

特許件数上位46社の連絡先

NO.	企業名	件数	住所(本社等の代表的住所)	TEL
1	日本特殊陶業	86	愛知県名古屋市瑞穂区高辻町 14-18	052-872-5915
2	東芝	83	東京都港区芝浦 1-1-1	03-3457-4511
3	日本碍子	76	名古屋市瑞穂区須田町 2-56	052-872-7171
4	京セラ	59	京都市伏見区竹田鳥羽殿町 6	075-604-3500
5	太平洋セメント	62	東京都千代田区西神田 3-8-1	03-5214-1520
6	三菱マテリアル	44	東京都千代田区大手町 1-5-1	03-5252-5206
7	同和鉱業	41	東京都千代田区丸の内 1-8-2 第1鉄鋼ビル	03-3201-1061
8	松下電器産業	29	大阪府門真市大字門真 1006	06-6908-1121
9	電気化学工業	38	東京都千代田区有楽町 1-4-1（三信ビル）	03-3507-5055
10	村田製作所	23	京都府長岡京市天神 2-26-10	075-955-6502
11	新日本製鐵	19	東京都千代田区大手町 2-6-3	03-3242-4111
12	住友ベークライト	18	東京都品川区東品川 2-5-8	03-5462-4111
13	住友電気工業	21	大阪市中央区北浜 4-5-33（住友ビル）	06-6220-4141
14	三菱重工業	18	東京都千代田区丸の内 2.5.1	03-3212.3111
15	いすゞ自動車	18	東京都品川区南大井 6-26-1	03-5471-1141
16	イビデン	17	岐阜県大垣市神田町 2-1	0584-81-3111
17	東芝セラミックス	18	東京都新宿区西新宿 7-5-25	03-5331-1811
18	住友大阪セメント	11	東京都千代田区六番町 6-28	03-5211-4500
19	日立化成工業	20	東京都新宿区西新宿 2-1-1	03-3346-3111
20	工業技術院長	11	東京都千代田区霞ヶ関 1-3-1	03-5501-0830
21	日立製作所	20	東京都千代田区神田駿河台 4-6	03-3258-1111
22	三井石油化学工業	14	東京都千代田区霞が関 3-2-5	03-3592-4060
23	住友金属エレクトロデバイス	13	山口県美祢市大嶺町東分 2701-1	0837-54-0100
24	ダイヘン	11	大阪市淀川区田川 2-1-11	06-6301-1212
25	田中貴金属工業	11	東京都中央区日本橋茅場町 2-6-6	03-3668-0111
26	旭光学工業	10	東京都板橋区前野町 2-36-9	03-3960-5151
27	東亜合成化学工業	10	東京都港区西新橋 1-14-1	03-3597-7215
28	ソニー	9	東京都品川区北品川 6-7-35	03-5448-2180
29	旭硝子	9	東京都千代田区有楽町 1-12-1	03-3218-5555
30	科学技術振興事業団	9	埼玉県川口市本町 4-1-8	048-226-5601
31	東レ	9	東京都中央区日本橋室町 2-2-1	03-3245-5111
32	徳山曹達	9	東京都渋谷区渋谷 3-3-1	03-3499-8030
33	住友金属工業	8	大阪市中央区北浜 4-5-33	06-6220-5111
34	神戸製鋼所	8	兵庫県神戸市中央区脇浜町 2-10-26	078-261-5111
35	積水化学工業	8	大阪市北区西天満 2-4-4	06-6365-4122
36	三井造船	7	東京都中央区築地 5-6-4	03-3544-3147
37	東京電力	7	東京都千代田区内幸町 1-1-3	03-4216-1111
38	日東電工	7	大阪府茨木市下穂積 1-1-2	0726-22-2981
39	オリベスト	6	滋賀県野洲郡野洲町三上 2110	077-587-0634
40	ジェネラル　エレクトリック	6	USA	
41	旭化成工業	6	東京都千代田区有楽町 1-1-2	03-3507-2060
42	成田　敏夫	6		
43	川崎重工業	6	東京都港区浜松町 2-4-1	03-3435-211
44	東陶機器	6	福岡県北九州市小倉北区中島 2-1-1	093-951-2111
45	日本電装	6	愛知県刈谷市昭和町 1-1	0566-25-5511
46	富士電機	6	東京都品川区大崎 1-11-2	03-5435-7111

セラミックスの接合に関するライセンス提供の用意のある特許

本章では、セラミックスの接合に関する特許のうち、譲渡、実施許諾の用意があるとして、データベースに登録されているものを紹介する。

なお、本表の特許は、2章および資料編に掲載の●印「出願人が開放する用意のある特許」と重複して掲載しているものがある。

(1) PATOLISによる検索（2002年2月18日現在のデータ）

セラミックスの接合に関連するものとして、以下の3件を抽出した。

表1 ライセンス提供の用意のあるセラミックスの接合の特許

No	公告番号または登録番号	発明の名称	出願人
1	特許 2750790	シート状接着材および接合方法	菊水化学工業
2	特公平 5-14383	超電導セラミックスの接合方法	工業技術院長
3	特公平 5-14384	超電導セラミックスの異方性接合の方法	工業技術院長

(2) 特許流通データベースによる検索（2002年2月18日現在のデータ）

セラミックスの接合に関連するものとして、以下の34件を抽出した。

表2 ライセンス提供の用意のあるセラミックスの接合の特許(1/2)

No	特許番号	発明の名称	出願人
1	特許 2947987	圧電素子	アルプス電気
2	特許 2899197	セラミックヒータのリード端子接続装置	シャープ
3	特許 2536630	セラミック部材と金属部材との接合方法	トヨタ自動車
4	特許 2774227	固体電解質型燃料電池スタックの接合方法	三井造船
5	特許 3070432	固体電解質型燃料電池	三井造船
6	特許 2974936	金属とセラミックの接合方法、接合構造およびこの接合構造を備えたガスタービン	川崎重工業
7	特許 3001827	セラミックス成形体の製造方法	川崎重工業
8	特許 2940628	接合用セラミックスの前処理方法	太平洋セメント
9	特許 2943001	窒化物系セラミックスの接合方法	太平洋セメント
10	特許 2945738	セラミックスのろう付方法	太平洋セメント
11	特許 2955622	セラミックスのろう付方法	太平洋セメント
12	特許 2996548	放熱性複合基板	太平洋セメント
13	特許 3005637	金属－セラミックス接合体	太平洋セメント
14	特許 3059540	繊維含浸複合セラミックスと金属との接合体及びその製造法	太平洋セメント
15	特許 3081256	セラミックスのメタライズ用合金及びメタライズ方法	太平洋セメント
16	特許 3100078	セラミックスと金属との接合体の製造方法	太平洋セメント
17	特許 3100080	セラミックスと金属との接合体の製造方法	太平洋セメント
18	特許 2532144	金属・セラミックス複合体の製造方法	超電導発電関連機器材料技術研究組合
19	特許 2966375	積層セラミックス及びその製造方法	東芝
20	特許 2997645	セラミックス積層体の製造方法	東芝

表2 ライセンス提供の用意のあるセラミックスの接合の特許(2/2)

No	特許番号	発明の名称	出願人
21	特許3117433	積層セラミックスの製造方法	東芝
22	特許3026486	セラミックス積層体の製造方法	東芝
23	特許3035230	積層セラミックスの製造方法	東芝
24	特許3062139	積層セラミックスの製造方法	東芝
25	特許2713688	セラミックス接合体の製造方法	日本碍子
26	特許2716930	セラミックス接合体の製造方法	日本碍子
27	特許2738900	セラミックス接合体の製造方法	日本碍子
28	特許2801973	セラミック接合方法	日本碍子
29	特許2802013	セラミックスの接合方法	日本碍子
30	特許2813105	セラミックス接合体の製造方法	日本碍子
31	特許2843450	セラミック接合方法	日本碍子
32	特許2863055	セラミックス接合体の製造方法	日本碍子
33	特許2878923	セラミックス接合体の製造方法	日本碍子
34	特許2883003	セラミックス接合体の製造方法	日本碍子

特許流通支援チャート 化学3
セラミックスの接合

2002年（平成14年）6月29日　初版発行

編　集　　独 立 行 政 法 人
©2002　　工業所有権総合情報館
発　行　　社団法人　発明協会

発行所　　社団法人　発明協会

〒105-0001　東京都港区虎ノ門2－9－14
電　話　　03（3502）5433（編集）
電　話　　03（3502）5491（販売）
ＦＡＸ　　03（5512）7567（販売）

ISBN4-8271-0674-6 C3033　　印刷：株式会社　野毛印刷社
Printed in Japan

乱丁・落丁本はお取替えいたします。

本書の全部または一部の無断複写複製
を禁じます（著作権法上の例外を除く）。

発明協会HP：http://www.jiii.or.jp/

平成13年度「特許流通支援チャート」作成一覧

電気	技術テーマ名
1	非接触型ICカード
2	圧力センサ
3	個人照合
4	ビルドアップ多層プリント配線板
5	携帯電話表示技術
6	アクティブマトリクス液晶駆動技術
7	プログラム制御技術
8	半導体レーザの活性層
9	無線LAN

機械	技術テーマ名
1	車いす
2	金属射出成形技術
3	微細レーザ加工
4	ヒートパイプ

化学	技術テーマ名
1	プラスチックリサイクル
2	バイオセンサ
3	セラミックスの接合
4	有機EL素子
5	生分解性ポリエステル
6	有機導電性ポリマー
7	リチウムポリマー電池

一般	技術テーマ名
1	カーテンウォール
2	気体膜分離装置
3	半導体洗浄と環境適応技術
4	焼却炉排ガス処理技術
5	はんだ付け鉛フリー技術